21世纪高等学校计算机规划教材

21st Century University Planned Textbooks of Computer Science

计算机应用基础
——综合练习指导

Computer Application Foundation
——Comprehensive Practice Guidance

张兴华 林立忠 主编

柴忠良 赵英豪 宋宏伟 副主编

高校系列

人民邮电出版社

北京

图书在版编目（CIP）数据

计算机应用基础综合练习指导 / 张兴华，林立忠主编. —— 北京 ：人民邮电出版社，2014.8（2015.12 重印）
21世纪高等学校计算机规划教材. 高校系列
ISBN 978-7-115-35743-4

Ⅰ. ①计… Ⅱ. ①张… ②林… Ⅲ. ①电子计算机—高等学校—教学参考资料 Ⅳ. ①TP3

中国版本图书馆CIP数据核字(2014)第111386号

内 容 提 要

本书共 9 章内容，主要包括 Windows 7、Word 2010、Excel 2010、PowerPoint 2010、Access 2010、计算机网络与 Internet 应用等内容的基本操作及练习题。其中第 1～6 章主要由知识点、练习题、操作要点和参考答案构成；第 7 章为基本知识练习题；第 8 章和第 9 章是各种类型的综合练习题；附录为"计算机应用基础"的考试大纲。

本书可以作为各类大中专院校计算机应用类课程的实验教材和计算机爱好者的自学指导书。

◆ 主　编　张兴华　林立忠
　　副 主 编　柴忠良　赵英豪　宋宏伟
　　责任编辑　李育民
　　责任印制　焦志炜

◆ 人民邮电出版社出版发行　　北京市丰台区成寿寺路 11 号
　　邮编　100164　电子邮件　315@ptpress.com.cn
　　网址　http://www.ptpress.com.cn
　　大厂聚鑫印刷有限责任公司印刷

◆ 开本：787×1092　1/16
　　印张：14.25　　　　　　　2014 年 8 月第 1 版
　　字数：371 千字　　　　　2015 年 12 月河北第 4 次印刷

定价：32.00 元

读者服务热线：(010)81055256　印装质量热线：(010)81055316
反盗版热线：(010)81055315

本书编写组

主　编　张兴华　　林立忠

副主编　柴忠良　　赵英豪　　宋宏伟

编　委　（以下按姓氏笔画为序）

王永昌　　王丽娜　　刘智国　　祁瑞丽

李红娟　　李瑷　　李燕　　吴朔媚

何东彬　　宋建卫　　张自立　　张丽娟

张桂英　　张静　　陈旭　　金庆勇

段丽英　　聂涛　　曹丽媚　　康金翠

董伟　　董倩　　温喆　　滑斌杰

谢志芬

前　言

　　"计算机应用基础"是各类高等学校面向所有非计算机专业学生开设的一门公共必修课。目的是通过学习计算机和信息技术的基本知识，使学生熟练掌握计算机的操作技能，具备使用计算机进行信息获取、加工、传播和应用的能力，为他们的自主学习、终生学习，以及适应未来工作环境奠定良好的基础。该课程具有很强的基础性和实践性，一般学校都分成两个教学环节：教师课堂讲解和学生上机实践。学生在上机实践时由于没有经验，往往不知道该练什么、如何练；另外计算机考试通常采取上机操作考试，上机考试一般为机器评分，对操作的准确度要求很高，学生操作的结果稍有误差就不能得分。

　　基于上述原因，本书作者根据多年实践教学经验，整理了大量的素材，精选出一定数量的典型练习题提供给学生练习，并对重点、难点和容易出现问题的地方做了提示，学生可以借此练习，尽快提高计算机实际操作技能。

　　本书主要包括 Windows 7、Word 2010、Excel 2010、PowerPoint 2010、Access 2010、计算机网络与 Internet 应用等内容的基本操作及练习题，其中第 1～6 章主要由知识点、练习题、操作要点和参考答案构成。"练习题"浓缩了"计算机应用基础"课程教学大纲和考试大纲的主要内容；"操作要点"可以解决学生在自主学习过程中遇到的困难；"参考答案"供学生自主检查练习结果。第 7 章是基本知识练习题，旨在加强学生对计算机基础知识的理解和技能的训练；第 8 章和第 9 章是各种类型的综合练习题，可以提高学生综合运用知识的能力。本书用到的实验文件可以从"http://www.sjzc.edu.cn/jsj/"网页上下载。

　　本书由石家庄学院计算机学院"信息技术基础"精品课课题组完成，由张兴华、林立忠担任主编，柴忠良、赵英豪、宋宏伟担任副主编。本书第 1 章由宋宏伟编写，第 2 章由柴忠良编写，第 3 章由林立忠编写，第 4 章由赵英豪编写，第 5 章由赵英豪、张兴华编写，第 6 章由张兴华编写，第 7 章至第 9 章及附录由张兴华、林立忠、柴忠良、赵英豪、宋宏伟、王永昌、王丽娜、刘智国、祁瑞丽、李红娟、李瑗、李燕、吴朔媚、何东彬、宋建卫、张自立、张丽娟、张桂英、张静、陈旭、金庆勇、段丽英、聂涛、曹丽媚、康金翠、董伟、董倩、温喆、滑斌杰、谢志芬共同编写。

　　在本书的编写过程中，段丽英、刘旭宁、张静、滑彬杰、吴朔媚等老师做了大量的校对工作，石家庄学院计算机系全体同仁也提出了许多宝贵的意见，并给予了很多帮助，在此我们表示诚挚的谢意！

　　由于时间仓促，加之水平有限，书中难免存在错误和不妥之处，敬请广大读者批评指正。联系方式：sjzccd@163.com。

编　者

2014 年 3 月

目　录

第1章
Windows 7 操作系统

第 1 节　Windows 7 基本操作（一）

一、知识点

　　Windows 7 版本简介，计算机的启动、关闭，鼠标、键盘的使用，记事本的使用，规范的操作姿势和指法练习。

　　（1）Windows 7 的启动。对于安装了 Windows 7 的计算机，只要打开电源即可进入 Windows 7。在 Windows 7 启动时，若只设置了一个账户且没有设置启动密码，在登录界面稍等片刻就可进入 Windows 7 系统；如果在安装时添加了多个账户且没有密码，单击某个账户进入该用户系统界面；若用户设置了启动密码，需要输入"密码"后，进入 Windows 7 系统，这一过程称为"登录"。此时登录的用户可以有自己的自定义选项设置。此外，在 Windows 7 启动过程中，用户可以根据需要，以不同的模式进入 Windows 7。

　　（2）Windows 7 的退出。由于 Windows 7 是一个多任务、多线程的操作系统，在前台运行某一程序的同时，后台也可运行几个程序，这时如果因为前台程序已经完成而关掉电源，后台程序的数据和运行结果就有可能丢失，严重时还可能造成系统的损坏。另外，Windows 7 在运行时需要占用大量的磁盘空间以保存临时信息，这些在指定文件夹下的临时性文件在 Windows 7 正常退出时将被删除，以免浪费资源。如果不正常退出，将使 Windows 7 来不及处理这些工作，从而导致磁盘空间的浪费。因此，需要在正常关闭所有的应用程序后，单击 Windows 7 的"开始"→"关机"命令按钮，正常退出 Windows 7。

　　单击 Windows 7 "关机"按钮右侧的▇，可弹出关闭计算机对话框，如图 1-1 所示。切换用户：选择以其他用户身份登录该计算机；注销：退出本次登录，返回 Windows 7 开机登录界面；锁定：使该计算机处于锁定状态；重新启动：自动关闭计算机后，重新启动；睡眠：使该计算机进入睡眠状态，可以节省电能，并且将内存中所有内容全部存储在硬盘上，当重新操作计算机时，桌面将精确恢复到离开时的状态。在工作过程中若较长时间离开该计算机，可以使用睡眠。

　　（3）鼠标的基本操作。在 Windows 7 系统中，大多数的操作使用键盘来完成，但使用鼠标做一些操作更方便，用户可以使用鼠标快速选择屏幕上的任何对象。鼠标的基本操作有：指向、单击（按左键）、右击、双击（按左键两次）、三击、拖动及右拖。

指向：只是鼠标其他操作的先行动作；单击：用于选定一个项目；双击：用于打开或启动某个项目；三击：在 Word 中用于对整个文档内容的选择；右击：右击某个对象将弹出快捷菜单；拖动：可用来更改某对象的位置；右拖：右拖某个对象可以弹出图 1-2 所示的对话框。

图 1-1　关闭计算机对话框　　　　　　　　　图 1-2　右拖对话框

（4）键盘的分区。键盘的盘面分为 4 个区：主键盘区、功能键盘区、数字小键盘区和编辑区。

① 主键盘区。主键盘区集中了键盘上最常用的键，共有 11 种类型。

- 英文字母键：A～Z。
- 数字键：0～9。
- 符号键：~ ` ! @ # $ % ^ & * ( ) – + _ = | \ { } [ ] < > : ; " ' ? / 等，其中有些符号兼作数学运算符号，如：+代表"加"；–代表"减"；*代表"乘"；/ 代表"除"等。
- 大小写字母锁定键（"CapsLock"键）：当 PC 启动后，字母键的默认状态是小写，即按键后在屏幕上显示的是小写字母；它是开关型的按键，若按一下"CapsLock"键，再按字母键时，屏幕上显示的字母是大写字母，再按一下"CapsLock"键，则又回到小写字母状态。当字母处于大写状态时，键盘右上方的"CapsLock"指示灯发亮。
- 上下档切换键（"Shift"键）：若按住"Shift"键的同时，再按下字符键，即得到该字符键上的上档字符。
- 回车键（"Enter"键）：该键一般作为一段输入的结束使用。
- 空格键：键盘下方的长方条为空格键。按一下该键，在当前光标位置处即产生一个空格，光标向右移动一个字符位置。
- 退格键（"Backspace"键或"←"的键）。每按一次退格键，光标前面的字符被删除，光标向左移动一个字符位置。
- 控制键（"Ctrl"键）：控制键必须与其他的键配合起来使用，不能单独使用。
- 转换键（"Alt"键）：该键的作用与控制键类似，主要用于与其他键组合使用。
- 制表键（"Tab"键）：该键常在制作图表中用于定位。或用于同一个屏幕左右两个显示区的切换，或用做对显示在屏幕上的几个可选命令的切换等。

② 功能键盘区。功能键在键盘的最上面一排，包括 5 种类型的键。

- 退出键（"Esc"键）：也称释放键。用于退出正在运行的系统，在有多层菜单的软件中，通常用于返回到上一层菜单。在不同的软件中，Esc 键的功能可能各不相同。
- 特殊功能键（"F1"～"F12"键）：在不同的操作系统中，或不同的软件中，F1～F12 各键的功能也不相同，有时可由软件人员来设定。
- 复制屏幕键（"PrintScreen"键）：在 Windows 系统下按一下该键，就把屏幕上显示的内容复制到剪贴板中。
- 滚动锁定键（"ScrollLock"键）：按下此键后在 Excel 等按上、下滚动时，会锁定光标而滚动页面；如果放开此键，则按上、下键时会滚动光标而不滚动页面。

- 暂停键（"Pause/Break"键）：按一下该键，即暂停正在执行的操作，再按任一键则可继续。

③ 数字小键盘区。数字小键盘区位于键盘的右部，该区的键起着数字键和光标控制/编辑键的双重功能。其中有 10 个键标，有上挡符和下挡符。其中"NumLock"键是数字编辑转换键，当按下该键时，此键上方的"NumLock"指示灯亮，表明小键盘处于数码输入状态，此时可输入数字数据；若再按下"NumLock"键，指示灯熄灭，表明小键盘处于编辑状态，小键盘上的键变成了光标移动编辑键。

④ 编辑区。在主键盘和小键盘中间的是编辑区。编辑区有 4 个不同方向的光标移动键和 6 个编辑键。

- "Insert"键：用于插入字符或替换字符，是开关键，开机后系统的默认值为插入状态。
- "Delete"键：是删除键，按一下该键，即删除光标所在处的字符。
- "Home"键：按一下此键，光标即移动到所在行的行首。
- "End"键：按一下此键，光标即移动到所在行的末尾。
- "Page Up"键：翻页键，按一下该键，将文本向前翻一页。
- "Page Down"键：翻页键，按一下该键，将文本向后翻一页。

二、练习题

（1）计算机启动、关闭操作。

① 按下显示器电源按钮，即打开了显示器（若显示器的电源灯处于亮的状态，表明显示器已打开），再按下计算机的电源按钮 Power，启动 Windows 7。

② 输入用户名和密码后（有的计算机需输入用户名和密码，机房计算机不需输入用户名和密码，这与系统安装时的操作有关），单击"确定"按钮，即可启动 Windows 7。

③ 双击桌面上的"网络"图标，在"网络"窗口中观察局域网上的计算机。

④ 关闭"网络"窗口。

⑤ 单击"开始"按钮，再单击"关机"右侧的▶，在弹出的对话框中选择"注销"命令，注销该用户，这样可以保存设置并关闭当前登录用户。

⑥ 单击"开始"按钮，再单击"关机"右侧的▶，在弹出的对话框中选择"睡眠"命令，此时，系统保持当前运行，主机处于低功耗运行状态。

⑦ 当计算机处于"睡眠"时按下电源按钮，进入系统工作状态。

⑧ 单击"开始"按钮，再单击"关机"右侧的▶，在弹出的对话框中选择"重新启动"命令，在内存自检后，按"F8"键，选择安全模式启动。

⑨ 单击"开始"按钮，在菜单中选择"关机"命令，系统即停止运行，保存设置推出，并自动关闭电源，再关闭显示器。

（2）鼠标操作。

① 单击"计算机"，选定该对象。单击空白处取消选定。

② 双击"计算机"图标，即打开"计算机"窗口。将指针指向"计算机"窗口右上角"×"关闭按钮，单击关闭"计算机"窗口。

③ 双击（快速的单击两下）"计算机"选项，打开该对象。再双击"计算机"窗口标题栏最左端，关闭"计算机"窗口。

④ 右击桌面空白处，单击"查看"取消选择"自动排列图标"选项，拖动"计算机"到其他位置，实现该对象的移动。

⑤ 右拖"计算机"到其他位置，出现快捷菜单，实现"在当前位置创建快捷方式"或"取消"右拖的操作。

⑥ 用鼠标右键单击（以后简称"右击"）"计算机"选项，观察快捷菜单中的各项功能。再依次进行如下操作：单击"打开"按钮，关闭"计算机"窗口；右击"计算机"选项，选择快捷菜单中的"管理"选项，查看"计算机管理"窗口中各选项内容，关闭"计算机管理"窗口；右击"计算机"选项，选择快捷菜单中的"属性"选项，单击各选项，观察"系统属性"窗口中的各项设置。

（3）键盘、操作姿势和指法练习

依次选择"开始"→"所有程序"→"附件"→"记事本"命令，打开记事本。用标准的操作姿势和正确的指法练习。

① 反复按"Ctrl+空格"键，观察输入法的变化。反复按"Ctrl+Shift"键，观察输入法的变化。

② "GFDSA"键练习，输入以下内容：aaaa ssss dddd ffff gggg gsdf gads gfsd fads sdfa gfsd aass ddff gsdf gads gfsd fads sdfa gfsd asgd afgs afsg dafs fsdg gafs gdfs asfg sdga dgsa gdfs asgd afgs afsg dafs fsdg gafs gdfs asfg dfsg dags fsda dsga fsga fdgs fgsa fdgs sdfg fdsa dsag dfsg dags fsda dsga fsga fdgs fgsa fdgs sdfa dsfg fsga dfga fdga dfag dsfa fsdg adfg adfs afgs fsga dfga fdga dfag dsfa fsdg adfg adfs

③ "HJKL；"键练习，输入以下内容：llll kkkk jjjj hhhh hjkl jklh kjhl hjkl jkhl jhkl llll kkkk jjjj hhhh hjkl jklh kjhl hjkl jkhl hklj hjkl ;lhk jhk; lkj; hjk; kjhl ;kjh kjhl hjkl hklj hjkl ;lhk jhk; lkj; hjk; kjhl ;kjh hj;l jhk; hjk; jhl; ljk; hj;l hk;j hk;l hjl; ;lkj kl;j hj;l jhk; hjk; jhl; ljk; hj;l hk;j hk;l hjl; ;lkj kl;j hj;l ;lkh kjh; ljh; k;lj hjl; kh;j kj;h hj;k l;kj k;jh hj;l ;lkh kjh; ljh; k;lj hjl; kh;j kj;h hj;k l;kj k;jh

④ "TREWQ"键练习，输入以下内容：tttt rrrr eeee wwww qqqq trew ewrt qwer terw trqw rwte ttrr eeww trew ewrt qwer terw trqw trwe ertq trwe ertq twer qwer ertq wert qwet rewq rtew twer qwer ertq wert qwet rewq rtew erwq rewq treq trwq erwt ewqr wetq ewrq trew rewt rteq treq trwq erwt ewqr wetq ewrq trew wetq ertw twer reqw rwte qwtr wert rteq erwq twwq rwtqw rwte qwtr wert rteq erwq twwq

⑤ "YUIOP"键练习，输入以下内容：yyyy uuuu iiii oooo pppp yiop uiop iuyo poiu yuio oiup yyuu iioo yiop uiop iuyo poiu oiup poiy iuyp iouy pouy oiuy iopu iuyp iopu youp ipuy oiyp poiy iuyp iouy pouy oiuy iopu iuyp ouyp uopi yuip pouy iopu yuip oupy oppy ouip iypu ouip iopu yuip oupy oppy ouip iypu iuyo poiy uioy ypou ioyu piyo yipu oypi ouyp iopu uopy iuyo poiy uioy ypou ioyu piyo yipu

⑥ "BVCXZ"键练习，输入以下内容：bbbb vvvv cccc xxxx zzzz bvxc cxzv vczb cvbx vxbz cbzv bbvv ccxx cxzv vczb vxbz cbzv cbzv vxbz cbzv xcvb cvbx zxcv vcxz cvbz cxzv vxbc cbzx cbzv vxbz cbzv xcvb cvbx zxcv vcxz bxcz vcbz zccvx cvbx zxcb vcxz vxzb xvzx bvzz xvcz cvbx zxcb vcxz vxzb xvzx bvzz vxzb vczb czzxv bvcx cvbx zxcv vxcb vcxb zcxb vxcb vxcb zxcv vxcb vcxb zcxb vxcb vxcb

⑦ "NM，．/"键练习，输入以下内容：nnnn mmmm ,,,, ... //// nm,. /.m, nm,/ nm,/ .,m/ nnmm ,,,, ... //// nm,. /.m, nm,/ nm,/ .,m/ nm,/ nm./ mn., .m/n /,n m./n ./n m,./ .mn/ .mn/ .m/n nm,/ nm./ mn., .m/n /,n m./n ./n m,./ .m/, .mn/ .m/n nm,/ .m, .m/, .mn/ .m/n /n nm,/ .m, .m/n .m/n ./, m.n/ m/.n ,n/ m.n/ n,./ m,/n ,m./ ./m/n /mn .m/n/n n./ m.n/ m/.n ,n/ m.n/ n,./ m,/n , /mn .m/

⑧ 综合练习，输入下列字符：~ ~ ！！@ @ # # $ $ % % ^ ^ & & * * ( ) _ - + = \ |{ } [ ] / ? < > 24690~ ~ ！！@ @ # # $ $ % % ^ ^ & & * * ( ) _ - + = \ |{ } [ ] / ? < > 2469 <Abj> <YeF<,; Vqp? ， ． ?> ： < > ， MouhHeT:? PL>? jdETtH， MN fje [ ]

输入短文：

Excuse me. Can I help you? I want to buy a SIM Card. How can I get it?

You need to present valid documents such as redident permit, passport or ID card, fill in some forms, and make the payment. There is a form about it.

You can read it. Do you understand about it? Yes, I know. By the way, if I apply for it now, how long can I get it? Just now. Does your office open on Sunday?

⑨ 常用功能键的使用：单击上述短文中的任一字母，依次按下 "Delete" 键、"Backspace" 键、"Home" 键、"End" 键、"Pageup" 键、"Pagedown" 键、"Ctrl+Home" 组合键、"Ctrl+End" 组合键以及 "↑"、"↓"、"→"、"←"，观察光标的位置及出现的情况。

单击记事本窗口的关闭按钮，退出记事本。在弹出的提示框中单击 "否" 按钮，放弃存盘，不保存文件。

三、操作要点

（1）启动方式。

- 冷启动（也叫加电启动）：按下电源按钮自行启动；这是正常启动的方法。
- 复位启动：按 "Reset" 键重新启动；这是 "死机" 后的启动计算机的方法之一。
- 热启动：同时按下 "Ctrl+Alt+Del" 组合键，单击窗口右下角的 "关机选项" 选项，选择 "重新启动" 选项；这是 "死机" 后启动计算机的方法之一。

热启动与复位启动的关系：当计算机一时没反应，一般情况下是某个程序无法响应，这时同时按下 "Ctrl+Alt+Del" 组合键，在 "任务管理器" 中强行终止该程序；如果终止某些无法响应的程序后，计算机还无法进行其他的操作，就需要同时按下 "Ctrl+Alt+Del" 组合键，在打开的窗口中选择 "关机" 选项；当以上操作无效时，就用 "复位启动"。这两种都是非正常启动计算机的方法，有可能会造成数据丢失；重启时，计算机一般会自动运行 "磁盘扫描程序"，检查是否有系统文件错误。

（2）启动菜单介绍。如果机器不能正常启动，可以在计算机自检后按 "F8" 键，进入 Windows 7 高级选项菜单，选择 "安全模式" 或用上下光标键选择其他模式。

安全模式：是以本地系统最少的必要的设置启动系统，从而达到诊断系统故障的目的。当硬件发生故障或更换硬件设备时，系统提示用户使用该模式进行启动。有时计算机感染病毒或被植入木马后用杀毒软件无法清除时，可进入 "安全模式" 查杀。

（3）登录 Windows 7 方式。如果计算机只安装了 Windows 7 操作系统，可直接进入 Windows 7 系统；若安装了多种操作系统，则需要选择进入 Windows 7 系统。

进入 Windows 7 系统后，弹出一个登录窗口，要求进行身份认证：请您输入 "用户名" 及 "密码"，一般情况下 "用户名" 是默认的（系统提供的），"密码" 是空值，即可以不输任何值；然后按 "确定" 按钮或直接按 "Enter" 键。

（4）注销。注销该用户，并以其他用户身份登录。Windows 7 允许多个用户使用计算机，而且每个用户可以定制不同的工作环境。当用户从一个用户工作环境切换到另一个用户工作环境时，就要用到 "注销"。"注销" 并不重启计算机，只改变用户的工作环境。

操作步骤：依次单击 "开始" → "关机选项" → "注销" 命令，如图 1-1 所示。

（5）将计算机设置为睡眠，使计算机处于低功耗状态。选择该项，当前用户操作的数据仍然保存在计算机的内存中，但系统会关闭显示器，主机也处于低功耗的运行状态。当用户在需要进入系统进行工作时，只要按任意键，Windows 进入锁定状态，解除锁定，再输入用户名和密码，单击"确定"按钮，即可进入原工作环境。

休眠：休眠是将当前处于运行状态的数据保存在硬盘的休眠文件中，整机将完全停止供电。打开计算机电源时，Windows 进入锁定状态，解除锁定还原会话。

操作步骤：依次选择"开始"→"关机选项"→"睡眠"或"休眠"命令，如图 1-1 所示。

（6）鼠标右击的功能。右击不同的对象，将出现不同的快捷菜单。正像它的名称一样，快捷菜单的功能是：实用、快捷、方便，所以右击是使用频率很高的一项操作。

（7）大写字母的输入。"Shift+字母的组合"也可以用来输入单个大写字母或小写字母（当"CapsLock"键按下时，用"Shift+字母的组合"输入单个小写字母；"CapsLock"键没有按下时，用 "Shift+字母的组合"输入单个大写字母）。

（8）关于双字符键。有些符号在双字符键的上面，如*、&、%等，输入时，先按住"Shift"键不放，再按下该符号键。

（9）关闭记事本。单击记事本"文件"→"退出"命令，如果已输入了内容，即弹出关闭记事本对话框（见图 1-3），需要保存的，单击"保存"按钮（对于尚未保存的新文件，出现图 1-4 所示的保存文档对话框，输入文件名，单击"保存"按钮），否则单击"否"按钮。

图 1-3　关闭记事本窗口

图 1-4　保存文档对话框

（10）正常关闭 Windows 7 系统。在关闭计算机之前，首先要保存需要保存的数据，然后再关闭所有的应用程序。退出 Windows 7 系统时，不能强行关掉电源或按下重起，否则会导致 Windows 7 系统故障。应选择"开始"→"关机"命令，即可关闭计算机，如图 1-1 所示。注意：选择"关机"命令之后，不要再去按计算机电源，否则又启动了计算机。另外，还应该关闭显示器。

（11）键盘操作的规范。

① 正确的操作姿势。初学者应掌握正确的击键姿势，正确的操作姿势有利于提高录入速度。

姿势不正确，不但会影响准确输入的速度，而且很容易使人疲劳，初学时没养成正确的输入习惯，以后想纠正就困难了。

- 坐如钟：坐时腰背挺直，下肢自然地平放在地上，身体微向前倾，人体与键盘距离约为 20cm。
- 手臂、肘、腕的姿势应是：两肩放松，两臂自然下垂，肘与腰部距离 5～10cm。座椅高度以手臂与键盘桌面平行为宜。
- 手掌与手指的姿势应是：手掌与手指呈弓形，手指略弯曲，轻放在基准键上，指尖触键。左右手大拇指轻放在空格键上，大拇指外侧触键。
- 显示器的位置：显示器应放在键盘的正后方，或右移 5～6cm，输入的文稿一般放在键盘的左侧。

② 规范化的指法。

- 基准键：基准键共有 8 个，左边的 4 个键是 A、S、D、F，右边的 4 个键是 J、K、L、;。操作时，左手小拇指放在 "A" 键上，无名指在 "S" 键上，中指放在 "D" 键上，食指放在 "F" 键上；右手小拇指放在 ";" 键上，无名指放在 "L" 键上，中指放在 "K" 键上，食指放在 "J" 键上。
- 键位分配：提高输入速度的途径之一是实现盲打（即击键时眼睛不看键盘只看稿纸），为此要求每一个手指所击打的键位是固定的。如图 1-5 所示，指法分工标注了左、右手指所负责的按键。其中左手小拇指管辖 Z、A、Q、1 四键；无名指管辖 X、S、W、2 键，中指管辖 C、D、E、3 键，食指管辖 V、F、R、4 键；右手 4 个手指管辖范围依此类推，两手的拇指负责空格键；B、G、T、5 键，N、H、Y、6 键也分别由左、右手的食指管辖。

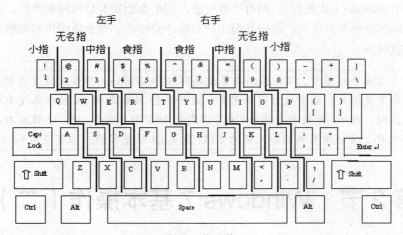

图 1-5　指法分工

③ 手指击键的要领。

- 手腕平直，手指略微弯曲，指尖后的第一关节应近乎垂直地放在基准键位上。
- 击键时，指尖垂直向下，瞬间发力触键，击毕应立即回到原位。
- 击空格键时，用大拇指外侧垂直向下敲击，击毕迅速抬起。
- 需要换行时，右手 4 指稍展开，用小指击换行键，击毕右手立即返回到原基准键位上。
- 基准键 "F" 键与 "J" 键，字母下方各有一凸起的标记，供手指 "回归" 时触摸定位。

（12）Windows 7 版本。

包含 6 个版本，分别为 Windows 7 Starter（初级版）、Windows 7 Home Basic（家庭普通版）、

Windows 7 Home Premium（家庭高级版）、Windows 7 Professional（专业版）、Windows 7 Enterprise（企业版），以及 Windows 7 Ultimate（旗舰版）。

Windows 7 Starter（初级版）：这是功能最少的版本，缺乏 Aero 特效功能，没有 64 位支持，没有 Windows 媒体中心和移动中心等，对更换桌面背景有限制。它主要设计用于类似上网本的低端计算机，通过系统集成或者 OEM 计算机上预装获得，并限于某些特定类型的硬件。

Windows 7 Home Basic（家庭普通版）：这是简化的家庭版，中文版预期售价 399 元。支持多显示器，有移动中心，限制部分 Aero 特效，没有 Windows 媒体中心，缺乏 Tablet 支持，没有远程桌面，只能加入不能创建家庭网络组（Home Group）等。它仅在新兴市场投放，例如中国、印度、巴西等。

Windows 7 Home Premium（家庭高级版）：面向家庭用户，满足家庭娱乐需求，包含所有桌面增强和多媒体功能，如 Aero 特效、多点触控功能、媒体中心、建立家庭网络组、手写识别等，不支持 Windows 域、Windows XP 模式、多语言等。

Windows 7 Professional（专业版）：面向爱好者和小企业用户，满足办公开发需求，包含加强的网络功能，如活动目录和域支持、远程桌面等，另外还有网络备份、位置感知打印、加密文件系统、演示模式、Windows XP 模式等功能。64 位可支持更大内存（192GB）。可以通过全球 OEM 厂商和零售商获得。

Windows 7 Enterprise（企业版）：面向企业市场的高级版本，满足企业数据共享、管理、安全等需求。包含多语言包、UNIX 应用支持、BitLocker 驱动器加密、分支缓存（BranchCache）等，通过与微软有软件保证合同的公司进行批量许可出售。不在 OEM 和零售市场发售。

Windows 7 Ultimate（旗舰版）：拥有所有功能，与企业版基本是相同的产品，仅仅在授权方式及其相关应用和服务上有区别，面向高端用户和软件爱好者。专业版用户和家庭高级版用户可以付费升级到旗舰版。

在这 6 个版本中，Windows 7 家庭高级版和 Windows 7 专业版是两大主力版本，前者面向家庭用户，后者针对商业用户。此外，32 位版本和 64 位版本没有外观或者功能上的区别，但 64 位版本支持 16GB（最高至 192GB）内存，而 32 位版本只能支持最大 4GB 内存。目前所有新的和较新的 CPU 都是 64 位兼容的，均可使用 64 位版本。

第 2 节　Windows 7 基本操作（二）

一、知识点

桌面上各对象排列方式的操作，各对象的建立、重命名、复制、删除，桌面属性的设置；更改任务栏的位置，设置任务栏的属性，调整任务栏的大小，任务栏上对象的增加、删除、更改；窗口的打开、关闭，调整窗口的位置和大小，切换活动窗口，改变窗口中对象的显示方式；练习计算器的使用；字符的输入练习；截图工具的使用。

（1）Windows 7 的任务栏。关于任务栏的操作有：更改任务栏的位置，设置任务栏的属性，调整任务栏的大小，任务栏上对象的增加、删除、更改；窗口的打开、关闭，调整窗口的位置和大小，切换活动窗口，改变窗口中对象的显示方式。

任务栏包括"开始"按钮、任务按钮区、通知区域、"显示桌面"按钮等，如图 1-6 所示。

图 1-6　Windows 7 任务栏

（2）Windows 7 的窗口。在 Windows 7 中，运行一个程序或打开一个文档，系统都会在桌面上打开一个与之相对应的窗口。窗口的组成元素包括：标题栏、控制按钮、菜单栏、工作区、滚动条和边框。

（3）快捷方式。快捷方式是指向对象的指针，它是与程序、文档或文件夹相链接的小型文件，扩展名为.lnk，用鼠标双击快捷方式（图标）时，相当于双击了快捷方式所指向的对象（程序、文档、文件夹等）并进而执行之，即打开该对象。正由于快捷方式是指向对象的指针，而非对象本身，这就意味着创建或删除快捷方式，并不影响相应对象。在桌面上创建主要应用程序的快捷方式，可方便用户运行应用程序。

（4）"开始"菜单。用户可以通过"开始"菜单完成几乎所有的操作。用户可以定制"开始"菜单，在"开始"菜单中添加或删除选项。

（5）计算器的使用。计算器是系统附件中的一个应用程序。通过练习使用计算器，达到学会使用附件的目的。

（6）字符的输入。字符输入是本课程的基本功，一定要学会使用标准的姿势、正确地指法输入字符。

（7）截图工具的使用。Windows 7 系统自带有截图工具，它不仅可以按照常规用矩形、窗口、全屏方式截图，可以随心所欲地按任意形状截图，还可以对截图做涂鸦、保存、发邮件等。

（8）Windows 7 系统中菜单的使用。Windows 7 系统中，菜单分成两类，即右键快捷菜单和下拉菜单。用户可以在文件、桌面空白处、窗口空白处、盘符等区域上右击，即可弹出快捷菜单，其中包含对选择对象的操作命令。另外一种菜单是下拉菜单，用户只需单击不同的菜单项，即可弹出下拉菜单。

（9）Windows 7 系统中对话框的使用。Windows 7 系统中，对话框是用户和电脑进行交流的中间桥梁。用户通过对话框的提示和说明，可以进行进一步操作。对话框里面包含选项卡、文本框和按钮，选项卡多用于对一些比较复杂的对话框分为多页，实现页面的切换操作；文本框可以让用户输入和修改文本信息；按钮在对话框中用于执行某项命令，单击按钮可实现某项功能。

二、练习题

（1）桌面操作。

① 启动 Windows 7。

② 右击桌面的空白处，利用快捷菜单，把桌面上的图标分别按名称、大小、项目类型、修改日期排列，观察桌面上图标位置的变化。

③ 右击桌面的空白处，利用快捷菜单，设置桌面上图标的排列方式为"自动排列"，拖动"计算机"图标，观察变化；再取消"自动排列"图标，拖动"计算机"图标，观察变化。

④ 右击任务栏，在快捷菜单中取消"锁定任务栏"，拖动任务栏，把任务栏调整到桌面的顶端，再调整到桌面的右端，再调整到桌面的左端。

⑤ 将鼠标指向任务栏的上边沿，鼠标指针变成双向箭头时向上拖动，调整任务栏的高度，观察效果，再注意观察任务栏的最大高度。

⑥ 右击任务栏，在快捷菜单中单击"属性"选项，在"任务栏和开始菜单属性"对话框中选择"自动隐藏任务栏"选项，把任务栏隐藏起来。

⑦ 右击"计算机"图标，在快捷菜单中选择"重命名"命令，把"计算机"的名称重命名为"Computer"；再把"Computer"重命名为"计算机"。

⑧ 右击桌面的空白处，在快捷菜单中选择"个性化"，在显示"个性化"对话框中单击"桌面背景"更换桌面背景，观察桌面效果；依次选择"窗口颜色"、"屏幕保护程序"、"更改桌面图标"等操作，注意观察更改效果。

⑨ 拖动桌面上的"🅔Internet Explorer"到"任务按钮区"，即在"任务按钮区"上添加🅔的工具按钮。右击"任务按钮区"上的🅔，在快捷菜单中选择"将此程序从任务栏解锁"命令，即从"任务按钮区"上删除了"Internet Explorer"。

⑩ 右击任务栏的空白处，从快捷菜单的"工具栏"中关闭"桌面"，再加载"桌面"，比较任务栏变化。

⑪ 把计算机日期及时间调整为 2014 年 3 月 26 日星期三 14:00 格式。

⑫ 右击桌面的空白处，在快捷菜单中选择"新建"命令，在桌面上建立名称为 Student 的文件夹。

在桌面上的 Student 文件夹中，创建一个名为"Test.txt"的文本文件，在此文件中输入本机的 IP 地址、子网掩码和网关，然后原名保存。

在桌面上的 Student 文件夹中，创建一个名为 A789.doc 的 Word 文档，打开"开始"→"程序"→"附件"菜单中的"命令提示符"对话框，利用"Alt+PrtscSysRq"将此对话框进行"抓图"操作，然后"粘贴"到 A789.doc 中。再利用附件里的"截图工具"截取任一图粘贴到 A789.doc 中保存。

利用"附件"中的"画图"工具创建一个名为 A456.bmp 的图像文档，存放在桌面上的 student 文件夹中，将整个"桌面"抓图，然后"粘贴"到 A456.bmp 中保存。

在桌面上的 Student 文件夹中，创建一个名为 A888.xls 的 Excel 文档。

⑬ 右击 Student 文件夹，在快捷菜单中选择"删除"命令，删除 Student 文件夹。打开回收站，还原 Student 文件夹，关闭回收站窗口。

⑭ 在桌面上创建记事本程序（WinLX\Notepad.exe）的快捷方式。

⑮ 右击任务栏，选择"属性"，即打开了"任务栏和开始菜单属性"对话框，在开始菜单选项卡中单击"自定义"按钮，从打开的窗口中勾选"运行命令"选项，确定退出。单击"开始"按钮，观察是否添加了"运行"命令。打开"运行"，输入 CMD 确定，或用"Windows"键（键盘左下角"Ctrl"和"Alt"之间的按键）+"R"快捷键启动"运行"，或依次选择"开始"→"程序"→"附件"→"运行"命令启动运行。

（2）窗口操作。

① 在桌面上依次打开"计算机"、"回收站"和"网络"，按"Alt+Tab"组合键或"Alt+Esc"组合键观察窗口动态。单击"计算机"窗口菜单中的"查看"命令，切换不同的选项，观察效果。

② 反复双击已打开的"回收站"窗口的标题栏，感受窗口的变化。把"计算机"和"网络"窗口最小化。

③ 打开"控制面板"窗口。

④ 将鼠标指向任务栏的快速启动区域，观察"跳跃菜单"。

⑤ 把 3 个已打开的窗口按层叠方式排列；再横向平铺窗口，观察桌面窗口的变化。

⑥ 关闭"回收站"、"控制面板"两个窗口，将鼠标指向"计算机"窗口的四边和四个角，鼠标变成双向箭头，调整窗口的大小；拖动窗口的标题栏，改变窗口的位置；然后利用"最小化"工具按钮，把这个窗口最小化。

⑦ 还原"计算机"窗口，分别用右键单击下列位置：窗口标题栏的空白处、窗口内的空白处、任务栏的空白处、桌面的空白处、菜单栏的空白处。以上操作可以得到几个不同的快捷菜单，并把菜单内容记录下来。

⑧ 打开"计算机"窗口，分别以详细资料、图标、平铺及列表等方式查看各对象。

⑨ 在资源管理器窗口，打开 Windows\System32 文件夹，单击"显示此文件夹的内容"选项，把该文件夹中的所有内容（包括隐藏文件）都显示出来，并显示文件的扩展名，按类型排列各对象；在这批文件中找出名称为 Mspaint.exe 及 Calc.exe 的文件，以"详细资料"的方式查看，用笔记下这个文件的类型、大小及修改时间。

⑩ 在 Windows\System32 文件夹中打开 Calc.exe 计算器程序，分别计算 25^4、$\sin(90°)$、$\log^{100}$ 的值，关闭计算器窗口。

（3）输入法切换操作。

① 选择"开始"→"程序"→"附件"→"记事本"命令，打开记事本。

② 分别利用鼠标和键盘，选择英语输入法，选择微软拼音输入法。

③ 调整输入法状态条，使其处于显示或不显示的状态。

④ 请选用任何一种你熟悉的输入法输入下文（注意文中的标点符号用全角字）：

Microsoft Office PowerPoint 2003 广播功能需要 Windows Media 编码器（兼容视频摄像机）才可进行视频广播；需要 Microsoft Exchange 聊天服务器才可在实况广播中启用聊天功能；另外，需要 Microsoft Windows Media 服务器才可将实况广播的多播功能扩展到 10 名观众以上。

⑤ 选中上文中的"Office PowerPoint"，输入"演示文稿"；将光标定位在第 1 个 "Windows Media"的前面，输入"Microsoft"，比较效果。再按下"Insert"键，将光标定位在"Microsoft"前面，输入"微软"，观察效果。

⑥ 输入下列全角字符：

１２３４５ＡＢＣＤａｂｃｄ，。：；、""（）

⑦ 输入下列半角字符：

12345ABCDabcd,.:;\"()

⑧ 利用软键盘输入：

★ ◆ ※ → Ⅳ Ⅵ Ⅶ ㈠ ㈡ ē ě è ǔ 「 」

最后，以文件名 Srlx.txt 保存到 E 盘。

三、操作要点

（1）自动隐藏任务栏。右击任务栏的空白处，在快捷菜单中选择"属性"命令，在任务栏属性对话框中，单击"自动隐藏任务栏"选项，把任务栏隐藏起来，如图 1-7 所示。

（2）任务切换。任务栏中的按钮显示已打开的窗口（程序），包括被最小化的或隐藏在其他窗口下的窗口。单击任务栏上的不同按钮，可在不同窗口之间进行切换。同样，按"Alt+Tab"组合键或"Alt+Esc"组合键，也可实现多窗口之间的切换。

（3）调整日期、时间格式。右击任务栏右端的日期时间，从快捷菜单中选择"调整时间/日期"

命令，单击"更改日期和时间"按钮，再单击"更改日历设置"按钮，在"日期"选项卡的"日期格式"中的"短日期"／"长日期"中输入，空格+dddd，如图 1-8 所示。

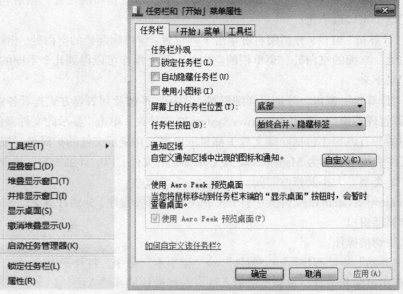

图 1-7 "任务栏属性"菜单及对话框

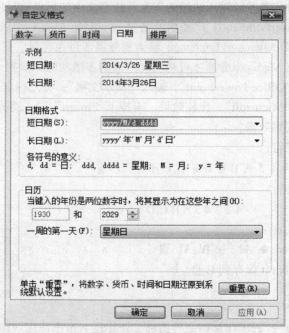

图 1-8 更改日期时间

（4）查看本机 IP 地址的方法，右击桌面上的"网络"图标，在快捷菜单中选择"属性"命令，在"网络和共享中心"窗口中，再单击"本地连接"选项，打开"本地连接状态"窗口，单击"属性"按钮，选择"Internet 协议版本 4（TCP/IP）"选项，再单击"属性"按钮，打开"Internet 协议版本 4（TCP/IP）"对话框，如图 1-9 所示。

图 1-9　Internet 协议（TCP/IP）属性窗口

（5）"、"的输入方法。在微软拼音和智能 ABC 输入法状态下，键入"\"。

（6）"抓图"方法。打开"命令提示符"对话框，同时按下"Alt+PrintScreen"组合键，可将当前窗口图像抓到内存（"剪切板"）中；打开 Student 文件夹中的 A789.doc 文件，按下"Ctrl+V"组合键，即可把内存中的图像"粘贴"在子文件中，最后保存，如图 1-10 所示。

图 1-10　　"命令提示符"对话框

按下"PrintScreen"键，可将整个"桌面"图像抓到内存中；然后打开 Student 文件夹中的 A456.bmp 文件，按下"Ctrl+V"组合键，即可把当前图像保存在 A456.bmp 中。

（7）鼠标的形状及其含义如图 1-11 所示。

（8）输入法的切换与状态菜单如图 1-12 所示，也可使用组合键"Ctrl+Backspace"（同时按下）实现中英文输入的切换，同时按下"Ctrl+Shift"组合键实现不同输入法的切换。

（9）输入"吕"或"女"时，因为韵母 ü 无法输入，在智能 ABC、微软拼音输入法中，用 v 代替 ü。

（10）有些字在智能 ABC 中无法输入，如翙、嗝、喆（分别读为 hui、he、zhe）等，可以用微软拼音输入法。利用微软拼音输入法 2.0 版中的"输入板"，还可以输入不会读的字，并找到读音。

（11）也可以双击窗口的标题栏来最大化或还原到窗口原来的大小。

（12）当无法实现拖动任务栏的操作时，就右击"任务栏"，将快捷菜单中的"锁定任务栏"命令取消即可。

（13）输入法（智能 ABC）状态框的功能，如图 1-13 所示。

（14）创建"快捷方式"的几种方法。用右键单击"桌面"或"资

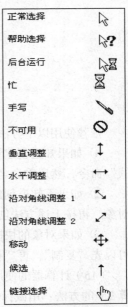

图 1-11　鼠标的形状

源管理器"的空白处，在快捷菜单中选择"新建"→"创建快捷方式"命令，出现"创建快捷方式"对话框，如图1-14所示。用这种方法，事先必须知道创建快捷方式的对象放在什么地方，此操作比较繁杂，不推荐使用。

图1-12　输入法的切换与状态菜单

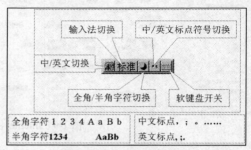

图1-13　输入法的状态框

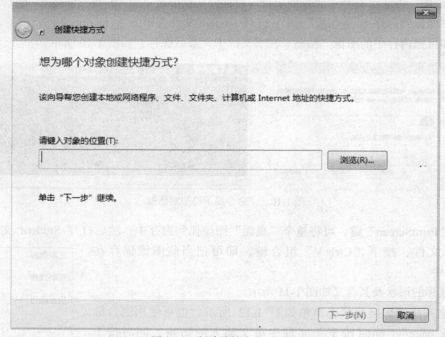

图1-14　创建快捷方式对话框

推荐使用以下方法。

①　如果知道创建快捷方式的对象放在什么地方，右击对象，在快捷菜单中选择"创建快捷方式"命令，然后重命名创建的快捷方式，再移动到目的地。

②　如果不知道创建快捷方式的对象放在什么地方，先使用Windows的"搜索"功能，找到对象，再按上述方法创建快捷方式。

③　如果对象的快捷方式已经存在（如"桌面"上和"开始"菜单中，大部分是快捷方式），可以先"复制"，再"粘贴"到指定位置。

（15）计算器的使用。在计算器的"查看"菜单中选择"科学型"命令，如图1-15所示。计算25^4的方法：用鼠标依次单击2、5、x^y、4、=。计算sin（90°）的方法：用鼠标依次单击9、0、sin。计算$\log^{100}$的方法：用鼠标依次单击1、0、0、log。

图 1-15　计算器

第 3 节　资源管理器的操作

一、知识点

资源管理器的窗口设置、资源浏览、各对象显示方式的设置；资源管理器中文件、文件夹和快捷方式的管理，它们的建立、复制、删除、属性的修改等各种操作；磁盘的操作管理，磁盘的格式化和属性的查看、修改。

（1）资源管理器是 Windows 7 系统提供的资源管理工具，可以通过它查看计算机上的所有资源，清晰、直观地对计算机上的文件和文件夹进行管理。

（2）库是 Windows 7 系统的一个特殊文件夹，它可以将文件夹集中到一起，像个收藏夹一样，只要单击库中的链接，就能快速打开添加到库中的文件夹。库中的文件夹实际还是保存在计算机原来的位置，并没有移动到库中，只是相当于在库中建立了一个快捷方式，当原始文件夹发生变化时，库会自动更新。

（3）文件和文件夹。文件和文件夹是 Windows 操作系统中常用的文件管理概念。文件是用户存储、查寻和管理信息的一种方式，文件夹用于存放用户的文件。用户可以根据需要，把文件分成不同的组，存放在不同的文件夹中。文件夹中还可以存放其他的文件夹或某一程序的快捷方式。

（4）文件和文件夹的管理。在 Windows 7 系统中，用户可以通过"资源管理器"窗口或"计算机"窗口来管理文件和文件夹。可以进行以下操作：在不同的文件夹窗口切换，设置文件夹的显示选项，文件及文件夹基本操作（打开、复制、移动和删除等）。

（5）"剪贴板"是内存中一个临时数据存储区，用来作为在应用程序之间交换信息的中介。在进行剪贴板操作时，总是通过"复制"或"剪切"命令将选中的对象送入"剪贴板"，然后在需要接受信息的窗口内，通过"粘贴"命令从"剪贴板"中取出信息。

按"PrtscSysRq"键可以将整个桌面画面放到剪贴板，按"Alt+PrtscSysRq"键可以将当前窗口界面放到剪贴板。

（6）"回收站"是硬盘上的一块区域，用户从本地硬盘上删除文件时，系统将被删除的对象暂时存放在"回收站",如果发现删除有误,可以恢复。但是彻底删除("Shift+Del"组合键或按住"Shift"键同时右击对象选择删除)的对象不放入"回收站",不能再恢复。

二、练习题

本练习题的文件夹在 C:\Sjzd\WinLX 中,本书读者可以把文件夹"WinLX"复制到 E 盘中练习。

(1)Windows 资源管理器的窗口设置和资源浏览。

① 打开 Windows 资源管理器。

② 反复单击资源管理器左窗格中带有 ◢ 标志的文件夹,注意观察操作的效果。

③ 单击 Windows 资源管理器窗口工具栏中的"组织"按钮,从下拉菜单中选择"布局"命令,分别选择"菜单栏"、"导航窗格"、"细节窗格"观察窗口的变化;选择"预览窗格",依次单击列表区中文件观察窗口的变化。

④ 单击"查看"菜单,调整列表窗格中对象的显示方式,分别以大图标、小图标、列表、平铺和详细资料显示,并按照类型排列图标。

⑤ 右击右窗格空白处,利用快捷菜单中的"排序方式",把桌面上的图标按"名称"排列,然后,观察桌面上图标位置的变化;再右击右窗格空白处,利用快捷菜单中的"分组依据"命令,把桌面上的图标按修改日期分组,观察桌面上图标位置的变化。切换不同的"排序方式"和"分组依据",观察桌面上图标位置的变化。

⑥ 调整文件夹选项,显示所有文件,不隐藏已知文件的扩展名;再设置不显示隐藏文件,隐藏已知文件的扩展名。

(2)文件、文件夹和快捷方式的管理。

① 打开 WinLX 文件夹,找到 B.txt 双击,然后单击标题栏右端的"×"关闭该窗口;再找到 B.txt 右击,从快捷菜单中选择"打开方式"命令,在列表中选择"Microsoft Word"选项,然后单击标题栏右端的"×"关闭该窗口;在任务栏上选择"开始"→"程序"→"Microsoft Word"命令,在 Word 应用程序窗口中打开 B.txt。

② 把文件 Calc.exe 的属性改为"只读"。把文件夹 Cold 的属性改为"隐藏",并使这个文件夹看不到。

③ 单击 B.txt 文件,按下"Shift"键不放,单击最后一个文件,选择一批连续文件。

④ 单击 Computer.bmp 文件,按下"Ctrl"键不放,依次单击 Hdcopy.exe、Mshearts.exe、Welcome.exe 选项,选择一批不连续文件。

⑤ 在 E 盘上创建一个"班级+本人姓名"文件夹(如"7 班张三"),按下面要求操作。在该文件夹中建立图 1-16 所示的文件夹结构。

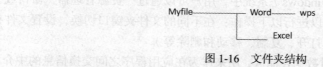

图 1-16 文件夹结构

把文件夹 My file 的名称改为"我的文件";把文件夹 Word 的名称改为"小结";把文件夹 Excel 的名称改为"统计表"。删除 wps 文件夹,删除"统计表"文件夹。

在文件夹"小结"中右击空白处,新建一个 Word 文件、一个 Excel 文件、一个图形文件,然后同时选中这 3 个文件,右击重命名,可以实现批量重命名。

⑥ 在 WinLX 文件夹中搜索第一个字母为 "C" 的所有文件和文件夹，将所有的文件复制到 "lx" 文件夹下，将找到的第一个字母为 "C" 的文件夹用 "Ctrl+X" 组合键、"Ctrl+V" 组合键将其移动到 "lx" 文件夹下。

⑦ 将 WinLX 文件夹下扩展名为.exe 的文件，移动到 "lx" 文件夹下。

⑧ 在桌面建立 "Calc.exe" 应用程序（在 WinLX 文件夹下）的快捷方式。

⑨ 搜索 WinLX 文件夹中文件名第二个字母是 A 的文件，并将其删除。

⑩ 右击 WinLX 文件夹，选择 "共享" 命令，将 WinLX 文件夹设置成共享。

⑪ 选择任务栏的 "开始" → "运行" 命令，如果没有 "运行" 命令，请按 "Windows" 键（"Crtl" 跟 "Alt" 之间那个键）+ "R" 快捷键，然后输入 "Fsmgmt.msc"，单击 "确定" 按钮，打开共享文件夹窗口，查看你计算机共享的资源，输入 "Msconfig"，单击 "确定" 按钮，打开窗口，可以进行计算机的启动顺序选择、服务和启动设置。

⑫ 双击 "网络" 选项，在右窗格中选 "网络" 选项，在打开的窗口中双击设有共享文件夹的计算机，查看共享的文件夹。并把该文件夹中的全部信息复制到本机的 D 盘。

⑬ 在所有硬盘中搜索*.txt，右击其中的一个文件，用 Microsoft Word 打开。

⑭ 在所有的硬盘中搜索 Winword.exe，并在桌面上建立 Winword.exe 的快捷方式。

⑮ 从所有的硬盘中搜索 Excel.exe 文件，在 "lx" 文件夹中建立它的快捷方式，并改名为 "电子表格.exe"。

（3）回收站的操作。

① 打开回收站，查看其中的内容，将 "统计表" 文件夹还原；再彻底删除 "统计表" 文件夹；清空回收站。

② 右击回收站右窗格的空白处，选择 "属性" 命令，在 "回收站属性" 对话框中单击 "本地磁盘（C:）"、"本地磁盘（D:）" 等选项卡更改驱动器的设置。

③ 在 "回收站属性" 对话框中清除选中 "显示删除确认对话框" 选项，然后将 WinLX 文件夹下任何一文件删除，查看其中的效果。

（4）磁盘的操作管理。

① 右击 C 盘，选择 "属性" 命令查看磁盘的使用情况、目前的状态，检查磁盘是否有错误，共享为 C，访问类型为只读。

② 右击 E 盘，把卷标重命名为 "我的地盘"；再右击 "我的地盘" E 盘，选择 "属性" 命令，单击 "磁盘清理" 按钮；在 "属性" 窗口中，选择 "共享" 选项卡，设置 E 盘为隐藏共享，共享名为 E$；单击 "工具" 选项卡，再单击 "开始检查" 按钮阅读显示信息，单击 "立即进行碎片整理" 按钮，阅读窗口信息。

③ 让你旁边的同学双击他计算机桌面上的 "网络" 选项，查看你共享的资源。

三、操作要点

（1）Windows 资源管理器的功能。常见的操作在 Windows 资源管理器中都可以实现，所以建议练习者启动计算机后，就打开 Windows 资源管理器。

（2）打开 Windows 资源管理器的方法。

① 选择 "开始" → "附件" → "Windows 资源管理器" 命令。

② 用右键单击 "开始" 菜单，选择 "Windows 资源管理器" 命令。

③ 用右键单击桌面上 "计算机"、"回收站" 或 "网络" 图标，单击 "打开" 按钮即打开 "Windows

资源管理器"。

（3）文件的打开方式。

① 选择应用程序打开：右击该文件，从弹出的快捷菜单中选择"打开方式"，从弹出的窗口中选择有关的选项。

② 从文件所依赖的应用程序中打开：此种方法要求先知道欲打开的文档所对应的应用程序。如*.doc 的文档，则应执行 Word 应用程序，在相应的应用程序窗口中选择"文件"→"打开"命令，输入或选择该文档名称和所在的路径即可。

 如果用 Word 应用程序打开*.txt 文件时，不仅需要指定该文档名称和所在路径，还需要更改"文件类型"为"所有文件"或"文本文件"。

③ 从计算机打开：双击"计算机"图标，在打开的窗口的左窗格（目录树窗格）中一步步单击该文档所在的盘符和文件夹名，最后在右窗格中双击该文档图标。

④ 使用资源管理器：打开"资源管理器"窗口，在左部的目录树窗格中选择指定的盘符和路径（文件夹可以折叠和展开，按 ▷ 展开，按 ◢ 折叠），在右部的窗格中找到指定的文档后双击图标。

（4）在资源管理器中快速更改视图。单击资源管理器工具栏右端的"更改你的视图" ▾ 按钮，如图 1-17 所示。

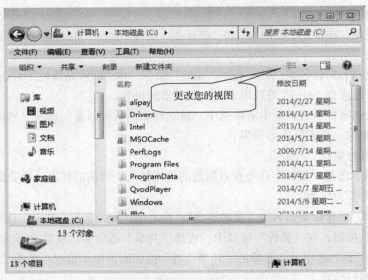

图 1-17　资源管理器更改视图

（5）隐藏或显示状态栏。选择资源管理器"查看"→"状态栏"中的复选项，可以隐藏或显示状态栏等，如图 1-18 所示。

（6）文件、文件夹的隐藏。首先右击指定的文件、文件夹，从快捷菜单中选择"属性"选项，选中"隐藏"命令。依次单击资源管理器中的"工具"→"文件夹选项"→"查看"标签，可以设置是否显示所有文件、是否隐藏文件的扩展名等，如图 1-19 所示。

（7）复制和移动操作提示。实现复制或移动的方法有多种，在此介绍比较方便的两种。

① 原位置和目标位置在同一个磁盘上：用鼠标直接拖动，可以实现移动操作；按下"Ctrl"键的同时用鼠标拖动，可以实现复制操作。

图 1-18　工具栏复选项

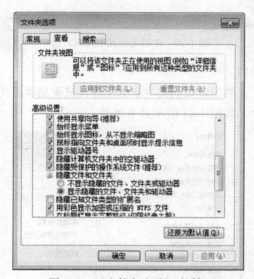

图 1-19　"文件夹选项"对话框

② 原位置和目标位置不在同一个磁盘上：用鼠标直接拖动，可以实现复制操作；按下"Shift"键的同时用鼠标拖动，可实现移动操作。

选中对象，利用编辑菜单栏中的"复制"、"粘贴"工具，可以实现复制操作。

选中对象，利用编辑菜单栏中的"剪切"、"粘贴"工具，可以实现移动操作。

选中对象，利用"Ctrl+C"组合键、"Ctrl+V"组合键，可以实现复制操作。

选中对象，利用"Ctrl+X"组合键、"Ctrl+V"组合键，可以实现移动操作。

　　复制（"Ctrl+C"组合键）、剪切（"Ctrl+X"组合键）是把对象放入了剪贴板（内存的一部分）中，可以实现多次的粘贴（"Ctrl+V"组合键）。

（8）搜索文件或文件夹。搜索文件和文件夹时，如果知道是在某个磁盘或文件夹中，在资源管理器右窗格中选定对象，在工具栏"搜索"框中输入查找的文件或文件夹，如图 1-20 所示。如果不知道要搜索文件或文件夹的位置，可单击"开始"按钮，进行详细搜索，搜索时可以使用通配符。如"查找 WinLX 文件夹中文件名第二个字母是 a 的文件"，选择 WinLX 文件夹，在搜索窗口中输入"？a*"，立即出现搜索结果，在这里可以像资源管理器中一样进行删除、复制、移动、重命名和查看属性等操作。

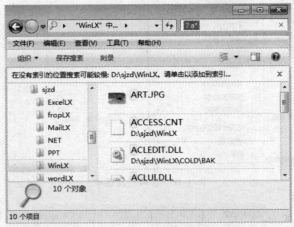

图 1-20　在指定位置中搜索对象

（9）共享文件夹或驱动器。

① 打开"资源管理器"，然后定位到要共享的文件夹或驱动器。用右键单击该文件夹或驱动器，然后选择"共享"命令，如图 1-21 所示共享菜单。

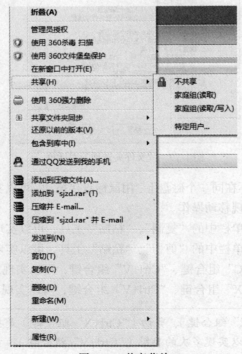

图 1-21　共享菜单

② 右击文件夹或驱动器，选择"属性"选项，打开对象属性对话框，进入"共享"选项卡，再单击"共享"按钮，选择与其共享的用户，单击"添加"按钮，再单击"共享"按钮，如图 1-22 所示文件夹属性对话框。

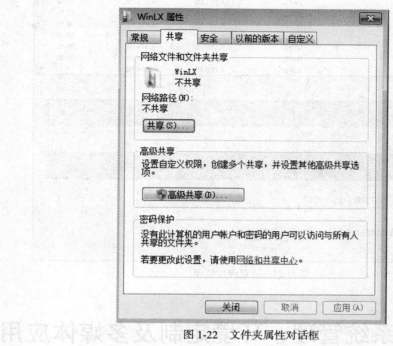

图 1-22　文件夹属性对话框

使用另一计算机上的共享文件夹：双击桌面或资源管理器中的"网络"选项，定位到并单击共享文件夹所在的计算机，单击要打开的共享文件夹，查看共享资源。

（10）磁盘清理。"磁盘清理"命令用来清理该磁盘中存在的垃圾文件，并释放磁盘空间。依次选择"开始"→"程序"→"附件"→"系统工具"中的"磁盘清理"命令，在弹出的对话框中选择要整理的驱动器，然后单击"确定"按钮即可，如图 1-23 所示。

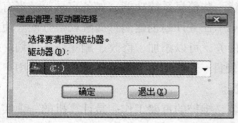 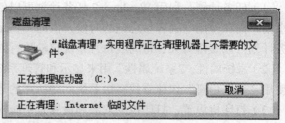

图 1-23　"磁盘清理"对话框

（11）磁盘碎片整理程序。磁盘空间经过不停地分配与回收后，会产生一些较小的、不连续的空白区域，叫"碎片"，碎片整理是通过移动文件，将磁盘上的碎片集中成大片的连续的可用空间的过程。一般应不定期地进行碎片整理，提高磁盘空间的利用率。整理磁盘碎片前，应先关闭所有其他的应用程序。依次选择"开始"、"程序"、"附件"、"系统工具"中的"磁盘碎片整理程序"命令，如图 1-24 所示。选择要整理的驱动器"碎片整理"，本操作需要很长时间，建议只作为了解，不要求操作。

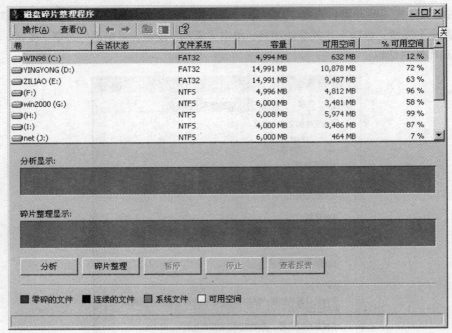

图 1- 24　磁盘碎片整理

第 4 节　系统管理、环境定制及多媒体应用

一、知识点

Windows 7 提供了丰富的系统管理工具，利用这些工具可以方便地管理、维护自己的系统，使系统更稳定、安全，效率更高。

（1）任务计划。利用 Windows 7 任务计划可以创建一些消息系统功能，如备忘录等，当有重要事情，而在使用电脑容易忘记的时候，借助 Windows 7 任务计划创建消息提醒就很方便。使用任务计划可以安排每天、每周或每月系统自动执行的任务，可以添加、修改、删除任务计划。

（2）系统属性。"系统属性"用来显示和管理系统硬件、系统组件和软件环境的信息。用户可以使用"系统信息"快速查找解决系统问题所需的数据。

（3）打印机设置。打印机的安装和设置是系统安装、维护的重要工作，是计算机的一项实用技术。

（4）添加/删除程序。系统中安装有很多程序，有时还需要安装其他的程序，有时需要删除已有的程序，使系统更实用、更合理。

（5）用户和密码设置。Windows 7 允许计算机为多人使用，每个用户用各自的密码进入系统，可以拥有自己的"桌面"、"开始菜单"、"收藏夹"和"我的文档"等个性化的项目，可以为各个用户设置不同的权限，增加系统的安全性。

（6）定制开始菜单。"开始"菜单的基本项目由系统生成，其中"程序"子菜单是一些文件夹和快捷方式。也可以自己增加和删除一些项目。

（7）屏幕保护程序。屏幕保护程序是指当一定的时间内用户没有操作计算机时，Windows 7 会自动启动屏幕保护程序。此时用户的工作屏幕内容被隐藏起来，显示一些有趣的画面。当用户按任意键或移动一下鼠标，如果没有设置密码，屏幕就会恢复到以前的图像。

（8）设置桌面背景。在默认情况下，桌面为蓝色，可以选择墙纸来美化桌面。

（9）多媒体的应用。录音机的使用和声音的调试等。

（10）设置防火墙。Windows 7 自带的防火墙提供了强大的保护功能。

二、练习题

本练习题的文件夹在"C:\Sjzd\WinLX"中，本书读者可以把文件夹"WinLX"复制到 E 盘中练习。

（1）添加一个"定时关机"任务，让系统定时关机。

（2）启动"定时关机"任务，再停止该任务，最后删除该任务。

（3）在"控制面板"中单击"系统与安全"选项，再单击"系统"图标，查看该计算机的内存容量、网络上的计算机描述等，试着更改计算机描述。

（4）在"控制面板"中单击"系统与安全"选项，再单击"系统"图标，在左窗格中单击"设备管理器"查看计算机上各硬件和资源的工作和设置情况。

（5）在"控制面板"中单击"系统与安全"选项，再单击"系统"图标，在左窗格的"高级系统设置"选项卡的启动和故障恢复中单击"设置"按钮，更改"显示操作系统的列表时间"为"20s"。

（6）在"控制面板"中单击"系统与安全"选项，再单击"系统"图标，在左窗格中单击"系统保护"选项，查看相关信息。

（7）添加一台本地联想的 Legend LJ5116C 打印机，不自动检测并安装我的即插即用打印机，使用默认接口，不共享，不打印测试页。

（8）安装程序：双击 WinLX 文件夹中的 Wrar350sc.exe 文件，按向导安装 Wrar350sc.exe，然后右击 WinLX 选择"添加到 WinLX.rar"选项，将该文件夹压缩。

（9）查看进程：单击任务栏的"开始"按钮，再单击"所有程序"中的 Winrar，然后同时按下"Ctrl+Alt+Del"组合键，打开"任务管理器"，在"任务管理器"中将 Winrar.exe 任务结束。

（10）删除 Wrar350sc 程序：在"控制面板"中选择"程序"选项，卸载 Winrar 压缩文件管理器。

（11）在"控制面板"中单击"用户账户和家庭安全"图标，弹出"用户账户"对话框，创建以自己名字命名的用户，并设置密码。启用 Guest 账户。

（12）把屏幕保护程序设置为三维文字，并把"Computer"作为显示的文字，字体选择Wingdings2，并设置等待 1min，等待 1min 看屏幕保护的效果。

（13）设置显示器的电源属性，1 分钟后关闭显示器，2 分钟后进入睡眠状态，使计算机处于节能状态。

（14）把 WinLX 文件夹中 Art.jpg 设置为桌面背景，并采用拉伸的显示方式。

（15）在桌面上显示小工具"时钟"、"天气"。

（16）把回收站（满）的图标更改为 ；把回收站（空）的图标更改为一把锁的形状。

（17）把 Windows 的外观设置为自己感兴趣的式样。

（18）把自己的桌面设置为 1024×768 的分辨率，32 位真彩色，监视器的刷新频率设置为 75Hz

以上。

（19）设置鼠标属性，不选择"启动指针阴影"，查看指针样式。选择"启动指针阴影"选项，再查看指针样式，看看有什么不同。

（20）依次选择"开始"→"程序"→"附件"→"画图"命令，打开画图程序，画一幅画，并保存，将其设置为桌面背景。

（21）录制一声音文件，以 Voice.wav 保存到 WinLX 中（本题需要用话筒录音，用耳机听声音，没有话筒和耳机的可以不做此题）。

（22）单击任务栏上的"音量"按钮，调整音量，右击任务栏上的"音量"按钮，调整各设置参数。

（23）拖动桌面上 Internet Explorer 浏览器图标，放到开始菜单中，删除开始菜单中添加的Internet Explorer 浏览器图标。

（24）启动 Windows 7 防火墙。

三、操作要点

（1）添加任务。依次选择"开始"→"程序"→"附件"→"系统工具"命令，在系统工具级联菜单中单击"任务计划程序"命令，打开"任务计划程序"窗口，单击"创建基本任务"按钮，弹出"任务计划向导"对话框，输入任务名称："定时关机"，选择"启动程序"选项，打开"Shutdown.exe"即可完成，如图 1-25 所示。

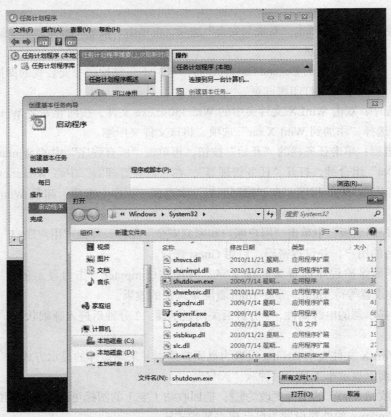

图 1-25　任务计划程序窗口

（2）查看和更改系统属性。在"控制面板"中单击"系统和安全"选项，再单击"系统"图标，查看该计算机的基本信息，单击"高级系统设置"选项，在"计算机名"选项卡中查看和更改网络上的计算机描述等。在"硬件"选项卡中打开"设备管理器"，查看计算机上各硬件和资源的工作和设置情况。在"高级"选项卡的"启动和故障恢复"栏中单击"设置"按钮，更改"显示操作系统的列表时间"为"20s"。

在"控制面板"中单击"系统和安全"选项，再单击"Windows 防火墙"图标，启动防火墙功能。

（3）在"控制面板"中单击"用户账户和家庭安全"图标，单击"用户账户"选项，弹出"用户账户"页面，单击"创建一个新账户"选项，以自己的名字命名，并设置密码。单击"管理其他账户"选项，再单击"Guest 来宾账户没有启用"选项，启用来宾账户。

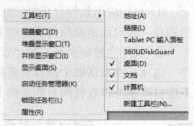

（4）右击任务栏空白处，从"工具栏"级联菜单中选择"新建工具栏"选项，从列表中选中"我的文档"或"计算机"，单击"确定"按钮，效果如图 1-26 所示。

图 1-26　工具栏添加对象效果

（5）屏幕保护程序。在"控制面板"中单击"外观和个性化"选项，在"个性化"栏中选择"更改屏幕保护程序"选项，选择"三维文字"作为屏幕保护程序，单击"设置"按钮，在"三维文字设置"对话框的"自定义文字"文本框中输入"Computer"作为显示文字，单击"选择字体"按钮，选择"Wingdings2"选项确定即可。

（6）设置监视器电源属性。在"控制面板"中单击"硬件和声音"选项，单击"电源选项"，再单击"选择关闭显示器的时间"或"更改计算机睡眠时间"选项。

（7）更改分辨率和监视器的刷新频率。在"控制面板"中单击"外观和个性化"选项，单击"显示"选项，在"显示"中选择"更改显示器设置"选项，单击"高级设置"按钮，在"监视器"窗口中选择"监视器"选项，更改屏幕刷新频率。

（8）设置桌面背景。利用资源管理器中指定文件作为桌面背景的操作方法是：右击桌面空白处，选择"个性化"选项，选择"桌面背景"选项，在浏览窗口中，找到指定的文件，如图 1-27 为"个性化桌面背景"设置对话框。

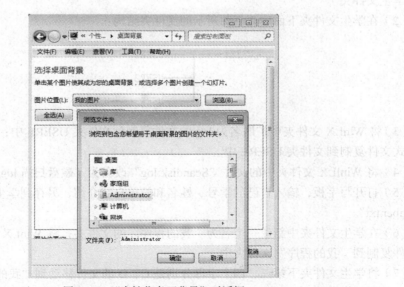

图 1-27　"个性化桌面背景"对话框

（9）更改回收站的图标。右击桌面空白处，选择"个性化"选项，单击"更改桌面图标"选项，在"桌面图标设置"对话框中选择"回收站（满）"或"回收站（空）"图标，单击"更改图标"按钮，从中选择要求的图标。

（10）设置鼠标属性。右击桌面空白处，选择"个性化"选项，单击"更改鼠标指针"选项，在"鼠标属性"对话框中设置"启动指针阴影"。

（11）在任务栏上选择"开始"→"程序"→"附件"→"录音机"命令，单击"录音"按钮。

（12）软件的卸载方法。

① 利用应用软件自身提供的卸载工具卸载：在"开始"的"程序"菜单中找到应用软件自带的卸载，将自动清除软件所有相关的文件。

② 利用"控制面板"的"添加/删除程序"选项卸载：单击"控制面板"中的"添加/删除程序"选项，在对话框中选择要删除的应用软件，单击"添加/删除"按钮，确认要删除的软件后，系统自动删除该软件所有相关的文件。

　　　　不可以找到软件安装目录直接删除。因为软件在安装时往往还要向 Windows 的系统目录和注册表中添加相关信息，直接删除将留下垃圾文件，使系统启动或运行比较慢。

第 5 节　Windows 综合练习题

一、练习题

本练习题的文件夹在"C:\Sjzd\WinLX"中，本书读者可以把文件夹"WinLX"复制到 E 盘中练习。

（1）在"E:\ WinLX"文件夹中创建一个"班级+本人姓名"文件夹，如"7 班张三"（以下简称学生文件夹）。

（2）在学生文件夹下面建立下图所示的文件夹结构：

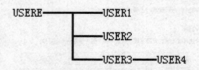

（3）将 WinLX 文件夹中扩展名为.log 的文件复制到文件夹 USERE 中；将 WinLX 文件夹中快捷方式文件复制到文件夹 USERE 中。

（4）将 WinLX 文件夹中的文件"Scandisk.log"改名为"磁盘扫描.log"。

（5）打开写字板，输入自己的学号、姓名和简单自我介绍，另存到学生文件夹中，文件名为"Number.txt"。

（6）在学生文件夹中新建一个名为"我的程序"的文件夹，将 WinLX 文件夹下大小为 18kB 的文件复制到"我的程序"文件夹中。

（7）将学生文件夹下第三、四个字母分别是 C、D 的文件移动到"我的程序"文件夹中。

（8）将学生文件夹下第一个字母是 C 或 D 的文件移动到"我的程序"文件夹中。

（9）在计算机中搜索名为"Mshearts.exe"的文件，找到后把这个文件复制到"我的程序"文件夹中，把文件"Mshearts.exe"的属性改为隐藏，并使这个文件看不到。

（10）创建一个记事本程序的快捷方式，存放在学生文件夹中（记事本程序为 Notepad.exe，在"C:\Windows"文件夹下）。

（11）在学生文件夹中创建一个名为"A123.txt"的文本文档；创建一个名为"A456.bmp"的图像文档；创建一个名为"A789.doc"的 Word 文档；创建一个名为"A888.xls"的 Excel 文档。

（12）在 WinLX 文件夹下搜索 2004 年 2 月以后建立的文件，复制到 USER1 文件夹中。

（13）删除 USER1 文件夹中的所有文件。

（14）将"回收站"中的所有文件都恢复到原来的位置。

（15）彻底删除 USER1 文件夹中的所有文件。

二、技巧、知识点

（1）获得"帮助"。

人们在学习计算机操作时经常会遇到各种各样的问题，Windows 7 操作系统和各种应用程序可以随时随地提供"帮助"。下面给读者提供几种在计算机中获得帮助的方法。

① 从"开始"菜单中选择"帮助和支持"选项，可以得到 Windows 7 的帮助。工具栏中有 5 个选项："帮助和支持主页"、"打印"、"浏览帮助"、"了解有关其他支持选项的信息"、"选项"。帮助和支持主页：可以快速找到答案，了解如何实现计算机入门、有关 Windows 7 基础知识、浏览帮助主题，包含了使用 Windows 7 中遇到的各种问题和相关教程。例：在搜索框中输入"网上邻居"，单击 🔍 按钮，效果如图 1-28 所示。

② 窗口菜单栏的最右边"帮助"菜单，工具栏中的帮助按钮 ⑦，鼠标指向对象时弹出简短的提示信息，如图 1-29 所示。

③ 一般程序都把键盘上的"F1"功能键设定为"帮助"键，按"F1"键可以打开与当前窗口有关的帮助系统。

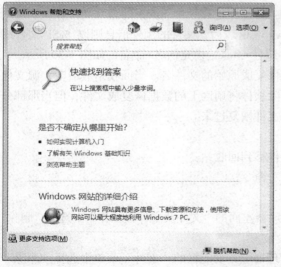

图 1-28　Windows 的帮助

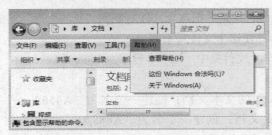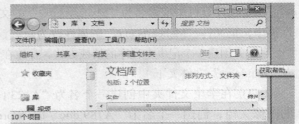

图 1-29　"帮助"菜单

（2）回收站。

① 简介。

回收站主要暂存被有意地或意外地删除的文件。通常只有通过资源管理器删除的文件才会被移到回收站；在命令提示符删除的文件属于永久删除。从 Windows 2000 开始，微软提供 API 让其他应用程序可以把文件移到回收站。另外，它不只用来存放被删除的文件，其被删除的时间甚至文件的原始路径也被记录下来。

回收站只保留硬盘中被删除的文件。其他存储设备如 U 盘或网络磁盘中，被删除的文件通常都是被直接永久删除。

回收站能设置其所能存储的被删掉文件的总量。默认容量一般是总硬盘容量的 10%，用户亦可修改设置成硬盘容量的 0% 至 100%。如果回收站内的文件容量已达至其设置的数值，那么最旧被删除文件将会被自动删除以容纳新进的文件。如果一个文件的容量已经超过设置的容量，那么文件不会被移进去，而被直接删除。

② 回收站机制。

回收站的实际位置取决于所使用的操作系统及文件系统。在 FAT 文件系统及 Windows 98 以前的系统，它的路径通常在：磁盘驱动器编号 ":\RECYCLED"。在 NTFS 文件系统及 Windows NT 至 Windows XP，它的路径在 "磁盘驱动器编号:\RECYCLER"。Windows Vista 以后的系统在 "磁盘驱动器编号: \$Recycle.Bin"。

在 Windows Vista 以前，当一个文件被移到回收站，它的文件名被改为如下格式： D<原始位置的磁盘驱动器编号><文件编号>.<原始扩充档名>，里面还有一个 info2 的隐藏文件，以二进制编码形式存储了源文件的路径和文件名。Windows Vista 以后，文件的额外信息则以 %\$I<文件编号>.<原始扩充档名>命名，源文件则以 \$R<文件编号>.<原始扩充档名>命名，如图 1-30 所示。

当用户通过回收站把文件恢复时，文件名会恢复成原始的文件名。当回收站被清空，源文件在扇区上的位置会被设成空白，但仍能通过反删除软件将扇区上的数据恢复成文件；但当那部分的扇区被新近写入的文件覆盖后，则再也无法把文件恢复过来。

③ 回收站的使用方法。

在资源管理器中，用户能通过以下方法把文件移到回收站：

在文件上右击鼠标，并在菜单中选择"删除"命令；

选择要删除的文件，并按下键盘上的删除键；

选择要删除的文件，并在 Windows 7 资源管理器左面的"文件及文件夹工作"中选择"删除"命令；

选择要删除的文件，并在 Windows 7 资源管理器上方功能栏的"文件"菜单中选择"删除"命令；

```
管理员：C:\Windows\system32\cmd.exe

2014/04/08 周二   11:05    <DIR>         .
2014/04/08 周二   11:05    <DIR>         ..
2014/01/14 周二   19:51            129 desktop.ini
               1 个文件             129 字节
               2 个目录 131,228,127,232 可用字节

E:\$RECYCLE.BIN\S-1-5-21-3199719904-3989621092-4053609090-500>dir /a
 驱动器 E 中的卷没有标签。
 卷的序列号是 0002-C0F1

 E:\$RECYCLE.BIN\S-1-5-21-3199719904-3989621092-4053609090-500 的目录

2014/04/08 周二   22:05    <DIR>         .
2014/04/08 周二   22:05    <DIR>         ..
2014/04/08 周二   22:05            544 $I3501YG.docx
2014/04/08 周二   22:05            544 $IE25NBE.bmp
2014/04/08 周二   22:05            544 $IS5L9CT
2014/04/08 周二   22:04              0 $R3501YG.docx
2014/04/08 周二   22:05              0 $RE25NBE.bmp
2014/04/08 周二   22:04    <DIR>         $RS5L9CT
2014/01/14 周二   19:51            129 desktop.ini
               6 个文件          1,761 字节
               3 个目录 131,228,127,232 可用字节

E:\$RECYCLE.BIN\S-1-5-21-3199719904-3989621092-4053609090-500>
```

图 1-30　Windows 7 回收站的文件管理方式

在某些提供把文件移到回收站的应用程序中删除文件；

将要删除的文件拖曳至回收站。

用户还可以使用以上方法，删除文件的同时按住"Shift"键，这样文件将不会被移进回收站，而是被直接删除。要注意的是，如果在将文件拖曳至资源管理器的回收站的同时按住 Shift 键，文件被删除时将不会出现任何提示信息，而且是永久删除。

（3）库。

库功能是 Windows 7 系统最大的亮点之一，它改变以前的文件管理方式，从死板的文件夹方式变得更为灵活和方便。随着文件、文件夹数量越来越多，直观地选择需要的文件就开始变得困难起来，利用好库的排列方式就可以很好地解决这个问题。

打开资源管理器就可以看到"库"，在资源管理器右端的菜单栏"更改您的视图"按钮下选择显示方式，再右击空白的地方，从快捷菜单中选择"排列方式"选项，不同类型的库在此菜单中的选项也不尽相同，如图片库有月、日、分级、标记几个选项，文档库中有作者、修改日期、标记、类型、名称几大选项。利用这些不同的排列选项，把需要的文件轻松地找到。如图 1-31 库中显示的结果。

图 1-31　库中显示的结果

"库"是个有些虚拟的概念，把文件（夹）收纳到库中并不是将文件真正复制到"库"这个位置，而是在"库"这个功能中"登记"了那些文件（夹）的位置来由 Windows 管理而已。因此，收纳到库中的内容除了它们自己占用的磁盘空间之外，几乎不会再额外占用磁盘空间，并且删除库及其内容时，也并不会影响到那些真实的文件。

第2章
Word 2010 文字处理软件

第1节　基　本　操　作

一、知识点

熟悉 Word 2010 的工作环境，是我们正确操作的前提条件，而对文件的正确使用，是我们对信息保存的关键。Word 2010 文档的扩展名为.docx。

（1）掌握 Word 2010 的各种启动和退出方法。

（2）熟悉 Word 2010 窗口的组成及各功能区的使用。

（3）熟悉 Word 2010 的编辑环境，学会汉字、特殊符号和英文的录入方法。

（4）理解插入点的定位，掌握文档中字符的插入、替换和删除。

（5）熟悉用不同的方式创建、打开 Word 文档。

（6）掌握 Word 文档的几种保存形式；熟练掌握 Word 2010 文档的保存方法。

（7）能够快速进行文档合并和对文件的"属性"进行修改。

二、练习题

本章练习题所用的文件均放在"C:\Sjzd\WordLX"文件夹中。在 E 盘上创建一个"班级＋本人姓名"文件夹（如"7 班张三"），有些练习题要求保存到这个文件夹中。有些练习题是用原名存盘的，可以直接保存到原文件夹"C:\Sjzd\WordLX"中；没有提示保存的练习题，只供操作练习和观察效果，可以不保存。

（1）练习启动 Word 程序并新建空文档。

（2）打开"C:\Sjzd\WordLX"文件夹下的文件"作品欣赏.docx"，练习关闭 Word 文档但不退出 Word 程序，方法如下。

① 选择"文件"选项卡中的"关闭"命令。

② 按"Ctrl+W"组合键。

③ 单击快速访问工具栏中的"关闭/全部"命令按钮。

④ 按住"Shift 键"，单击快速访问工具栏中的"关闭/全部"命令按钮，即可关闭所有已打开的文档，而不退出 Word，在关闭未保存的文档时 Word 会给出提示。

（3）打开文件"作品欣赏.docx"，练习关闭 Word 文档并退出 Word 程序，方法如下。

① 单击标题栏右端的"关闭"按钮。

② 按"Alt+F4"组合键。

③ 双击标题栏左端的"控制菜单"按钮。

④ 单击标题栏左端的"控制菜单"按钮，并选择"关闭"选项。

⑤ 右击任务栏上的欲关闭 Word 文档按钮，在出现的快捷菜单中选择"关闭"命令。

⑥ 选择"文件"→"退出"命令，即可关闭所有已打开的文档并退出 Word，在关闭未保存的文档时，Word 会给出提示。

（4）打开文件"作品欣赏.docx"，做如下练习。

① 关闭后再打开"标尺"。

② 隐藏后再显示功能区（面板）。

③ 隐藏后再显示段落标记和编辑标记。

④ 自定义状态栏显示的内容。

⑤ 关闭后再打开"垂直滚动条"工具栏。

⑥ 在快速访问工具栏中添加"新建"和"自动套用格式"命令按钮，并练习改变快速访问工具栏的位置，以及改变快速访问工具栏中命令按钮的位置。

⑦ 显示后再隐藏"网格线"。

⑧ 修改输入状态"插入"为"改写"。

⑨ 显示后再隐藏导航窗格。

⑩ 调整页面的显示比例。

（5）打开文件"作品欣赏.docx"，通过浏览其页面内容了解 Word 文档的字图表等功能，并观察各种视图（草稿、Web 版式、页面、阅读版式、大纲、导航窗格中的文档结构图及页面缩略图）的表现方式，并注意页眉、页脚、图、文、表格及页号是否显示。

（6）打开文件"U 盘安装说明.docx"，把文件"U 盘安装说明 2.docx"插入到尾部，并用"Usetup.docx"为文件名另存到"班级＋本人姓名"文件夹中。

（7）打开文件"象棋使用说明.docx"，把文件"安装方法 3.docx"插入到"四、常用按钮及功能键"之前，最后把文件"问题解答 5.txt"插入到尾部，并用原名存盘到"班级＋本人姓名"文件夹中。

（8）打开文件"奥运名次.docx"，修改文件属性：标题为"2004 年奥运名次"，主题为"奥运风采"，作者为"宁辛"，单位为"某电视台体育部"；并设置"打开文件时的密码"为"ningxin04"，以"2004 年奥运奖牌榜.docx"为文件名另存到"班级＋本人姓名"文件夹中。

三、操作要点

（1）启动 Word 程序并新建空文档，常用如下几种方法。

① 执行"开始"→"所有程序"→"Microsoft Office 2010"→"Ⓦ Microsoft Office Word 2010"命令。

② 执行"开始"菜单→"新建 Office 文档"→"常用"选项卡→"空白文档"命令。

③ 双击桌面上或资源管理器中的快捷方式图标"Ⓦ Microsoft Office Word 2010"。

④ 单击任务栏"快速启动"区的Ⓦ按钮。

（2）启动 Word 并打开已有文档有如下几种方法。

① 在"开始"→"打开 Office 文档"→在"打开 Office 文档"对话框中选择合适的盘符、路径、文件类型，单击要打开的文档。

② 执行"开始"→"文档"命令，从中选择要打开的 Word 文档。

③ 双击桌面上或资源管理器中扩展名为".docx"的文件。

（3）将"关闭/全部关闭"命令按钮 添加到快速访问工具栏中的方法如下所述。

① 单击快速访问工具栏右侧的下拉箭头，在弹出的菜单中选择"其他命令"选项。

② 在"Word 选项"窗口中，选择"快速访问工具栏"选项。再"从下列位置选择命令"下拉列表中选择"不在功能区中的命令"选项，然后在下方的区域中找到并选择"关闭/全部关闭"选项（区域中的命令已按拼音排序），单击"添加"按钮，将其添加到右侧区域中，单击"确定"按钮。

③ 这样"关闭/全部关闭"按钮就添加到快速访问工具栏中了，其他按钮如"新建"也可以按照此步骤添加到快速访问工具栏中。

（4）读者应熟练掌握快速访问工具栏及"选项卡"、"标尺"、"滚动条"、"导航窗格"、"显示比例"、"自定义状态栏显示的内容"等使用方法。

（5）文档合并有两种方法。

① 同时打开两个文件，将第 2 个文件的内容全部选中，复制到剪贴板，最后粘贴到第 1 个文件的指定地方。

② 打开第 1 个文件，移动光标（即插入点）到第 1 个文件的指定插入位置，选择"插入"选项卡之功能区中右侧的"文本"组，单击"对象"右侧的小三角图标，选择"文件中的文字"选项，在弹出的对话框中选择合适的盘符、路径、文件类型，选择欲插入的第 2 个文件，单击"插入"按钮。

（6）如果要打开非 Word 标准类型的文件，必须在打开（或插入）的文件对话框中选择"文件类型"，比如选择"文本文件(*.txt)"或选择"Word 97-2003 文档(*.doc)"，如图 2-1 所示。

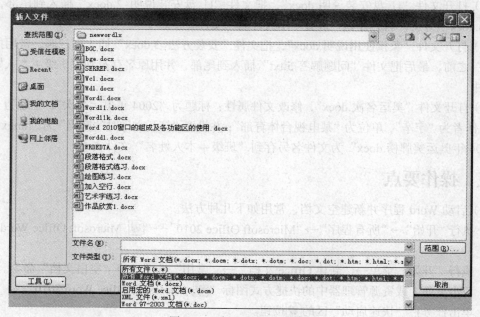

图 2-1 "插入文件"对话框

（7）通过"文件"→"信息"→"属性""→"高级属性"→"摘要"选项卡，可以修改文件的"标题"、"主题"、"作者"、"单位"等。通过"文件"→"信息"→"保护文档"→"用密码进行加密"命令来设置打开密码，也可以通过"文件"→"另存为"→"工具"→"常规选项"→"打开文件时的密码"命令设置打开密码，通过"修改文件时的密码"命令设置修改密码。

第 2 节　查找与替换

一、知识点

定位、查找与替换是对 Word 文档内容进行编辑的高级手段，对长篇文档进行批量修改时，查找与替换操作是最行之有效的方法。

（1）熟练掌握 Word 2010 文本的浏览和定位。

（2）学会文本的查找与替换，灵活使用查找条件；掌握一般字符和特殊字符的查找替换；部分查找替换（有的换有的不换、块内、之前、之后）和全部查找替换；条件查找替换的使用方法。

（3）掌握文中大量重复内容的删除方法。

（4）鉴于近年来的考试，学会带格式的查找与替换和模糊的查找与替换是非常有帮助的。

二、练习题

在 E 盘上创建一个"班级＋本人姓名"文件夹（如"7 班张三"），有些练习题要求保存到这个文件夹中。

（1）打开"C:\Sjzd\WordLX"文件夹下的"Word1.docx"文件，按如下要求进行编辑。

① 使用"查找与替换"方法，将各组双引号""全部改为书名号《 》。

② 使用"查找与替换"方法，将正文中所有"共享"一词删除。

③ 使用"查找与替换"方法，除了 1，2，3，4 小标题之外，将正文中所有"网洛"一词改为正确的"网络"。

④ 将该文档中题序编号为 3 的段落，复制到题序编号为 1 的段落之后，并重新排列题序编号。

将编辑后的文件以文件名"W2t1.docx"另存到"班级＋本人姓名"文件夹中。

（2）打开"Word11.docx"文件，按如下要求进行编辑。

① 使用"查找与替换"方法，将"2.2.4 数字信号的传输知识"这部分文本中的所有符号"○"改为"●"。

② 将该文档中"2.2.1"与"2.2.3"的两部分对调位置之后，重新排列题序编号。

③ 使用"查找与替换"方法，将"2.2.3 计算机网络协议和体系结构"这部分文本中的"协议"一词改为"网络协议"，已经是"网络协议"的地方，则不再替换。

将编辑后的文件以文件名"W2t2.docx"另存到"班级＋本人姓名"文件夹中。

（3）打开"Wordd1.docx"文件，并按如下要求进行编辑。

① 使用"查找与替换"方法，将"多媒体"一词替换为红色、加粗字形的"多媒体"。

② 将"1. 多媒体数据库技术"与"5. 数据压缩技术"及其相关内容互换位置，并修正编号。

将编辑后的文档以文件名"W2t3.doc"另存到"班级＋本人姓名"文件夹中。

（4）打开"Word1.docx"文件，并按如下要求进行编辑。

① 使用"查找与替换"的方法，将所有的全角冒号"："改为半角冒号":"。

② 使用"查找与替换"的方法，将所有的文字"计算机"改为蓝色、斜体字。

③ 将该文档中题序编号为2、3的两段对调位置，并修正题序编号。

将编辑后的文件以文件名"W2t4.docx"保存到"班级＋本人姓名"文件夹中。

（5）带格式的"查找与替换"练习。打开"Serrep.docx"，完成如下操作。

① 将"计算机"（粉红色（RGB=255,0,255）、仿宋体）换为"计算机"（鲜绿色 RGB=0，255，0、仿宋体、小四号）。

② 将"计算机"（斜体、蓝色（RGB=0,0,255）、仿宋体）换为"计算机"（斜体、加粗、浅橙色（RGB=255，153，0）、仿宋体、小三号、带下划线）。

③ 将"计算机"（黑体、自动色）换为"COMPUTER"（Gill Scans Vltra Bold 体、粉红色、三号）。

将编辑后的文件以文件名"W2t5.docx"另存到"班级＋本人姓名"文件夹中。

（6）模糊"查找与替换"练习。打开文件"Serrep1.docx"，完成如下操作。

① 将所有"计算机"和"计数机"换为"运算工具"。

② 将所有"河南省"和"河北省"换为"冀豫两省"。

将排版后的文件以"W2t6.docx"为名另存到"C:\Sjzd\WordLX"文件夹中。

（7）高级模糊"查找与替换"练习。打开文件"Word 2010 窗口的组成.docx"，完成如下操作，并将排版后的文件原名保存到 WordLX 文件夹中。

① 同时删除所有多余的空行。

② 将所有书名号《》同时换为中文括号（）。

③ 再将所有中文括号（）同时换为英文括号()。

④ 再将所有英文括号()同时换为英文中括号[]。

⑤ 将所有英文双引号""同时换为中文双引号""。

三、操作要点

（1）有些"查找与替换"必须分两次进行，如全角"（）"换为半角"()"，双引号""""换为书名号"《》"，可以先全换左侧，后全换右侧。更快的方法也可以采用找""(*)""换"《\1》"，只要替换前勾选"使用匹配符"复选项即可。许多高级查找与替换见本节操作要点（9）。

（2）和第（2）题③应该采用找一个换一个的方法，类似的情况还会在英文句号"."换为中文句号"。"的时候，因为我们不能把数据中的小数点也换为中文句号"。"。

（3）有时可以利用查找某内容替换为空的方法，从文章中快速删除某些内容，如第（1）题②。

（4）为了进行部分内容中的替换，一定要先选择指定的文本区域，并在替换完后出现的对话框中单击"否"按钮。否则，将替换非指定区域的内容，如图 2-2 所示。

图 2-2　替换完后出现的对话框

（5）Word 2010 选定的文本区域，可以是用"Ctrl"跳选的不连续区域。如果有几部分不连续内容需要替换，系统会一次性全部替换。

（6）为了提高输入速度，文中多次出现的长句（如：中华人民共和国），可以输入缩写标记（如：中1），最后再利用替换来完成。

（7）有些"查找与替换"是带格式的，需要单击"更多"按钮及其中的"格式"按钮，并在相关菜单设计"查找或替换"的格式。初学者容易把替换的格式设计成查找的格式，这就要求我们单击"格式"按钮前，必须单击一下"替换为"右侧的输入框。如果设置错了地方，应先单击"查找内容"右侧的输入框，然后单击下方的"不限定格式"来取消。

（8）字体的常用颜色在 Word 2010 中未显示颜色名，读者需要使用其红绿蓝自定义颜色的RGB 值。以下列出 Word 2003 常用颜色的 RGB 值，如表 2-1 所示。

表 2-1　　　　　　　　　　　　Word 2003 常用颜色的 RGB 值

颜色	RGB	颜色	RGB	颜色	RGB	颜色	RGB
黑色	0,0,0	褐色	153,51,0	橄榄色	51,51,0	深绿	0,51,0
深红	128,0,0	橙色	255,102,0	深黄	128,128,0	绿色	0,128,0
红色	255,0,0	浅橙色	255,153,0	酸橙色	153,204,0	海绿	51,153,102
粉红	255,0,255	金色	255,204,0	黄色	255,255,0	鲜绿	0,255,0
玫瑰红	255,153,204	茶色	255,204,153	浅黄	255,255,153	浅绿	204,255,204
深青	0,51,102	深蓝	0,0,128	靛蓝	51,51,153	灰色-80%	51,51,51
青色	0,128,128	蓝色	0,0,255	蓝-灰	102,102,153	灰色-50%	128,128,128
水绿色	51,204,204	浅蓝	51,102,255	紫罗兰	128,0,128	灰色-40%	153,153,153
青绿	0,255,255	天蓝	0,204,255	梅红	153,51,102	灰色-25%	153,51,102
浅青绿	204,255,255	浅蓝	153,204,255	淡紫	204,153,255	白色	255,255,255

（9）模糊"查找与替换"需要单击"更多"按钮，并勾选"使用通配符"复选项。这样"山?省"就可以当作"山西省"或"山东省"了。注意：通配符"?"代表一个任意字符或汉字，"*"代表若干个任意字符或汉字，必须用半角字符。

（10）第 7 小题高级模糊"查找与替换"：需要单击"更多"按钮，并勾选"使用通配符"复选项。查找内容"^13{1,}"，替换为"^13"，这样就把多个回车换成一个了，实际就是删掉空行；查找内容"《([0-9]{1,3})》"，替换为"（\1）"，就可以把左右书名号换成左右中文括号，同样的方法可以把左右中文括号换为左右英文括号；由于英文小括号也是通配符，替换它们需要加前导符\，查找内容"\(([0-9]{1,3})\)"，替换为"[\1]"，这样才能把英文小括号换成中括号；最后查找内容""(*)""，替换为""\1""，这样就把英文双引号""换成中文双引号""，查找前请注意以下操作：执行文件→选项→校对命令打开"自动更正选项"对话框，进入"键入时自动套用格式"选项卡，取消选中"直引号替换为弯引号"复选项。更多的高级查找与替换方法，读者可以参阅网上相关文档或高级查找与替换 64 例.doc。

第 3 节　编辑与排版

一、知识点

编辑就是对文档内容的增加、修改和删除，简称增删改查。这是我们在草录文件内容后必须执行的一步操作，也是我们保证文档内容正确不可或缺的步骤。只有内容正确以后，才可以进行排版。

排版（版式设计）是文档内容在屏幕或纸上的表现形式。排版的好坏，决定了文档是否漂亮、美观、得体，加上图、表的使用，就可以使读者心情愉快地阅读。排版包括页面格式、字符格式、段落格式、页眉、页脚和分节、分栏、分页。

（1）熟练块操作。选定一行（单击）、一段（双击）、全部（三击或按"Ctrl+A"组合键）和任意内容（拖动）。当选定内容很长或跨页时，可以先单击欲选内容的开头，按住"Shift"键，再单击欲选内容的结尾。Word 2010 支持间隔选定文本块，方法是：按住"Ctrl"键，用鼠标分别拖动所选内容。也可以按住"Alt"键，拖出一块矩形区域，这一点对操作制表位数据尤为重要。

（2）掌握文本的剪切、复制和粘贴操作。

（3）掌握选定内容的删除方法。

（4）掌握选定内容长距离和短距离移动、复制的方法。

（5）通过使用键盘操作（"Ctrl+X"组合键、"Ctrl+C"组合键、"Ctrl+V"组合键）或鼠标拖曳，快速进行选定文本的移动和复制。

（6）通过使用"字体"对话框或功能区按钮快速进行字符和段落格式的编排，包括以下内容。

① 中英文字符及特殊符号的字体、字型、字号的设置。

② 字符的颜色、底纹、着重号、下划线、删除线等的使用。

③ 字符间距和字符效果的使用。

（7）通过使用段落对话框或功能区按钮快速进行字符和段落格式的编排。

① 文本的 5 种对齐方式：左对齐、右对齐、居中、两端对齐、分散对齐。

② 4 种缩进方式：左缩进、右缩进、首行缩进和悬挂缩进。

③ 设置行间距和段间距，理解最小值和固定值的区别。

④ 设置边框和底纹。

⑤ 学会项目符号与编号的使用。

（8）使用格式刷重复设置格式。

（9）正确设置页边距，以便得到所要求的页面大小。

（10）掌握分栏排版的使用方法。

（11）正确设置页眉和页脚，学会插入页码。

（12）熟练掌握纸张大小、方向和来源，页面字数和行数等页面设置的方法。

（13）熟练掌握打印预览文档的功能，在有条件的地方，学会打印机的设置和文档的打印。

二、练习题

在 E 盘上创建一个"班级＋本人姓名"文件夹（如"7 班张三"），有些练习题要求保存到这个文件夹中。

（1）打开"C:\Sjzd\WordLX"文件夹下文件"加入空行.docx"，进行如下操作，并观察新插入的两行的格式与哪行相同。

① 将光标移到最后一段的开头按回车，在上面插入空行，并在新插入空行中输入"最常用的复合技术就是层次方式。"字符。

② 将光标移到"3.协议层次的划分"的行末按"Enter"键，在下面插入空行，并在新插入空行中输入"为了使用不同的计算机。"字符。

（2）打开文件"段落格式练习.docx"，按文件"段落格式.docx"的样式进行设置。

（3）打开"Word1.docx"文件，并按如下要求进行排版。

① 设置页面为 16 开，页边距均为 2cm，页眉、页脚距边界均为 0cm。

② 将第 1 行的"计算机网络的功能和分类"作为标题，下面插入一空行，标题居中，用三号、红色、楷体字。

③ 将第 1 级小标题"1.……"，缩进 2 字符，行距（最小值）20 磅，用五号、黑体字。

④ 应用"格式刷"工具，将小标题"2."、"3."、"4."设成与"1."相同的格式。

将排版后的文件以文件名"W3t3.docx"保存到"班级＋本人姓名"文件夹中。

（4）对文档 Wrdedta.docx 进行如下编辑操作，并将编辑后的文件以原名存盘。

① 查找替换，将文章中的"减少贫苦"全部改为"减少贫困"。

② 将第 2 自然段中的"亚行需要进行经济结构改革、技术创新，足够有效的投资"改为"亚行需要足够有效的投资"。

③ 将最后一段中的"此外，亚行还积极促进南太平洋岛国之间的区域合作。"一句删除。

④ 段落移动。将第 3 段，即"亚太发展中国家面临着减少贫苦……"自然段，移动到第 1 自然段的前面。

⑤ 在文档最前面插入空行，并在该行中输入"亚太银行的使命"作为标题行。注意：不要求设置标题行的格式。

（5）创建新文档。将"wc1.docx"文件的内容复制到新文档中，并对新文档进行如下编辑。

① 页边距：上、下、左、右均为 2cm，页眉、页脚距边界均为 1cm，页面为 16 开。

② 页眉文字："常用的因特网服务"，楷体、五号、居中。

③ 排版操作，如下所述。

● 将文章标题"常用的因特网服务"设置为首行无缩进、居中、黑体、三号、段前 0.5 行、段后为 0.5 行。

● 将 8 个小标题（1. 电子邮件（E-mail）、2.……、……、8.……）设置为首行无缩进、宋体、四号、加粗。

④ 文章的正文部分（除文章标题和 8 个小标题之外的全部内容）要求左、右都缩进 2 字符、首行缩进 2 字符、两端对齐、宋体、五号字。

将排版后的文件以"W3t5.docx"为名另存到 WordLX 文件夹中。

（6）创建新文档，将"W2t3.docx"文件的内容复制到新文档中，并对新文档进行如下编辑。

① 页边距：上、下、左、右均为 2cm。

② 纸张类型：自定义，宽度为 18cm，高度为 22cm。

③ 页眉文字："多媒体信息处理的关键技术"，楷体、五号、居中。

④ 排版操作如下所述。

● 将文章标题"多媒体信息处理的关键技术"设置为首行无缩进、居中、黑体、三号、段前 0.5 行、段后为 0.4 行。

● 5 个小标题（1. 数据压缩技术、……、5. 多媒体数据库技术）设置为首行无缩进、宋体、四号、加粗。

⑤ 文章的正文部分（除文章标题和 5 个小标题之外的全部内容）要求左、右都缩进 2 字符，首行缩进 2 字符，两端对齐，宋体、五号字。

将排版后的文件以"W3t6.docx"为名另存到"班级＋本人姓名"文件夹中。

三、操作要点

（1）通过行首、行末按"Enter"键，增加的行会继承该行的格式。因此，插入空行的先后顺序不能改变。

（2）对于已经应用了样式或已经设置了格式的 Word 2010 文档，用户可以随时通过以下几种方法将所选内容的样式或格式清除，恢复成默认格式：宋体、五号、自动色。

① 在"开始"功能区单击"样式"分组中的显示样式窗口按钮，打开"样式"窗格，在样式列表中单击"全部清除"按钮。

② 在"开始"功能区单击"样式"分组中的"其他"按钮，并在打开的快速样式列表中选择"清除格式"命令。

③ 通过"Ctrl+Shift+Z"组合键或"Ctrl+Shift+N"组合键。

（3）题中所有小标题的设置都是指整个小标题。因此，不能只对"1. 计算机网络的主要功能"中的"1."进行设置。

（4）单击"格式刷"只能用一次；双击"格式刷"可以反复使用；再次单击取消"格式刷"。

（5）遇到若干小标题都要设置，可以先设置第 1 个小标题格式，再双击"格式刷"工具，然后分别去刷其他小标题。在 Word 2010 中，可以把这些小标题通过按"Ctrl"键全部选中，进行一次性设置，这一点在操作小标题（6）时尤为重要，不然红色的"多媒体"将改为自然色，正文中的加粗也将取消。

（6）普通"粘贴"，是按"Html 格式"粘贴，而"选择性粘贴"可以把"剪贴板"中的内容按指定的格式粘贴。

（7）在一些格式或段落设置中的数据的单位与所给单位不同时，可以直接输入题中所要求的单位，如"首行缩进"默认为"2 字符"，可以直接输入"0.75cm"。利用这种方法，还可以设计系统未提供的数据，如字符大小最大为 72 磅，可以直接输入为 200 磅。

（8）有些题必须严格按要求做。如查找和替换中，若要求只将文章中的"卖玩具"全部改为"买玩具"，不能简单查找"卖"替换为"买"。否则，文章中的"卖苹果"也就改为"买苹果"了。

第 4 节　表　　格

一、知识点

在文档中适当地穿插表格，具有缓解阅读压力、表达方式简洁、说服力强的效果。Word 提供了强大而又灵活的制表功能，既可制作规则表格，又可制作不规则表格；可以对表格添加各种修饰，如底纹、边线颜色、线条粗细，以及表中内容的排列方式等。

（1）建立表格的方法：利用相应的功能按钮或对话框插入一个空白表格；绘制自由表格。

（2）学会将文本转换成表格或将表格转换成文本。

（3）表格的选定、插入行和列、移动行和列、删除行和列。

（4）改变行高和列宽，合并及拆分表格。

（5）表格内容的对齐；表格的边框和底纹。

（6）掌握表格样式、快速表格和自动套用格式的使用。

（7）能够在表格中进行简单的计算和排序。

（8）学会制作斜线表头的两种方法。

二、练习题

在 E 盘上创建一个"班级＋本人姓名"文件夹（如"7 班张三"），有些练习题要求保存到这个文件夹中。

（1）打开"C:\Sjzd\WordLX"文件夹下的"操作系统教案 5.docx"文件，要求对表格进行标题跨页设置。

（2）新建文档并绘制如下表格。

① 在任意位置绘制一个 4 行 7 列的表格。

② 设置列宽：第 1～7 列的列宽分别设置为 2.1、1.6、1.9、1.6、1.9、1.6、1.9 厘米。

③ 设置行高：第 1～4 行的行高分别设置为 0.5、0.5、0.5、1 厘米。

④ 按表 2-1 所示合并单元格。按表 2-1 所示在相应单元格中输入汉字，所有汉字均采用五号楷体、水平居中和垂直居中。

⑤ 按表 2-1 所示设置表格线，其中粗线为 1.5 磅、细线为 0.5 磅。

⑥ 按表 2-1 所示设置底纹，其中表格的第 1 行的底纹设为水绿色（RGB=51，204，204），第 2、第 3 行的底纹设为黄色，第 4 行设为鲜绿（RGB=0,255,0）。绘制好的表格如表 2-2 所示。

表 2-2　　　　　　　　　　　　　　　　　表格样式

选题名称						
选题类别	计算机		电子		机电	
	机械		财会		其他	
选题特色						

将排版后的文件以文件名"W4t2.docx"保存在"班级＋本人姓名"文件夹中。

（3）按表 2-3 所示制表，要求如下。

表 2-3　　　　　　　　　　　　　　　　　表格样式

姓名		性别		年龄	
部门				电话	
简历					

① 各列列宽依次是：2、3、1.5、1、2、3 厘米。

② 行高 0.7cm，自上而下的行高比例为 1∶1∶4。

③ 文字为黑体五号字、红色、水平居中（水平、垂直均居中）。

将排版后的文件以文件名"W4t3.docx"保存在"班级＋本人姓名"文件夹中。

（4）绘制新表格并将编辑好的表格以"W4t4.docx"存到"班级＋本人姓名"文件夹中。

① 在任意位置绘制一个 4 行 5 列的表格，如表 2-4 所示。

② 设置列宽：第 1、2、3、4、5 列的列宽分别设置为 2cm、2.5cm、2cm、2.5cm、2cm。

③ 设置行高：第 1～3 行的行高分别设置为 20 磅，第 4 行的行高设置为 30 磅。

④ 按表 2-4 所示合并单元格。

⑤ 按表 2-4 所示设置表格线，其中粗线为 1.5 磅、细线为 0.5 磅。

⑥ 在相应单元格中输入汉字，将汉字水平居中。

表 2-4　　　　　　　　　　　　　　　表格样式

姓名		性别		
电话		邮编		照片
工作单位				
家庭地址				

（5）按表 2-5 所示制表（尺寸自定）。

表 2-5　　　　　　　　　　　　　　　表格样式

季度	A 产品			B 产品			数量合计
	单价	数量	金额	单价	数量	金额	
Mar-97	200	70		400	10		

最后将此文档以文件名"bgt5.docx"另存到"班级＋本人姓名"文件夹中。

（6）创建新文档，在新文档中进行如下操作。

① 将"bga.txt"文件的内容插入到新文档中。

② 将插入到文档中的内容按"制表符"转换为一个 5 行 5 列的表格，按如下要求调整表格：第 1、3 列列宽为 2cm，第 2 列列宽为 3cm，第 4、5 列列宽为 4cm。表格样式如表 2-6 所示。

表 2-6　　　　　　　　　　　　　　　表格样式

代别	起止年份	硬件特征	软件发展状况	应用领域
第 1 代	1946—1958	电子管	机器语言和汇编语言	科学计算
第 2 代	1959—1964	晶体管	高级语言（编译程序）管理、简单的操作系统	科学计算、数据处理、事务管理
第 3 代	1965—1970	集成电路	功能较强的操作系统、高级语言、结构化、模块化的程序设计	系列化远程终端、向社会各部门推广和普及
第 4 代	1971—至今	大规模、超大规模集成电路	操作系统进一步完善，数据库系统、网络软件得到发展，软件工程标准化，面向对象的软件设计方法与技术广泛采用	网络、分布式计算机、人工智能等，迅速推广和普及到社会各领域

最后将此文档以文件名"bgt6.docx"另存到"班级＋本人姓名"文件夹中。

（7）在文档"C:\Sjzd\WordLX\bgc.docx"中按表 2-7 所示制表。

① 创建 4 行 8 列的表格。

② 各行等高为固定值 0.85cm，第 1、8 列列宽为 2cm，其余各列列宽为 1.5cm。

③ 按表 2-6 所示合并单元格。

④ 输入文本（全部宋体）。

⑤ 月份、合计：五号字、水平居中。

⑥ 数量、金额、货物一、货物二、货物三：五号字、水平居中。

⑦ 按表 2-7 所示设置表格线，粗线 1.5 磅，细线 0.5 磅；两侧无边框。

最后将此文档以文件名"bgt7.docx"另存到"班级＋本人姓名"文件夹中。

表 2-7　　　　　　　　　　　　　表格样式

月份	货物一		货物二		货物三		合计
	数量	金额	数量	金额	数量	金额	

（8）建立新文件，并按表 2-8 所示制表。

表 2-8　　　　　　　　　　　　　表格样式

星期　课程　节次					
1、2 节					
3、4 节					
5、6 节					
7、8 节					

① 创建 5 行 6 列的表格，第一列列宽 3.42 cm，其余各列列宽 2 cm。

② 第 1 行行高 1.5cm，其余各行等高 0.8cm。

③ 按上表所示设置表格线：粗线 1.5 磅；细线 0.5 磅。

④ 斜线表头为样式二，行标题："星期"，数据标题："课程"，列标题："节次"。

⑤ 第 1 行底纹为黄色，第 2、3 行底纹为青绿（RGB=0,255,255），第 4、5 行底纹为鲜绿（RGB=0,255,0）。

最后将此文档以文件名"bgt8.docx"另存到"班级＋本人姓名"文件夹中。

（9）打开 bge.docx 文件，按表 2-9 所示制表。

表 2-9　　　　　　　　　　　　　表格样式

姓名	数学	语文	英语	计算机	哲学	总分
郑含因	95	97	85	83	75	435
李海儿	78	75	59	79	93	384
陈静	90	70	77	70	58	365
王克南	55	62	69	63	51	300
钟尔惠	45	57	62	47	49	260
卢植茵	87	91	83	76	75	412
林寻	76	72	56	70	92	366
李禄	81	70	86	66	55	358
最高分	95	97	86	83	93	435

① 将文档中的文字转换成表格。

② 第 1 列列宽为 2cm，其余各列列宽 1.5cm。

③ 在表格最右端增加 1 列：标题为"总分"，首、末两行，各行为相应学生的各科成绩的和。

④ 在表格最底端增加 1 行：标题为"最高分"，除首列，各列为相应科目成绩及总分的最大值。

⑤ 设置表格的粗线为 1.5 磅，细线为 0.5 磅。

最后将此文档以原文件名保存到"WordLX"文件夹中。

（10）按表 2-10 所示制表。然后以"W4t10.docx"文件名另存到"班级＋本人姓名"文件夹中。

① 在任意位置插入 6 行 7 列表格。

② 调整行高与列宽：第 4 行行高 4 磅，其余均为 35 磅。

第 1 列列宽为 1cm，第 2 列列宽 2cm，其余各列 1.6cm。

③ 按表样所示合并单元格，并在左上角的单元格中添加斜线。

④ 按表样所示输入文本：全部宋体五号字。日期：右对齐，时间：左对齐，星期一到星期五中部居中。上午、下午：竖排文字并水平居中、每个字的上面空一行，第一节到第四节：中部居中。

⑤ 按表样所示设置表格线：粗线 1.5 磅，细线 0.5 磅。

⑥ 按表样所示填充颜色：左上角单元格绿色，第 4 行红色，第 1 列白色，背景 1，深色 25%，第 1 行、第 2 列黄色。

表 2-10   表格样式

时间 日期		星期一	星期二	星期三	星期四	星期五
上午	第一节					
	第二节					
下午	第三节					
	第四节					

三、操作要点

（1）当表格很长，在一页放不下时，就会跨页。如果我们想让每一页都出现表格标题，就必须进行标题跨页。方法是：选择需要重复出现的表格标题行，右击，从打开的快捷菜单中选择"表格属性"命令，在行选项卡中，勾选"在各页顶端以标题行形式重复出现"复选项即可。

（2）通常不规则表格是由规则表格变化产生的：删除表格线，可以用"表格工具-布局"功能区中的"合并单元格"按钮，也可以使用"表格工具-设计"功能区中的"擦除"按钮。同样，增加表格线可以使用"拆分单元格"按钮或"绘制表格"按钮。

（3）可以通过"表格属性"中的行、列选项卡设置表格的行高和列宽。如果行高为磅值，可通过"工具"菜单→"选项"→"常规"选项卡中的"度量单位"进行设置。为了提高速度，可以先设整个表格为大部分行都一样的行高，再设置个别行高不同的行；列也如此。

（4）制作斜线表头有两种方法。对于比较简单的斜线表头，可以直接用"绘制表格"按钮画出，也可以通过"边框"弹出的"斜上框线"或"斜下框线"以及"边框和底纹"对话框完成。如"第 6 节 综合练习"中的第（7）题："科目"、"班级"分成两行输入，"科目"设为右对齐、"班级"设为两端对齐或左对齐。

（5）对于比较复杂的斜线表头，如本节第（8）题，Word 2003 可以使用"表格"菜单中的"绘制斜线表头"工具，但是，Word 2010 取消了这一功能。所以，需要使用"形状"中的"直线"按钮画斜线，然后用不带边框的文本框输入标题并放在相关位置，也可以直接手工输入斜线表头中的标题，要求首行行高应该足够容纳几行文本。图 2-3 中左上角为 Word 2003 使用"绘制斜线表头"制作的斜线表头，其余 3 个为 Word 2010 手工制作的斜线表头。

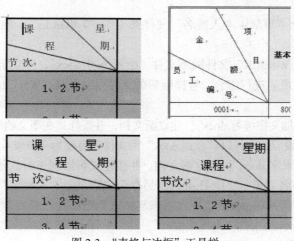

图 2-3　"表格与边框"工具栏

（6）本节第（6）题需要通过"插入"选项卡→"表格"组→"表格"按钮→"文本转换成表格"命令来实现。相反，表格也可以转换成文本。

（7）本节第（9）题通过"表格工具-布局"选项卡→"数据"组→"公式"命令进行，并且需要确定计算范围。常见的参数有：

ABOVE——插入点上方各数值单元格；

BELOW——插入点下方各数值单元格；

LEFT ——插入点左侧各数值单元格；

RIGHT——插入点右侧各数值单元格；

A3:A8——纵向 A3 到 A8 各数值单元格（适合垂直方向计算）；

B3:H3——横向 B3 到 H3 各数值单元格（适合水平方向计算）。

第 5 节　图形与图像

一、知识点

除表格外，图片在文档中的使用，会带来震撼效果。所以说，正确使用表格和图片，会为文档增添光彩。

（1）掌握图片的插入和图片格式的设置（位置、尺寸、剪裁）；为图片添加文本框和标题。

（2）掌握简单图形的绘制、编辑和组合方法。

（3）掌握插入艺术字并对艺术字进行设置的方法。

（4）掌握文本框的使用（插入、移动、复制、删除、缩放、边框、底纹）。

（5）理解层的概念：文本层、嵌入文本、浮于文字下方和浮于文字上方。

（6）掌握公式编辑器的使用。

（7）熟练掌握文档的打印预览和文档的打印。

二、练习题

在 E 盘上创建一个"班级＋本人姓名"文件夹（如"7 班张三"），有些练习题要求保存到这个文件夹中。

（1）参考"C:\Sjzd\WordLX"文件夹下文件"绘图练习.docx"，建立新文档，并按样式再绘制该图的各个组成部分，最后进行组合。将排版后的文件以文件名"W5t1.docx"另存到"班级＋本人姓名"文件夹中。

（2）参考文件"添加文字练习.docx"，建立新文档，并按样式在新文档中制作一个倒"福"字，并制作方形印章。将排版后的文件以"福到.docx"为文件名另存为"班级＋本人姓名"文件夹中。

（3）参考文件"艺术字.docx"，建立新文档，并按样式再绘制一对红印章。要求圆为"正圆"。将排版后的文件以文件名"艺术字练习.docx"另存为"班级＋本人姓名"文件夹中。

（4）打开文件"拷屏练习.docx"，在文章末尾插入两幅图片。最后以"拷屏练习 2.docx"为文件名另存到"班级＋本人姓名"文件夹中。

① 拷贝整个屏幕图片，如图 2-4 所示。

图 2-4　复制整个屏幕

② 资源管理器窗口图片如图 2-5 所示。

（5）启动 Word 建立新文档，通过"插入"选项卡→"符号"组→"公式"按钮→"插入新公式"命令，打开公式编辑器，并设计图 2-6 所示公式，并把自己制作的一元二次方程求根公式保存到公式库，最后以"公式.docx"为文件名另存到 WordLX 文件夹中。

图 2-5　复制一个窗口

$$\begin{pmatrix} 1 & 2 & 3 \\ 4 & 5 & 6 \\ 7 & 8 & 8 \end{pmatrix} \xrightarrow{\text{转换为}} \begin{bmatrix} 1 & 2 & 3 \\ 4 & 5 & 6 \\ 7 & 8 & 8 \end{bmatrix} \xrightarrow{\text{转换为}} \begin{vmatrix} 1 & 2 & 3 \\ 4 & 5 & 6 \\ 7 & 8 & 8 \end{vmatrix} \qquad x_{1,2} = \frac{-b \pm \sqrt{b^2 - 4ac}}{2a}$$

图 2-6　矩阵效果和一元二次方程根公式

（6）打开文件"图片位置练习.docx"，分别观察每幅图片的"水平位置"和"垂直位置"中以"绝对位置"所表示的"页边距"、"页面"、"段落"等右侧的长度变化情况，以体会图片在各种情况下的位置数据。

（7）打开文件"分节练习.docx"，设"常用"工具栏中的比例为 10%，观察其分节情况，在不同的节可以有不同的版面格式（页眉、页脚、页面大小），以体会分节与分页的不同。在合适的位置添加一个分节符并删除第 2 个分节符。

（8）打开文件"Word1.docx"，在文档中插入一个文本框，要求如下。

① 文本框高度、宽度均为 4cm；水平距页边距 8.1cm、垂直距页边距 5.5cm；线条为 3 磅、红色实线；填充为无填充色；环绕方式设为"四周型"、设置文字环绕方式为"只在左侧"。

② 在文本框内输入文字"正方形与圆形"，要求楷体、小三号字、加粗、水平居中。

③ 在文本框内绘制一个圆形，设置参数为：直径 2.5cm、水平距页边距 8.86cm、垂直页边距 6.69cm、填充蓝色、无线条色、环绕方式设为"四周型"、设置文字环绕方式为"只在左侧"。最后形成的图形效果如图 2-7 所示。

④ 将文字与图形组合。

最后，将此文档以文件名"W5t8.docx"另存到"班级＋本人姓名"文件夹中。

（9）新建空白文档，进行图形组合练习，最终效果如图 2-8 所示。

① 插入自选图形。

● 选择"星与旗帜"列表中的"横卷形"，并设置参数高度 2.6cm、宽度 6.5cm、蓝色线条、粗细 2 磅、填充黄色、半透明。

- 添加文字"信息技术",设置为楷体、36 磅、褐色、水平居中。

图 2-7　组合效果图

图 2-8　组合效果图

② 绘制图形:圆形,直径 4cm、无线条色、填充红色、置于底层。

③ 对两个图形进行"对齐"(水平居中、垂直居中)后,再进行"组合"操作。

最后将此文档以文件名"W5t9.docx"另存到"班级+本人姓名"文件夹中。

(10)打开"Wordg.docx"文件,按如下要求进行操作:在文章的最后利用绘图工具绘制图 2-9 所示的图形(图形在操作要点中,注释部分采用文本框,其余部分使用矩形框、菱形、箭头),要求文字为五号、宋体;绘制完成后将其组合,并相对于页面居中。将编辑后的文档以原文件名存盘。

(11)创建新文档,在新文档中绘制图 2-10 所示的图形。

图 2-9　组合效果图　　　　　　　　　　　　　图 2-10　组合效果图

① 插入自选图形。

- 选择"星与旗帜"列表中的"上凸带形",并设置参数为高度 2.3cm、宽度 12cm、褐色线条、粗细 2 磅,填充黄色。

- 添加文字"信息技术",设置为楷体加粗、字号 36、红色、水平居中。

② 绘制椭圆:高度 5cm、宽度 8cm,无线条色、填充蓝色,置于底层。

③ 对两个图形进行"对齐"(水平居中、垂直居中)后,再进行"组合"操作。

最后将此文档以文件名"W5t11.docx"另存到"班级+本人姓名"文件夹中。

(12)创建新文档,在新文档中绘制图 2-11 所示的草图,按要求做成如下描述的样式。

① 3 个圆形的直径为 4cm,并按每个圆形上边的文字设置填充色和线条色。

② 在每个圆中添加相应文字,字体为宋体、五号。

③ 对所绘图形进行组合,并相对于页面水平居中、垂直居中。

最后将此文档以文件名"3 圆.docx"另存到"班级+本人姓名"文件夹中。

三、操作要点

(1)在 Word 文档中插入图片。系统默认刚插入的图片是嵌入文本层的,嵌入文本层的图片只能像文字一样操作。如果要进行任意移动图片或与其他对象组合等操作,必须要将图片设置在其他层(如:右击图片→设置图片格式→版式→浮于文字上方)。

(2)练习题第(1)题中,绘图的各组成部分必须是方的(长宽一致),小图要经过旋转。

(3)文本框的属性设置需要右击文本框的边缘区域才能打开,如图 2-12 所示。

（4）文本框中的文字经常用来与图片结合，除了考虑文本框需在图片的上一层外，更需注意它经常被设置为"无填充色"。

（5）图片、形状和艺术字的旋转需要通过图片、绘图及艺术字等相关工具格式选项卡→"排列"组→"旋转"，在弹出菜单中读者可以选择 4 种旋转方式。或打开"其他旋转选项"，或在图2-12 最上边的绿色小圆句柄上手工拖动进行任意旋转。

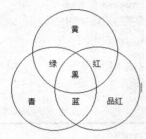

图 2-11　圆

图 2-12　文本框的边缘区域

Word 2010 中的艺术字默认是以文本体现的，而 Word 2003、Word 2007 中的传统艺术字是以形状体现的。Word 2003 能够轻而易举地做出艺术字样式，而且可以实现艺术字的纹理、图片、图案等填充，阴影效果、三维效果也能轻易做出，所以习惯用 Word 2003、Word 2007 中的传统艺术字工具的读者，可以通过以下两种方式调用艺术字工具。

① 通过页面布局选项卡的页面背景组插入水印的方式插入艺术字，然后到进入页眉或页脚编辑状态，剪切插入的水印，然后回到正文粘贴。

② 新建 Word 文件，另存为 Word 97-2003 文档，再打开，即可以像 Word 2003 一样插入，并用艺术字工具编辑艺术字。

（6）拷屏练习。在 Word 2010 中插入的图片，可以是计算机当前屏幕上所显示的信息。

① 如果要复制整个屏幕，可以按专用键"PrintScreen"，这样屏幕会以图片形式拷到剪贴板，然后"粘贴"到文本内容中。

② 如果想复制某个窗口，可以同时按下"Alt+PrintScreen"组合键，这样窗口会以图片形式拷到剪贴板，然后"粘贴"到文本内容中。

③ 如果只想使用整个复制图像的局部内容，可以先粘贴到文档中，然后使用"图片"工具进行裁剪；也可以先粘贴到"画图"等专用工具进行编辑，再粘贴到文档中。

事实上，利用一些专用截图工具，如 Windows 7 的截图工具，操作起来更容易达到以上 3 种要求。

（7）利用公式编辑器可以设计出许多复杂的数学等学科的公式。但公式编辑器不是万能的，有些非常复杂的公式需要专门的公式编辑软件来实现。

（8）右击图片可以看到，Word 2010 把图片等对象的属性设置分成了两部分："大小和位置"和"设置图片格式"。前者可以设置图片位置、文字环绕和大小，后者可以设置边框颜色、图片颜色，以及 2010 富有特色的艺术效果，两个对话框如图 2-13 所示。

（9）图 2-14 所示为"图片位置练习.docx"，其中右边小图的各种参数如下。

水平位置：①为"栏"和"字符"，②为页边距，③为页面。

垂直位置：④为"段落"和"行"，⑤为页边距，⑥为页面。

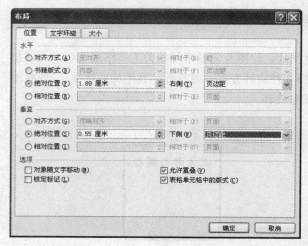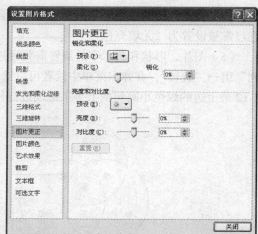

图 2-13 "图片位置"选项卡

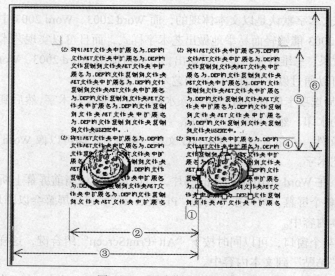

图 2-14 "图片位置"示意图

（10）单击"开始"选项卡→"段落"组中的"显示/隐藏编辑标记"按钮 ，可以看到段落标记、分节标记和分页标记等。删除分节标记或分页标记，可取消分节或分页。需要说明的是，被删除分节符的节的页面格式将与前一节相同。

（11）通过（2）（3）小题得知，如印章等带外框的字，可以右击形状选择"添加文字"命令来增添文字信息；也可以通过带边线的文本框制作；有时为了美观，还可以通过形状和艺术字组合而成。

第 6 节 综 合 练 习

一、知识点

只有熟练掌握各种知识和技巧，并能够加以综合运用，才能制作出让人赏心悦目、不忍释手的文档。

（1）熟练掌握文本的浏览和定位、移动、复制和删除的方法。熟悉文本的查找与替换，灵活使用查找条件。

（2）掌握选定内容移动复制的方法。

（3）能够快速准确地对字符或段落进行格式设置和编排，熟练掌握格式刷、分隔符的使用。

（4）能够正确设置页面格式，包括：设置页边距、页眉、页脚和页码。

（5）掌握图片的插入和图形格式的设置方法。

（6）掌握表格的制作、修改与调整的方法。

（7）掌握文本框的使用方法。

（8）熟练掌握文档的打印预览和文档打印的方法。

（9）掌握插入文件、整体排版的方法。

（10）能够综合利用 Word 文档编排技术和技巧对文档进行排版。

（11）掌握 Word 图形现场制作的基本方法和技巧。

二、练习题

在 E 盘上创建一个"班级＋本人姓名"文件夹（如"7 班张三"），有些练习题要求保存到这个文件夹中。

（1）打开"C:\Sjzd\WordLX"文件夹下的"WordWB.txt"文件，将文件中"2.1.3 图形、图像和视频"小节全部复制到新建的 Word 文档中，在 Word 文档中按如下要求进行排版。

① 设置页面为 B5，页边距上下为 2.3cm、左右为 2cm。

② 去掉小节号"2.1.3"，将"图形、图像和视频"作为标题，下面插入一空行。

③ 标题居中，用三号、黑体字、加下划线。

④ 其余部分两端对齐，首行缩进 0.75cm，采用五号、仿宋体字。

⑤ 将题序编号为 1、2、3 的小题目设置为粗体、五号、宋体字。

⑥ 置光标于"3.视频信号基本知识"段落的前面，插入"Meeting.wmf"图片。

- 位置：水平距页面 5.5cm，垂直距段落 2.5cm，对象随文字移动。

- 大小：锁定纵横比，与原图片原始尺寸相关，高度 5.6cm。

- 环绕：环绕方式设为"上下型"，距正文上下各 0.6cm。

⑦ 插入文本框，高 1.5cm、宽 5cm、水平距页边距 3.58cm、垂直距页边距 5.77cm，红色、双线、1.5 磅边框，环绕方式为"四周型"，设置文字环绕方式为"只在左侧"。文本框内输入文字"多媒体技术"，黑体、四号字，文本左对齐。

最后将此文档以文件名"W6t1.docx"另存到"班级＋本人姓名"文件夹中。

（2）打开文档 wrdfmte.docx，并进行如下操作，将编辑后的文档以原文件名存盘。

① 设置页面为 16 开，页边距上、下各为 1.5cm，左、右各为 1.2cm。

② 标题设置：将文档的第 1 行"关注荒漠化"作为标题，设置为居中、黑体、三号字、倾斜，字体颜色为红色。

③ 段落格式：将标题行除外的所有正文段落设置如下，首行缩进 0.8cm、行距为 1.5 倍行距、对齐方式为左对齐、段前距 0.5 行，段后距 0.5 行。

④ 将"国家林业局防治荒漠化管理中心……"一段中的所有文字包括空格，设置为楷体、小四号。

⑤ 将第 2 段中的"一年开草场，二年打点粮，三年五年变沙梁"几个字改为黑体、下划线、小四号字。

⑥ 图框操作：在文章中插入图片"JIAOYU.JPG"，不链接文件，并进行如下设置。

● 大小：宽 4.5cm、高 3.5cm。

● 位置：相对页面，水平 5cm、垂直 4cm，浮于文字之上。

● 边框：边框线 2 磅、边框颜色为红色。

● 环绕：文字环绕方式为"紧密型"、环绕文字为"两边"，距正文左 0.4cm、右 0.4cm。

（3）打开 Word1.docx 文件，并按如下要求进行操作。

① 在题序编号 3 的段落前插入两个空行。

② 将"Meeting.wmf"图片插到文档中，并进行如下设置。

● 大小：锁定纵横比，缩小为原尺寸的 70%。

● 位置：相对距页边距，水平为 2cm、垂直为 14.9cm。

● 线条：形式如图 2-13 所示，绿色、宽度 6 磅。

● 环绕：环绕方式"上下型"。

③ 插入文本框（参照图 2-15）并进行如下设置。

● 文本框高度 2cm、宽度 6cm、选择无线条色、无填充色。

● 在文本框内输入文字"计算机技术"，要求红色文本、一号字。

● 文本框位置：相对距页边距，水平为 2cm、垂直为 14.9cm。

将排版后的文件以文件名"W6t3.docx"另存到"班级＋本人姓名"文件夹中。

（4）创建新文档，并按图 2-16 所示的样式操作。

图 2-15　组合效果图

图 2-16　组合效果图

① 绘制正方形：高度、宽度均为 5cm，水平、垂直距页边距均为 1cm，线条红色、3 磅、填充黄色。

② 绘制菱形：高度、宽度均为 4cm，水平、垂直距页边距均为 1.5cm，填充红色、无线条色。

③ 插入文本框：高度、宽度均为 2.5cm，水平、垂直距页边距均为 2.25cm，无填充、无线条，输入"福"字，黑色、加粗楷体、字号 48 磅、水平居中。

④ 将 3 个图形组合在一起。

将此文档以文件名"W6t4.docx"另存到"班级＋本人姓名"文件夹中。

（5）对"C:\Sjzd\WordLX \wzpb2b.docx"进行如下操作，并将排版后的文档以"W6t5.docx"为名另存到"班级＋本人姓名"文件夹中。

① 设置页面为 A4，页边距上下为 2cm、左右为 2.5cm。

② 将第 1 行的"中国载人航天飞船首次试验飞行成功"作为标题，设为黑体、小二号字、斜体、标题居中。

③ 除大标题外的所有内容段落缩进 0.9cm，两端对齐、采用五号宋体。

④ 页眉处插入文字"载人飞船试验成功"，页脚处插入文字"中国航天史上的重要里程碑"。

⑤ 在文档最后的图片附近插入文本框。要求为：高度 2cm、宽度 3cm，选择无线条色、无填充色。

⑥ 在文本框内输入文字"赛船飞驰"，要求斜体隶书、小三号字、水平居中。

⑦ 调整文本框位置：水平距页边距 4.95cm、垂直距页边距 9.96cm，形成图 2-17 所示效果。

（6）对文档"C:\Sjzd\WordLX\bjpb1f.docx"进行如下操作。

① 将文档中的所有"电脑"替换为"PC"。

② 将文档中题序编号为（1）的段落与题序编号为（2）的段落互换位置，并修正题序编号。

③ 将页面设置为 16 开，页边距设为上 2cm、下 1.8cm、左 2.4cm、右 2.1cm。

④ 将文档的第 1 行文字"咱们能不能聊聊?"作为标题，标题居中、黑体小二号字、倾斜、加下划线。

⑤ 除大标题外的所有内容悬挂缩进 0.7cm，两端对齐、宋体五号字。

⑥ 将题序编号为（3）的段落左缩进 1.2cm，右缩进 1cm，并将该段的行间距设为固定值 18 磅。

⑦ 在文档中插入一个文本框。要求如下。

● 文本框高度 3.5cm、宽度 2.8cm、水平距页面 7.8cm、垂直距页面 16.4cm、线条为黑色实线、3 磅，填充天蓝色（RGB=0,204,255），环绕方式设为"四周型"、环绕位置设为"两边"。

● 在文本框内输入文字"红心"，要求楷体四号字、加粗、居中。

⑧ 在"自选图形"的"基本形状"中选择"心形"，将其置于文本框之中，然后对该自选图形进行设置。要求为：高度 1.6cm、宽度 1.8cm，水平距页面 8.3cm、垂直距页面 17.7cm，填充红色、无线条色，环绕方式设为"四周型"、环绕位置设为"两边"。最后形成的图形效果见图 2-18。

图 2-17　组合效果图

图 2-18　组合效果图

最后将此文档以文件名"W6t6.docx"另存到"班级＋本人姓名"文件夹中。

（7）建立一个新文档，按如下要求进行操作。

① 在新文档的起始位置制作一个 6 行 6 列的表格，按如下要求调整表格。

● 第 1 列列宽为 3cm，其余列宽为 1.5cm。

● 第 1 行列宽为 1.2cm，其余行高为固定值 0.7cm。

● 按表 2-11 的样式合并单元格，设置 2.25 磅的粗表格线。

● 绘制斜线表头，行标题为"科目"、右对齐，列标题为"班级"、左对齐。

● 将表格第 1 列的底纹设置为"浅绿"。

表 2-11   表格样式

班级 ＼ 科目				

② 插入图片。

- 将"C:\Sjzd\WordLX"文件夹中的"net_d.jpg"图片插入到表格下方。
- 图片锁定纵横比，大小为原尺寸的 50%，环绕方式为四周型。

③ 在表格下方插入艺术字"计算机网络"。

- 艺术字库中 1 行 3 列的样式。
- 隶书、36 磅。
- 填充红色、线条红色。

④ 对图片和艺术字进行"对齐"（水平居中、底端对齐）后，再

图 2-19　组合效果图

进行"组合"操作，组合后的效果如图 2-19 所示。

最后将此文档以文件名"W6t7.docx"另存到"班级＋本人姓名"文件夹中。

（8）建立一个新文档，按如下要求进行表图操作。

① 在新文档的起始位置制作一个 4 行 5 列的表格，按如下要求调整表格。

- 第 1 列、第 5 列列宽 3cm，其余列宽为 2cm。
- 所有行高为固定值 1cm。
- 按表 2-12 表格样式合并单元格，设置 2.25 磅的粗表格线。

表 2-12   表格样式

- 所有单元格的对齐方式为"水平居中"，将表格第一列的底纹设置为"浅蓝"。

② 在表格下方插入一横排文本框。

- 文本框的高度为 2cm、宽度为 5cm、无线条色、无填充色。
- 在文本框中输入文字"3D 艺术"、红色、隶书、一号字、居中。

③ 插入图片。

- 将"C:\Sjzd\WordLX"文件夹中的"art.jpg"图片插入到表格下方。大小锁定纵横比，缩小为原始尺寸的 45%。
- 版式：浮于文字上方。

- 置于文本框下层。

④ 将文本框和图片"对齐"（水平居中、垂直居中）后再进行"组合"操作，组合后效果如图 2-20 所示。

最后将此文档以文件名"W6t8.docx"另存到"班级＋本人姓名"文件夹中。

（9）打开 Worde.docx 文件，按如下要求进行编辑。

① 页面设置：纸型设为 B5 或 16 开，页边距的上、下、左、右均为 2cm。

② 查找替换：将文档中的蓝色字体替换为红色字体。

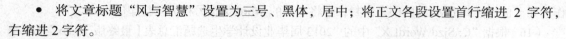

图 2-20　组合效果图

③ 排版要求，如下所述。

- 将文章标题"风与智慧"设置为三号、黑体，居中；将正文各段设置首行缩进 2 字符，右缩进 2 字符。
- 将正文第 1 段设置为悬挂缩进 2 字符，并将正文第 2 段分为等宽两栏。

④ 在正文中第 3 段与第 4 段之间插入"图片水印"，图片名为同名文件夹下的"LOTUS.JPG"。排版后的结果如图 2-21 所示。最后将此文档以原文件名保存到"WordLX"文件夹中。

风与智慧

人们过去很留心观察风向。猎人懂得猎物总是顺着风向活动。若要靠近猎物而不被其发现，猎人则必须逆风而行了。农人通过观察变换着的风向，能够预测降雨或干旱的发生。

躺在小船上，感受着大风掀起的海浪，波利尼西亚水手便可知道远在地平线以外的某地会有岛屿，并感受到大风掀起的海浪正冲击着遥远的岛屿。在北极，当大雾和刺眼的白雪模糊了所有的界标而使得方向难辨时，爱斯基摩人依靠沿着记忆中冰雪之上空气的流动，仍能辨明方向。

对风向的谙熟使得西班牙、荷兰、法国和英国的船只能够远航非洲、印度和美洲。一位叫作罗斯的英国船长自称，听着大风吹动船索所发出的声音，便能预告一场暴风雨即将来临。

当今没有多少人能分辨出风向。我们生活在钢铁和玻璃结构的楼房之中。而外面的风经常是由川流不息而过的车流或楼房林立的狭窄街道所形成。我们现在凭气象预报，而不再凭身后的风来预测天气。我们听到的风声大都是风吹窗户的吱吱作响声，树枝碰擦着窗纱的瑟瑟声，客厅过道穿堂风的萧萧声。这风声，如树叶掠过小草的沙沙声，树枝在疾风中的呼叫声和汹涌海浪的咆哮声。这些风声像流行音乐，而不是古典音乐。

人们自然要问，在风的背后是什么？人们很容易将风拟人化成上帝的呼吸，认为把风吸入肺中则给予人生命。在犹太人、阿拉伯人、罗马人和希腊人的语言里，"幽灵"一词都是源于"风"这个词。每当爱斯基摩的男子用长枪去射击他们认为驾着阵风的邪恶幽灵时，他们的女人便挥舞着棍棒，跑到户外去追赶大风。一首那伐鹤语诗歌，把我们手指尖上的指纹说成是祖先诞生时吹起的大风延续至今的余波。

图 2-21　组合效果图

（10）打开"目录练习.docx"文件，按如下要求进行编辑，最后将此文档以文件名"目录练习 S.docx"另存到"班级＋本人姓名"文件夹中。

① 页眉设置：首页无页眉，奇数页页眉为"第 9 章绘图及多媒体处理"，并设置为宋体、四号、蓝色、居右；偶数页页眉为"VISUAL BASIC 程序设计"，并设置为宋体、四号、蓝色、居左。

② 页脚设置：插入页码，位置为"页面底端（页脚），对齐方式为"外侧"（偶数页居左，奇数页居右），起始页码为 351。

③ 在首页分节符行首插入目录。并按如下设置：显示页码、页码右对齐、显示级别为 3。

④ 为本文制作瓷砖型封面，封面内容底行改为：石家庄学院·计算机学院。年份为 2002。

（11）打开选题表 1.docx 文件。观察批注，并为"设计（论文）要求"栏中倒数第 2 段中的"整和"插入批注"改为：整合"，批注后的文档另存为选题表 1P.docx。

（12）打开选题表 2.docx 文件。观察修订，把"设计（论文）要求"栏中倒数第 2 段中的"整和"修订为"整合"，并接受对文档的所有修订，另存为选题表 1X.docx。

（13）同时打开选题表 4.docx 和选题表 0.docx 两个文件，进行并排查看和并排比较，并观察其比较结果与选题表 2K.docx 是否相同。

（14）打开文件 Wd1.docx，某人进行修改后另存为 Wd1b.docx，另一人对原文进行修改后另存为 Wd1c.docx。请对这两个修改后的文档"比较并合并文档"，并将合并后的临时文档另存为 Wd1bc.docx，接受修订后的文档另存为 Wd2.docx。

（15）根据"C:\Sjzd\WordLX"下的"通讯簿.xlsx"文件，应用"信封制作向导"功能批量制作，如"信封样式.BMP"的中文信封，并将生成的 Word 文档另存为"打印信封.docx"。

（16）根据"C:\Sjzd\WordLX"中的"2013 届毕业设计学生选题汇总表【最终版】.xlsx"和"指导教师评分表.docx"，应用"邮件合并"功能批量制作信函，并另存为"指导教师评分表打印.docx"。利用"档案袋封面.docx"制作"档案袋封面打印.docx"文件并存盘。

三、操作要点

（1）如果要在 Word 中编辑扩展名为".txt"的文件，不能用双击文件名方式打开，必须先启动 Word 程序，然后选择"文件"→"打开"命令，在弹出的对话框中的"文件类型"中选择".txt"格式，打开纯文本文件，如图 2-1 所示。

（2）本节第（7）题插入艺术字和图片时，读者需要参照第 5 节操作要点之（5）插入传统艺术字方法②，才能将图片和艺术字组合。

（3）本节第（10）题插入目录时，通过菜单"引用"选项卡→"目录"组→"目录"命令，选择相关目录样式或"插入目录"对话框中的"目录"选项卡进行设置。为了使目录中的页码两端不显示短横线，请按下图填充页码。读者可以通过"插入"选项卡→"文本"组→"域"对话框→"Page"→样式二来插入两边带短横线的页码，如图 2-22 所示。

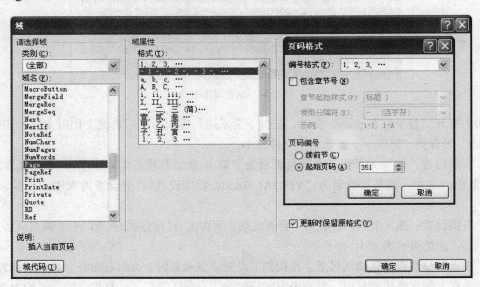

图 2-22　插入页码对话框

（4）第（11）题插入批注时，通过选择选项卡"审阅"→"批注"组→"新建批注"命令进行。

（5）本节第（12）题修改或审阅稿件时，通过选择选项卡"审阅"→"修订"组→"修订"命令进行。修订结束后，可以通过"更改"组中的"接受"命令来接受修订，或通过"拒绝"命令来恢复原样。

（6）本节第（13）题并排比较文档时，必须把两个文件同时打开，在某欲比较文档窗口内，通过选择选项卡"视图"→"窗口"组→"并排查看"命令，在"并排比较"对话框中选择要比较的另一文档即可进行比较。

（7）当一篇文档由两个以上的人员同时修订时，有必要使用比较文档的功能来反映各自的修订情况。具体步骤如下：通过选择选项卡"审阅"→"比较"组→"比较"命令，即可对两篇文档进行精确比较，或在弹出菜单中选择"合并"命令，即可对两篇文档进行"比较并合并文档"。合并文档对话框如图 2-23 所示。

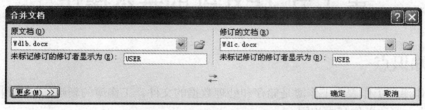

图 2-23　"比较并合并文档"对话框

（8）一些需要换名保存的文件，为了避免原文件被改变，最好在做题前先用"另存为"命令另存指定的文件名。这样，当本题做错需要重做时，可以从头再来，这一点在考试中尤其重要。

（9）如果编辑时间较长，在操作中可以手动多存几次盘，也可以通过"文件"→"选项"→"保存"命令对话框，选中"保存自动恢复信息时间间隔"及"如果我没保存就关闭，请保留上次自动保留的版本"选项，这样当计算机出现一些故障时，损失可以降到最小。

（10）在 Windows 系统中，每打开一个窗口，都要占用一定的内存，内存占用过多时有可能引起"死机"，所以要随时关闭不用的窗口。

第 3 章
Excel 2010 电子表格软件

第 1 节　Excel 的基本操作

一、知识点

（1）工作簿和工作表。工作簿是储存和处理数据的文件，工作簿的新建、打开和保存与上一章 Word 部分文档的操作基本相同。

工作表是 Excel 完成一项工作的最小单位。保存工作簿时，其中所有的工作表或图表同时被保存。同时选中多张工作表，就可以在相同位置的单元格中编辑相同的内容。用右键单击工作表标签，出现快捷菜单，可以完成有关工作表的插入、删除、复制、移动等操作，如图 3-1 所示。

（2）窗口的拆分和窗格的冻结。与 Word 中的操作类似，拆分窗口有两种方法：一是激活某一单元格（将以此单元格为边界拆分窗口），在"视图"选项卡的"窗口"区中单击"拆分"按钮；二是直接用鼠标拖动"拆分块"拆分窗口，如图 3-2 所示。取消拆分可以再单击一次"拆分"按钮，也可以用鼠标将"拆分块"拖回原位置。

与拆分窗口类似，在"视图"选项卡的"窗口"区中单击"冻结窗格"按钮，可冻结首行、首列，或以活动单元格为边界拆分窗口的左上方区域。冻结窗格可以使滚动工作表时，冻结的区域在屏幕上始终保持可见。冻结窗格和取消冻结窗格可在"窗口"区中操作。

（3）自动填充数据。自动填充数据是 Excel 特色功能之一。填充的方式有同值填充（复制）、等差填充、等比填充，以及自定义（序列）填充等。通过选中相应的单元格并拖动填充柄（见图 3-3），或者使用"开始"选项卡的"编辑"区中的"填充"按钮，可以自动填充多种类型的序列。

（4）输入公式。公式是对工作表数据进行运算的算法。用公式可以进行数学运算，如加、减、乘、除等，还可以比较工作表数据或合并文本。公式中的数据可以引用同一工作表中的其他单元格、同一工作簿不同工作表中的单元格，或者其他工作簿的工作表中的单元格。凡是在公式中输入的各种运算符、函数、单元格名称等，一定要采用英文半角字符。可以直接在编辑栏中输入公式，然后按"Enter"键。常用的运算符有：+、-、*、/、^、%、=、>、>=、<、<=、<>及&等。

如果输入的公式中有错误，Excel 将给出提示。下面给出几种常见的错误提示，以及错误原因。

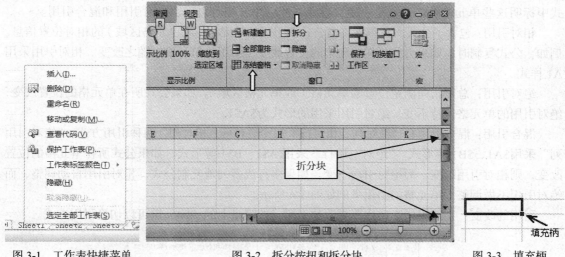

图 3-1　工作表快捷菜单　　　　图 3-2　拆分按扭和拆分块　　　　图 3-3　填充柄

#DIV/0：在公式中出现了除以 0 的错误。

#N/A：在公式中引用的一些数据不可用。

#NAME?：公式中的文字，系统不能识别。

#NULL!：指定的相交并没有发生。

#NUM!：参数输入值不正确。

#REF!：单元格引用无效。

#VALUE!：提供的参数没有使用系统期望的数值类型。

（5）输入函数。单击编辑栏左边的 f_x 按钮，可以在"插入函数"对话框中选择函数。确定以后，"函数参数"中将显示函数的名称、功能、各个参数，以及参数的描述、函数的当前结果和整个公式的结果。

常用的函数有 SUM()、AVERAGE()、DATE()、YEAR()、MONTH()、DAY()、TODAY()、MAX()、MIN()、IF()、COUNT()、COUNTIF()等。

（6）设置单元格格式。右键单击要改变格式的单元格或单元格区域，选择快捷菜单的"设置单元格格式……"命令，可以设置单元格的"数字"、"对齐"、"字体"、"边框"等选项的格式。

（7）Excel 中的"选择性粘贴"命令。在"开始"选项卡的"剪贴板"区中，下拉"粘贴"按钮有一个比"粘贴"功能更强大的"选择性粘贴"命令，它可以按照要求选择复制"格式"、复制"数值"、复制"公式"，或是其他操作，当然也可以在右键的快捷菜单中选择"选择性粘贴"命令。

（8）Excel 中的"格式刷"。作用与 Word 中的格式刷用法相同，熟练掌握格式刷的使用方法，可以快速设置、美化单元格或工作表。

（9）Excel 与 Word 数据交换。Excel 工作簿中的数据与 Word 文档中的表格可以通过"复制"与"粘贴"操作进行相互利用。Word 中的表格可以直接"粘贴"成 Excel 表格，Excel 表格也可以直接"粘贴"成 Word 的表格。如果利用"选择性粘贴"，还可以将 Excel 表格在 Word 中"粘贴"成 Excel 工作表。

（10）单元格的引用。Excel 公式中所使用的数据通常来自于单元格或单元格区域，这些单元格可以在同一个工作表中，或者同一个工作簿的不同工作表中，甚至不同的工作簿中。在公式中标明这些单元格的位置就是引用，单元格的引用分相对引用、绝对引用和混合引用。

相对引用：包含了公式所在单元格与公式所引用的单元格（或单元格区域）的相对位置信息。例如，公式复制时，如果公式所在单元格的位置改变，引用的单元格也随之改变。相对引用采用A1 样式。

绝对引用：总是指向固定位置的单元格（或单元格区域）。如果公式所在单元格的位置改变，绝对引用的单元格保持不变。绝对引用采用的形式为$A$1。

混合引用：混合引用有"绝对列、相对行"和"绝对行、相对列"两种引用方式。"绝对引用列"采用$A1、$B1 等形式。"绝对引用行"采用 A$1、B$1 等形式。如果公式所在单元格的位置改变，则相对引用改变，而绝对引用不变。如果多行或多列地复制公式，相对引用自动调整，而绝对引用不做调整。单元格的引用举例如图 3-4 所示。

引用的改变：在编辑栏中选中要更改的引用，按键盘上的"F4"键可以切换引用方式。

数值	相对引用		绝对引用		绝对列和相对行		绝对行和相对列	
x	公式	结果	公式	结果	公式	结果	公式	结果
A	B	C	D	E	F	G	H	I
1 13	=A1	13	=$A$1	13	=$A1	13	=A$1	13
2 14	=A2	14	=$A$1	13	=$A2	14	=A$1	13
3 15	=A3	15	=$A$1	13	=$A3	15	=A$1	13
4 16	=A4	16	=$A$1	13	=$A4	16	=A$1	13
5 17	=A5	17	=$A$1	13	=$A5	17	=A$1	13

图 3-4　单元格的引用

二、练习题

在 E 盘上创建一个"班级＋本人姓名"文件夹（如"7 班张三"）。以下所有完成的练习题都保存到这个文件夹中。

本节练习题的参考答案在"C:\Sjzd\ExcelLX\answer"文件夹中。

（1）打开"C:\Sjzd\ExcelLX"文件夹下的"ex11.xlsx"工作簿文件，具体操作要求如下。

① 观察题：在 Sheet1 工作表中输入数据。

• 在 A1 至 A4 单元格中依次输入：+12.34、–12.34、12.34、12.34%，同时观察编辑栏和单元格中数值的变化。

• 在 B1 至 B4 单元格中依次输入：=22+35–11、=22/2、=33*4、=3>2，同时观察编辑栏和单元格中数值的变化。

• 要求在 C1 至 C4 单元格中输入数据，并显示为：一江春水向东流、Office、050035、000123。

② 观察题：在 Sheet2 工作表中输入数据，同时观察编辑栏和单元格中数值的变化。

• 在 A1 至 A4 单元格中依次输入：2008/11/15、2008-11-15、11/15、11-15。

• 在 B1 至 B4 单元格中依次输入数据，并显示为：9:30、9:30:30、9:30 AM、3:30:30 PM。

③ 在 Sheet3 工作表中输入数据，同时观察编辑栏和单元格中数值的变化。

• 在 A1 至 A3 单元格中依次输入并显示为人民币数值：￥12.50、￥13.00、￥1,300.58。

• 在 B1 至 B3 单元格中依次输入并显示分数为：1/3、2/33、11/59。

• 在 C1 至 C4 单元格中都输入 2008-11-15，要求分别显示为：2008 年 11 月 15 日、2008 年11 月、11 月 15 日、星期六。

④ 在 Sheet4 工作表中操作。

- 拆分窗口操作：用鼠标拖动垂直滚动条上方的"拆分块"到第 2 行和第 3 行之间，然后用鼠标拖动垂直滚动条，观察窗口中数据的显示情况，最后取消窗口拆分。
- 冻结窗格操作：激活 C3 单元格，冻结窗格，然后分别用鼠标拖动垂直滚动条和水平滚动条，观察窗口中数据的显示情况，最后取消窗格冻结。

最后将此工作簿以"ex11an.xlsx"为文件名另存到"班级＋本人姓名"文件夹中。

（2）打开"C:\Sjzd\ExcelLX"文件夹下的"ex12.xlsx"工作簿文件中的 Sheet1 工作表，如图 3-5 所示。具体操作要求如下。

存款单							
序号	存入日	期限	年利率	金　额	到期日	本　息	银　行
1	1998-1-1	5	3.21	3,000.00	2007-1-1	3,481.50	工商银行
		5	3.21	1,000.00	2007-2-1	1,160.50	中国银行
		5	3.21	2,000.00	2007-3-1	2,321.00	建设银行
		5	3.21	2,500.00	2007-4-1	2,901.25	农业银行

图 3-5　Sheet1 工作表

① 输入数据。
- 向 A 列填充"序号"，逐项加 1，直至 20。
- 向 B 列填充"存入日"，每月 1 日存入一笔，直至 1999 年 8 月。
- 删除第 23 行。

② 第 1 行（标题）："常规"、黑体、蓝色、字号 20 磅、行高 35 磅、A～H 列合并后居中、垂直靠上。

③ 第 2 行（字段名）："常规"、宋体、红色，字号 12 磅、行高 18 磅、水平居中、垂直居中。

④ 第 3～22 行（数据）：宋体、黑色、字号 12 磅、行高 14.25 磅、垂直居中。
- 序号、期限："数值"型的第 4 种（－1234.10）且小数位为 0、水平靠右、自动调整列宽。
- 存入日、到期日："日期"型（类型为 1997/3/4）、水平居中、自动调整列宽。
- 年利率："常规"型、水平居中、列宽 6.75 磅。
- 金额、本息："数值"型的第 4 种（－1234.10）、且小数位为 2、水平靠右、列宽 9 磅。
- 银行："常规"型、水平居中、列宽 10 磅。

最后将此工作簿以"ex12an.xlsx"为文件名另存到"班级＋本人姓名"文件夹中。

（3）打开 Excel，新建一个工作簿文件，进行如下操作。

① 将"C:\Sjzd\ExcelLX"文件夹下的"Ex13.docx"文件中的数据复制到新建的工作簿的 Sheet1 工作表中，数据结构如图 3-6 所示。

教师工资表									
系列	姓名	性别	出生年月	职称	基本工资	岗位津贴	补贴	扣除	实发工资
化工系	陈广路	男	1950-8-14	副教授	823		200	60	
化工系	李辉	男	1959-6-14	教授	1,200.00		250	80	
数学系	李雅芳	女	1955-8-12	教授	1,150.00		250	80	

图 3-6　Sheet1 工作表

- 合并后居中 A1:J1 单元格。
- 在合并后的 A1:J1 单元格中插入批注"2005 年 11 月"。
- 将第 6 行数据移动到第 3 行（移动到"化工系陈广路"之前）。

② 填充数据。
- 自动填充"岗位津贴"：岗位津贴＝基本工资×30%。

- 自动填充"实发工资"：实发工资＝基本工资＋岗位津贴＋补贴－扣除。

③ 工作表管理。

- 将 Sheet1 工作表名称修改为"教师工资表"。
- 删除 Sheet2、Sheet3 工作表。

最后将此工作簿以文件名"ex13an.xlsx"另存到"班级＋本人姓名"文件夹中。

（4）打开"C:\Sjzd\ExcelLX"文件夹下的"ex14.xlsx"工作簿文件，如图 3-7 所示，按如下要求进行编辑。

① 在"Sheet1"工作表中建立"Sheet2"的一个副本，以下操作在 Sheet1 工作表中进行。

② 删除第 15 行至第 28 行。

③ 在 A 列左边插入"序号"列：在 A1 单元格填入"序号"，合并后居中 A1:A2 单元格。

④ 自动填充。

- 设置 B 列列宽 10.5 磅。
- "序号"：1 至 12。
- "月份"：按月递增 1（即：2004-1-1～2004-12-1）。
- "金额"：金额＝单价×数量。
- 自动填充"总金额"：总金额＝北京分公司金额＋上海分公司金额。

⑤ 在 D15 单元格和 G15 单元格分别填充北京分公司和上海分公司的销售总量。

⑥ 设置边框线（区域 A1:I15）：内部为细实线，外部为粗实线。

⑦ 将 Sheet1 工作表移动到 Sheet2 后边（右边），然后删除 Sheet3 工作表。

最后将此工作簿以文件名"ex14an.xlsx"另存到"班级＋本人姓名"文件夹中。

（5）打开"C:\Sjzd\ExcelLX"文件夹下的"ex15.xlsx"工作簿文件，如图 3-8 所示，进行如下操作。

月份	北京分公司			上海分公司			总金额
	单价	数量	金额	单价	数量	金额	
2004年1月	200	20		400	10		
	201	30		400	12		
	202	18		400	8		

图 3-7　Sheet2 工作表

序号	存入日	期限	年利率	金　额	到期日	本　息	银　行
1	1998-1-1	5	4.21	1,000.00			工商银行
2	1998-1-21	5	4.21	1,000.00			工商银行
3	1998-2-10	5	4.21	1,000.00			建设银行
		5	4.21	1,000.00			农业银行

图 3-8　Sheet1 工作表

① 自动填充。

- 向 A 列填充"序号"：逐项加 1。
- 向 B 列填充"存入日"数据：每隔 20 天存入一笔。
- 填充"到期日"：与"存入日"和"期限"有关。
- 填充"本息"列数据：本息＝金额×（1＋期限×年利率/100）。

② 纵向计算"金额"和"本息"的总和。

③ 设置格式。

- 设置边框线（区域 A1:H22）：内部为细实线，外部为粗实线。
- 填充单元格（区域 A1:H22）：黄色。
- 字段名（区域 A1:H1）：字体加粗，行高为 24.75 磅。

最后将此工作簿以文件名"ex15an.xlsx"另存到"班级＋本人姓名"文件夹中。

（6）打开"C:\Sjzd\ExcelLX"文件夹下的"ex16.xls"工作簿文件，进行如下操作。

① 删除工作表 Sheet15。

② 从左到右，按 Sheet1、Sheet2、Sheet3 的次序排列工作表。

③ 在 Sheet1 工作表中，把所有的"工管系"替换为"化工系"。

④ 在 Sheet1 工作表中选中 A2:J15 区域，复制，然后打开"C:\Sjzd\ExcelLX"文件夹下的"ex16.doc"，在 Word 文档中分别进行以下操作。

- 直接选择"粘贴"命令。
- 执行"选择性粘贴"命令，选择"位图"选项。
- 执行"选择性粘贴"命令，选择"无格式文本"选项。
- 执行"选择性粘贴"命令，选择"带格式文本（RTF）"选项。
- 执行"选择性粘贴"命令，选择"Microsoft Office Excel 工作表　对象"选项。

最后将两个文件分别以文件名"ex16an.xlsx"和"ex16an.docx"，另存到"班级＋本人姓名"文件夹中。

（7）打开"C:\Sjzd\ExcelLX"文件夹下的"ex17.xlsx"工作簿文件，进行如下操作。

① 编辑工作表(Sheet1)。

- 在第 1 行上方插入 1 行：调整此行行高为 20 磅。
- 在 A1 单元格中输入文本"学生成绩表"，将 A1:E1 单元格的水平对齐方式设置为"跨列居中"。
- 自动填充"总评成绩"列：总评成绩=期末成绩×80%+平时成绩×20%。
- 将 Sheet1 工作表重命名为"计 01 班学生成绩"。

② 根据"计 01 班学生成绩"工作表中的数据进行统计。

- 按"总评成绩"统计考试人数、各分数段人数、最高分、最低分、平均分，填写到"成绩分析"工作表中。
- 计算各分数段人数所占的比率，并填写到"成绩分析"工作表中。

③ 设置工作表标签颜色。

工作表"计 01 班学生成绩"：标签颜色设为红色。

工作表"成绩分析"：标签颜色设为蓝色。

最后将此工作簿以文件名"ex17an.xls"另存到"班级＋本人姓名"文件夹中。

（8）打开"C:\Sjzd\ExcelLX"文件夹下的"ex18.xls"工作簿文件，进行如下操作。

- 新建一个工作表，表名为"员工基本情况"。
- 将 Sheet1 和 Sheet2 中的数据复制到新建的工作表中，并保留原列宽（按记录号相对应），新工作表的列 A、B、C、D、E、F、G、H 分别对应记录号、姓名、部门号、性别、工作日期、出生日期、技术等级和基本工资。
- 在"员工基本情况"工作表"部门号"后面增加一列，列名为"部门"。根据部门代号填入部门名称，部门名称与部门代号的对应关系是 T01 为一车间，T02 为二车间，T03 为三车间。

最后将此工作簿以文件名"ex18an.xlsx"另存到"班级＋本人姓名"文件夹中。

三、操作要点

（1）【第（1）题③】在 A1 至 A3 单元格中依次输入并显示为人民币数值：￥12.50、￥13.00、￥1 300.58。

首先选中 A1 至 A3 单元格，然后打开"设置单元格格式…"对话框和"数字"标签，按图 3-9 所示进行选择，单击"确定"按钮；最后在 A1 至 A3 单元格中依次输入 12.5、13、1300.58。

（2）【第（2）题①】"向 B 列填充'存入日'，每月 1 日存入一笔，直至 1999 年 8 月"。

先选中 B3:B22 单元格，选择"开始"中的"编辑"区，单击"填充"按钮后选择"系列（S）…"，按图 3-10 所示进行选择（不用填写"终止值"，因为事先已经选中了 B3:B22 单元格），最后单击"确定"按钮。

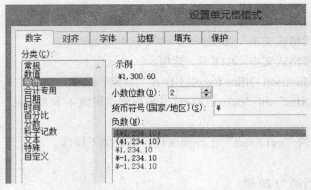

图 3-9 设置单元格格式图

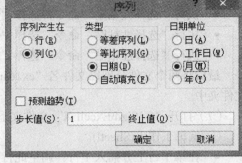

图 3-10 "序列"对话框

举一反三：上述方法比较麻烦。除此以外，"自动填充"另外还有 3 种常用的方法。

① 简单的填充。先选中相应的单元格并拖动填充柄，可根据是同值填充还是递增填充，选择拖动填充柄的同时按下"Ctrl"键（在光标移动的同时看到填充数值的提示），如图 3-11 所示。

② 比较复杂的填充。先选中第 1 个单元格，然后按下右键拖动填充柄，放开右键时出现快捷菜单，选择相应的操作即可。上述例题也可采用这种方法，如图 3-12 所示。

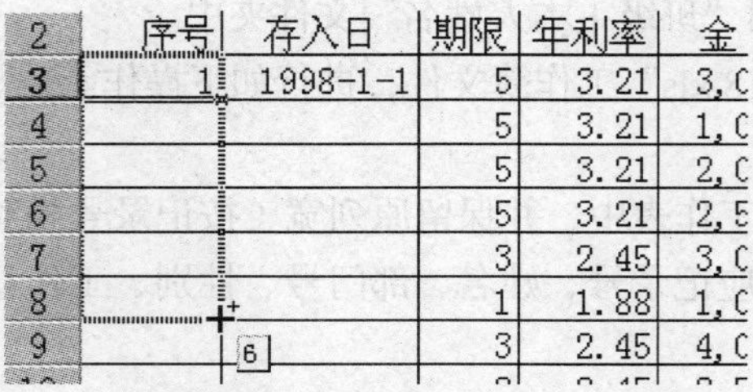

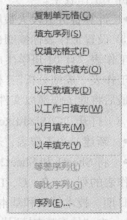

图 3-11 拖动填充柄

图 3-12 选择快捷菜单的相应操作

③ 复杂的填充。可先填写好相邻两个（或更多）单元格的内容，选中相应的两个（或更多）单元格。然后按下右键拖动填充柄，放开右键时出现快捷菜单，选择相应操作即可。也可以按下左键拖动填充柄，这时候默认的是"以值填充"。

④ 以上填充方法，除了可以"向下"和"向右"填充，也可以"向上"和"向左"填充。

（3）【第（3）题①】将"Ex13.docx"文件中的数据复制到新建的工作簿的 Sheet1 工作表中。

打开 Excel，新建一个工作簿文件；打开"Ex13.docx"，选中并复制表格区域（可包括标题）；回到 Excel 工作表中，激活 A1 单元格，正常"粘贴"即可。

（4）【第（3）题①】移动单元格：将第 6 行数据移动到第 3 行。

首先单击行号 6，选中整个第 6 行，用右键单击选中的区域，在快捷菜单中选"剪切"命令；然后右键单击 A3 单元格，出现快捷菜单，选择"插入已剪切的单元格"命令。

移动多行数据、移动多列数据，或移动单元格区域都可使用此方法，复制数据也可使用类似方法。

（5）【第（3）题②】自动填充"岗位津贴"：岗位津贴＝基本工资×30%。

选中 G3 单元格，在编辑栏中输入"=F3*0.3"或"=F3*30/100"；然后向下拖动 G3 单元格的填充柄自动填充 G4:G15 单元格。

① 公式中的"F3"是指 F3 单元格的内容，而不能输入"=基本工资*0.3"；

② 公式中的"F3"最好不要用键盘输入，而是用鼠标单击 F3 单元格，"F3"会自动出现在编辑栏中，这样可保证输入正确，如图 3-13 所示。

COUNT	▼ × √ fx	=F3*0.3				
	A	B	C	D	E	F	G
1					教师工资表		
2	系别	姓名	性别	出生年月	职称	基本工资	岗位津贴
3	化工系	李月明	女	1966-8-21	讲师	650	=F3*0.3

图 3-13　填充公式

（6）【第（3）题③】删除 Sheet2、Sheet3 工作表。

可以右键单击工作表标签，出现快捷菜单，选择"删除"命令，逐一删除，也可以先单击 Sheet2 的标签，然后按下"Ctrl"键，再单击 Sheet3 的标签（这样可同时选中两个工作表），右键单击工作表标签，出现快捷菜单，选择"删除"命令。

举一反三：在 Windows 的应用软件中（不只在 Excel 中），许多操作方法和快捷键都是相同的。例如，先选定一个对象，然后按住"Shift"键再单击另一个对象，可选中一个连续区域；先选定第 1 个对象，然后按住"Ctrl"键再单击其他对象，可选中多个不连续的对象；其他的快捷键如复制"Ctrl+C"组合键、粘贴"Ctrl+V"组合键、剪切"Ctrl+X"组合键、全选"Ctrl+A"组合键、撤销"Ctrl+Z"组合键、帮助"F1"键等，在 Windows 的应用软件中是通用的。

（7）【第（4）题】在"Sheet1"工作表中建立"Sheet2"的一个副本。

本题的实际要求是把"Sheet2"工作表中的数据，全部复制到"Sheet1"工作表中。第 1 步，在 Sheet2 中单击 0 行 0 列位置的"全部选定"按钮选中全部单元格（见图 3-14），右键单击选中的区域，在快捷菜单中选择"复制"命令；第 2 步，在 Sheet1 中激活 A1 单元格，用右键单击选中的区域，在快捷菜单中选"粘贴"命令。

	A	B	C	D	E	F	G	H
1		北京分公司			上海分公司			
2	月份	单价	数量	金额	单价	数量	金额	总金额
3	2004年1月	200	20		400	10		
4		201	30		400	12		
5		202	18		400	8		
6		203	29		400	14		

图 3-14　选中全部单元格

举一反三：用这种方法从一个工作表向另一个工作表复制数据，可以保证两个工作表所有的单元格（所有的行和列）的格式相同。如果只选中部分单元格粘贴，则格式服从于粘贴到的工作表。

（8）【第（4）题②】在 A 列左边插入"序号"列。

单击"列标"选中 A 列，用右键单击选中的区域，在快捷菜单中选择"插入"命令即可，如图 3-15 所示。

用这种方法，选中几列（行）就可以插入几列（行），插入的列（行）的格式与选中区域的前一列（行）相同。用这种方法，也可以删除行或列。对单元格区域的插入或删除也可以采用相同的方法。

（9）【第（4）题⑥】将 Sheet1 工作表移动到 Sheet2 后边。

用鼠标将 Sheet1 工作表的标签拖到 Sheet2 后边即可（在图 3-16 上，可看到提示的小箭头）。

举一反三：如果要复制工作表，需要在拖动工作表的同时按下"Ctrl"键，并在目的地释放鼠标按键后，再放开"Ctrl"键；用这种方法复制的工作表其"页面设置"与原工作表完全相同，是真正的"副本"。

（10）【第（5）题①】向 B 列填充"存入日"数据：每隔 20 天存入一笔。

这里介绍另一种填充方法：选中 B3、B4 两个单元格，按下左键拖动填充柄，一直拖到 B21 单元格为止，如图 3-17 所示。

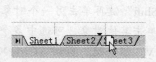

图 3-15　插入列	图 3-16　移动工作表	图 3-17　按下左键拖动填充柄

（11）【第（5）题①】填充"到期日"，"到期日"与"存入日"和"期限"有关。

可以先选中"到期日"列的第 1 个数据（F2 单元格），在编辑栏中直接键入"=DATE(YEAR(B2)+C2,MONTH(B2),DAY(B2))"；然后拖动填充柄，将公式复制到其他单元格。

另一种方法是单击工具栏上的 *fx* 按钮，利用"函数参数"对话框输入函数，如图 3-18 所示。

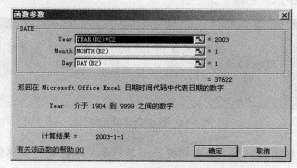

图 3-18　"函数参数"对话框

（12）【第（6）题④】Excel 表格在 Word 文档中进行"选择性粘贴"。

在 Excel 工作表中复制要粘贴的单元格区域 A2:J15，打开 Word 文档，在"开始"选项卡的"剪贴板区"点击"粘贴"下三角按钮，选择"选择性粘贴"选项，在对话框中选择要求的操作，如图 3-19 所示。

（13）【第（7）题①】设置 A1:E1 单元格"跨列居中"。

先选中 A1:E1 单元格，鼠标右击选中的区域，在"设置单元格格式…"对话框中选择"对齐"标签，在"水平对齐"方式中选择"跨列居中"选项。

（14）【第（7）题②】根据"计01班学生成绩"工作表中的"总评成绩"统计考试人数、各分数段人数，并填写到"成绩分析"工作表中。

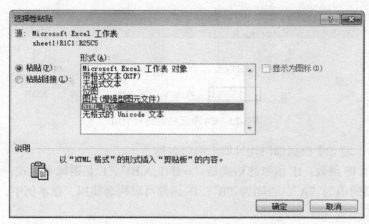

图 3-19　选择性粘贴

Excel 中的公式可以引用不同工作表中的数据，统计考试人数可以用 COUNT()函数：先激活存放结果的单元格 C4，单击工具栏上的 f_x 按钮，在"常用"或"统计"函数中找到 COUNT()函数，打开"计 01 班学生成绩"工作表，选择"总评成绩"列的 E3:E40 单元格，单击"确定"按钮即可，如图 3-20 所示。注意函数说明，COUNT()函数只对数字型数据进行计数。

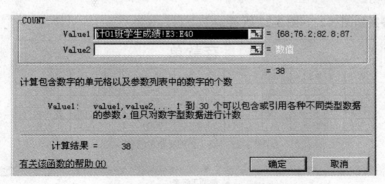

图 3-20　引用不同工作表中的数据

（15）【第（7）题②】计算各分数段人数。

可以用 COUNTIF()函数（有条件地统计所选区域数字型数据的个数），在各分数段人数单元格中从左到右依次输入：

=COUNTIF(计 01 班学生成绩!E3:E40,">=90")

=COUNTIF(计 01 班学生成绩!E3:E40,">=80")—D4

=COUNTIF(计 01 班学生成绩!E3:E40,">=70")—D4—E4

=COUNTIF(计 01 班学生成绩!E3:E40,">=60")—D4—E4—F4

=COUNTIF(计 01 班学生成绩!E3:E40,"<60")

（16）【第（7）题②】计算各分数段人数所占的比率，并填写到"成绩分析"工作表中。

在 D5 单元格输入公式"=D4/C4"，然后将光标移到编辑栏中的"C4"字母上，按键盘上的功能键"F4"，把对 C4 单元格的相对引用变成绝对引用，按"确定"按钮，如图 3-21 所示；最后将公式复制到 E5:H5。C4 单元格使用绝对引用的目的是在单元格复制时，保持所引用的"考试人数"单元格位置始终不变。

	=	=D4/$C$4				
B	C	D	E	F	G	H
	考试人数	90分以上	80-89	70-79	60-69	60分以下
人数		6	18	10	4	0
%	38	15.79%	47.37%	26.32%	10.53%	0.00%

图 3-21　C4 单元格是绝对引用

（17）【第（8）题②】根据部门代号填入部门名称。

这里可以使用 IF 函数。IF 函数的格式是"=IF(L,A,B)"，L 是逻辑表达式，当 L 运算结果为 TRUE 时，单元格的值为"A"，否则为"B"。IF 函数可以嵌套使用，在本例中，可以在 D2 单元格中输入：

=IF(C2="T01","一车间",IF(C2="T02","二车间","三车间"))

公式可解释为，如果 C2 内容是 T01，则 D2 显示为一车间，否则进行第二次判断：如果 C2 内容是 T02，则 D2 显示为二车间，否则显示为三车间。注意：这里的 T01（T02、T03）是单元格的值，表达式如果是文本型，在公式中一定要用英文的引号引起来。

四、参考答案

各题参考答案如图 3-22～图 3-27 所示。

存款单							
序号	存入日	期限	年利率	金　额	到期日	本　息	银　行
1	1998-1-1	5	3.21	3000.00	2007-1-1	3481.50	工商银行
2	1998-2-1	5	3.21	1000.00	2007-2-1	1160.50	中国银行
3	1998-3-1	5	3.21	2000.00	2007-3-1	2321.00	建设银行
20	1999-8-1	1	1.88	3000.00	2004-8-1	3056.40	工商银行

图 3-22　第（2）题参考答案

A	B	C	D	E	F	G	H	I	J
				教师工资表					
系别	姓名	性别	出生年月	职称	基本工资	岗位津贴	补贴	扣除	实发工资
化工系	李月明	女	1966-8-21	讲师	650	195	150	40	955
化工系	陈广路	男	1950-8-14	副教授	823	246.9	200	60	1209.9
化工系	李峰	男	1959-6-14	教授	1,200.00	360	250	80	1730
数学系	李雅芳	女	1955-8-12	教授	1,150.00	345	250	80	1665

教师工资表

图 3-23　第（3）题参考答案

A	B	C	D	E	F	G	H	I
		北京分公司			上海分公司			
序号	月份	单价	数量	金额	单价	数量	金额	总金额
1	2004年1月	200	20	4000	400	10	4000	8000
2	2004年2月	201	30	6030	400	12	4800	10830
3	2004年3月	202	18	3636	400	8	3200	6836
4	2004年4月	203	29	5887	400	14	5600	11487

Sheet 2 / Sheet 1

图 3-24　第（4）题参考答案

序号	存入日	期限	年利率	金　　额	到期日	本　　息	银　行
1	1998-1-1	5	4.21	1,000.00	2003-1-1	1,210.50	工商银行
2	1998-1-21	5	4.21	1,000.00	2003-1-21	1,210.50	工商银行
20	1999-1-16	3	3.12	2,000.00	2002-1-16	2,187.20	工商银行
合计				30,800.00		33,729.09	

图 3-25　第（5）题参考答案

班级		考试人数	90分以上	80-89	70-79	60-69	60分以下	最高分	最低分	平均分
计01班	人数	38	6	18	10	4	0	95	62.4	81.1842
	%		15.79%	47.37%	26.32%	10.53%	0.00%			

图 3-26　第（7）题参考答案

记录号	姓名	部门号	部门	性别	工作日期	出生日期	技术等级	基本工资
1	李莉	T02	二车间	男	1967-6-15	1946-4-7	高级技师	799
2	顾照月	T02	二车间	女	1974-8-5	1954-9-2	高级技师	861
3	程韬	T02	二车间	男	1994-11-24	1969-11-24	技师	667

图 3-27　第（8）题参考答案

第 2 节　图　表　操　作

一、知识点

（1）创建图表。图表由垂直（值）轴和水平（类别）轴组成，所以创建图表前应该首选分析用哪些内容作垂直（值）轴数据（一般是数值），用哪些内容作水平（类别）轴数据（一般是名称、日期或时间）。

创建图表一般是打开"插入"选项卡，在"图表"功能区选择相应的图表类型，用"图表工具"区中的"设计"选项卡，按要求选择好"图表布局"和"图表样式"后，单击"选择数据"按钮，弹出图 3-28 所示的"选择数据源"对话框，选择合适的内容，单击"确定"按钮即可。如果要使图表作为新的工作表，可选择"移动图表"命令。

创建图表的关键是选择图表源数据，正确选择数据区域后，就可以看到图表的大概形状，如果图表的形状与要求相差较大，可重新选择数据区域。

（2）编辑图表。

① 整个图表区可细分为 7 个区域，即"标题"、"图例"、"垂直（值）轴"、"水平（类别）轴"、"垂直（值）轴标题"、"水平（类别）轴标题"，如图 3-29 所示。如果对图表进行详细的设置，可用"图表工具"中的"布局"和"格式"中的选项进行操作，也可以用鼠标右键单击相应的区域，然后根据快捷菜单中的提示，选择合适的操作。

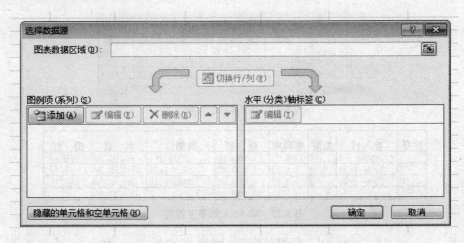

图 3-28　选择数据源

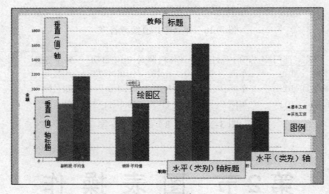

图 3-29　图表区

②　如果只对图表进行简单编辑，如设置字体、字号及字体颜色等，可用鼠标左键单击相应区域，然后使用"开始"选项卡中的"字体"组的相应选项进行设置。

二、练习题

在 E 盘上创建一个"班级＋本人姓名"文件夹（如"7 班张三"）。以下所有完成的练习题都保存到这个文件夹中。

本节练习题的参考答案在"C:\Sjzd\ExcelLX\answer"文件夹中。

（1）打开"C:\Sjzd\ExcelLX"文件夹下的"ex21.xlsx"工作簿文件，进行如下操作。

根据 Sheet1 工作表中的数据，建立图 3-30 所示的图表工作表。

图表水平（类别）轴为各分公司，垂直（值）轴为各项目的收入。

- 图表类型：带数据标记的折线图。
- 添加标题："营业收入分析"。
- 图例：靠右。
- 图表位置：作为新工作表插入；工作表名："营业收入图表"。

最后将此工作簿以"ex21an.xls"为文件名另存到"班级＋本人姓名"文件夹中。

（2）打开"C:\Sjzd\ExcelLX"文件夹下的"ex22.xlsx"工作簿文件，进行如下操作。

①　建立图表工作表。水平（类别）轴为"存入日"，垂直（值）轴共两项，分别为"金额"

字段及"本息"字段（不含合计行），图表如图 3-31 所示。

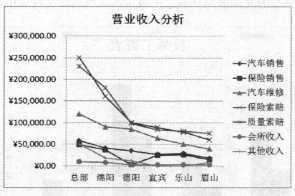

图 3-30　带数据标记的折线图

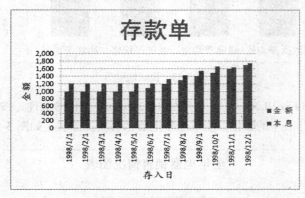

图 3-31　簇状柱形图

- 图表类型：簇状柱形图。
- 图表标题："存款单"。
- 水平（类别）轴、垂直（值）轴名称：存入日、金额。
- 图例：靠右。
- 图表位置：作为新工作表插入；工作表名："存款单"。

② 编辑图表。

- 图表标题：黑体、字号 36 磅、蓝色。
- 水平（类别）轴，垂直（值）轴名称：楷体、字号 16 磅、红色。
- 水平（类别）轴格式：宋体、字号 10 磅。
- 垂直（值）轴格式：宋体、字号 10 磅，数字类型为"货币"、"-1,234"，小数点位数为"0"。
- 图例：宋体、字号 10 磅。

最后将此工作簿以"ex22an.xlsx"为文件名另存到"班级＋本人姓名"文件夹中。

（3）打开"C:\Sjzd\ExcelLX"文件夹下的"ex23.xlsx"工作簿文件，按如下要求进行操作。

① 根据"工资汇总"工作表中的数据，绘制簇状柱形图。水平（类别）轴为"职称"，垂直（值）轴为"基本工资、实发工资"的平均值，图表如图 3-32 所示。

② 图表标题："教师工资表"。

③ 图例：靠右。

④ 图表位置：作为新工作表插入；工作表名："教师平均工资图表"。

最后以"ex23an.xlsx"为文件名另存到"班级＋本人姓名"文件夹中。

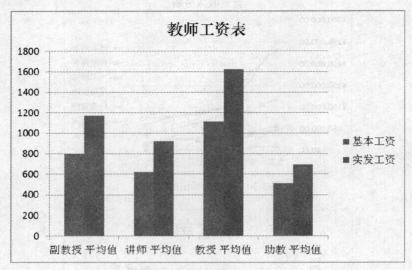

图 3-32　簇状柱形图

（4）打开"C:\Sjzd\ExcelLX"文件夹下的"ex24.xlsx"工作簿文件，按如下要求进行操作。

① 根据 Sheet1 工作表中的数据，生成全年电器销售情况图表，如图 3-33 所示。

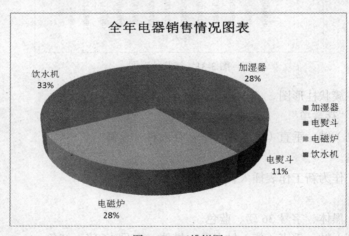

图 3-33　三维饼图

② 图表类型：三维饼图。

③ 图表标题："全年电器销售情况图表"。

④ 图例：靠右；数据标签位置：数据标签外，并显示百分比及类别名称。

⑤ 图表位置：作为新工作表插入；工作表名："全年电器销售情况图表"。

最后将此工作簿以文件名"ex24an.xlsx"另存到"班级＋本人姓名"文件夹中。

（5）打开"C:\Sjzd\ExcelLX"文件夹下的"ex25.xlsx"工作簿文件，按如下要求进行操作。

① 根据"储蓄汇总"工作表中的数据，绘制图 3-34 所示的簇状柱形图，水平（类别）轴为各银行的"汇总"，垂直（值）轴为各银行的"金额"之和。

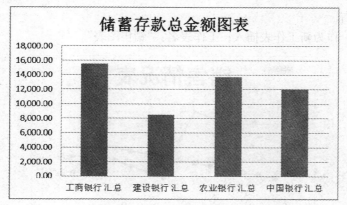

图 3-34　簇状柱形图

② 图表类型：簇状柱形图。

③ 图表标题："储蓄存款总金额图表"。

④ 图例：无。

⑤ 图表位置：作为其中对象插入当前工作表中。

最后将此工作簿以文件名"ex25an.xlsx"另存到"班级＋本人姓名"文件夹中。

（6）打开"C:\Sjzd\ExcelLX"文件夹下的"ex26.xlsx"工作簿文件，按如下要求进行操作。

① 根据 Sheet1 工作表中的数据，生成两个分公司全年销售数量的三维饼图，如图 3-35 所示。

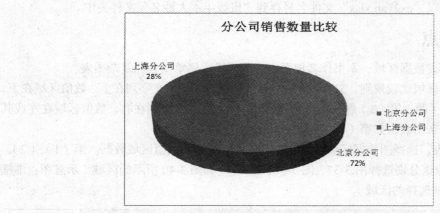

图 3-35　三维饼图

② 图表类型：三维饼图。

③ 添加图表标题："分公司销售数量比较"。

④ 图例：靠右；数据标签位置：数据标签外，并显示百分比及类别名称。

⑤ 图表位置：作为新工作表插入；工作表名："销售数量比较"。

最后将此工作簿以文件名"ex26an.xlsx"另存到"班级＋本人姓名"文件夹中。

（7）打开"C:\Sjzd\ExcelLX"文件夹下的"ex27.xls"工作簿文件，按如下要求进行操作。

① 根据 Sheet1 工作表中的数据，绘制图表，水平（类别）轴为"季度"，垂直（值）轴为"A
产品数量"、"B 产品数量"，如图 3-36 所示。

- 图表类型：带数据标志的折线图。

- 图表标题："销售情况表"。

- 图例：靠右。
- 图表位置：作为新工作表插入；工作表名："销售图表"。

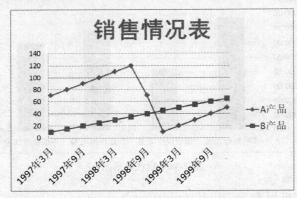

图 3-36   带数据标记的折线图

② 编辑图表。

- 图表标题：黑体、字号 36 磅、蓝色。
- 图例：宋体、字号 16 磅、红色。
- 坐标轴格式：主要横坐标格式为"主要刻度单位"为"6"月、次要单位为"3"月；字体：宋体；字号：16 磅。

最后将此工作簿以"ex27an.xlsx"文件名另存到"班级＋本人姓名"文件夹中。

三、操作要点

为了方便选择图表数据区域，本书作者把图表分成两类：简单图表和复杂图表。

简单图表的数据区域比较规则，文字列在左、数值区域在右，或文字列在上、数值区域在下，如第（1）题、第（2）题、第（3）题、第（4）题和第（7）题。文字列在右、数值区域在左或其他不对称的可归为复杂图表，如第（5）题和第（6）题。

① 对于简单图表，选择图数据区域时可同时选中文字区域和数值区域数据。第（1）、（2）、（3）题和第（4）题应该分别选择图 3-37、图 3-38、图 3-39 和图 3-40 所示的区域（示意图：虚框为按下"Ctrl"键分别选择的区域）。

各分公司\收入项目	总部	绵阳	德阳	宜宾	乐山	眉山	平均
汽车销售	¥58,000.00	¥41,000.00	¥35,000.00	¥27,000.00	¥29,000.00	¥18,000.00	¥34,666.67
保险销售	¥49,000.00	¥37,000.00	¥3,000.00	¥25,000.00	¥26,000.00	¥15,000.00	¥25,833.33
汽车维修	¥120,000.00	¥90,000.00	¥85,000.00	¥64,000.00	¥50,000.00	¥39,000.00	¥74,666.67
保险索赔	¥250,000.00	¥160,000.00	¥100,000.00	¥89,000.00	¥78,000.00	¥60,000.00	¥122,833.33
质量索赔	¥230,000.00	¥180,000.00	¥98,000.00	¥84,000.00	¥80,000.00	¥75,000.00	¥124,500.00
会所收入	¥10,000.00	¥8,000.00	¥3,000.00	¥3,000.00	¥3,100.00	¥2,800.00	¥4,983.33
其他收入	¥50,000.00	¥18,000.00	¥12,000.00	¥0.00	¥0.00	¥8,000.00	¥14,666.67
合计	¥767,000.00	¥534,000.00	¥336,000.00	¥292,000.00	¥266,100.00	¥217,800.00	

图 3-37   第（1）题：简单图表

第（7）题的表头结构比较复杂，如果暂不考虑表头，也可归为简单图表，选择的区域如图 3-41 所示。至于表头（A 产品、B 产品），可以在"水平（分类）轴标签"栏中去编辑系列的名称。

职称	基本工资	岗位津贴	补贴	扣除	实发工资
副教授	810	243	200	60	1193
副教授	823	246.9	200	60	1209.9
副教授	750	225	200	60	1115
副教授	800	240	200	60	1180
副教授 平均值	795.75				1174.475
讲师	600	180	150	40	890
讲师	650	195	150	40	955
讲师 平均值	625				922.5
教授	1,000.00	300	250	80	1470
教授	1,200.00	360	250	80	1730
教授	1,150.00	345	250	80	1665
教授 平均值	1,116.67				1621.6667
助教	550	165	50	20	745
助教	500	150	50	20	680
助教	550	165	50	20	745
助教	450	135	50	20	615
助教 平均值	512.5				696.25

存入日	期限	年利率	金额	到期日	本息
1998-1-1	5	4.21	1,000.00	2003-1-1	1,210.50
1998-2-1	5	4.21	1,000.00	2003-2-1	1,210.50
1998-3-1	5	4.21	1,000.00	2003-3-1	1,210.50
1998-4-1	5	4.21	1,000.00	2003-4-1	1,210.50
1998-5-1	5	4.21	1,000.00	2003-5-1	1,210.50
1998-6-1	3	3.45	1,100.00	2001-6-1	1,213.85
1998-7-1	3	3.45	1,200.00	2001-7-1	1,324.20
1998-8-1	3	3.45	1,300.00	2001-8-1	1,434.55
1998-9-1	3	3.45	1,400.00	2001-9-1	1,544.90
1998-10-1	3	3.45	1,500.00	2001-10-1	1,655.25
1998-11-1	1	2.88	1,600.00	1999-11-1	1,646.08
1998-12-1	1	2.88	1,700.00	1999-12-1	1,748.96

图 3-38　第（2）题：简单图表　　　　　图 3-39　第（3）题：简单图表

加湿器	电熨斗	电磁炉	饮水机
20	10	10	23
30	12	20	34
18	8	20	23
29	14	30	34
25	10	40	23
28	11	50	45
35	7	40	32
31	9	20	34
23	12	25	35
37	15	25	34
20	10	30	46
36	13	25	38
332	131	340	388

季度	A产品			B产品			数量合计
	单价	数量	金额	单价	数量	金额	
Mar-97	200	70		400	10		
Jun-97	201	80		400	15		
Sep-97	202	90		400	25		
Dec-97	203	100		400	25		
Mar-98	204	110		400	30		
Jun-98	205	120		400	35		
Sep-98	206	70		420	40		
Dec-98	207	10		420	45		
Mar-99	208	30		420	50		
Jun-99	209	30		420	55		
Sep-99	210	40		420	60		
Dec-99	211	50		420	65		

图 3-40　第（4）题：简单图表　　　　图 3-41　第（7）题：不考虑表头，也可归为简单图表

② 对于复杂图表，可先选择正确的数据区域，例如，第（5）题和第（6）题应该选择图 3-42 所示的单元格区域，然后再在"水平（分类）轴标签"栏中去编辑系列的名称。

③ 若分不清简单、复杂图表，可先按简单图表处理，如果图表的形状与要求相差较大，再按复杂图表处理。

金额	到期日	本息	银行
3,000.00	2007-1-1	3,481.50	工商银行
3,500.00	2003-10-1	3,565.80	工商银行
4,000.00	2003-11-1	4,075.20	工商银行
2,000.00	2004-7-1	2,037.60	工商银行
3,000.00	2004-8-1	3,056.40	工商银行
15,500.00		16,216.50	工商银行 汇总
2,000.00	2007-3-1	2,321.00	建设银行
3,000.00	2003-9-1	3,056.40	建设银行
2,000.00	2007-12-1	2,321.00	建设银行
1,500.00	2006-6-1	1,610.25	建设银行
8,500.00		9,308.65	建设银行 汇总
2,500.00	2007-4-1	2,901.25	农业银行
3,000.00	2005-5-1	3,220.50	农业银行
1,000.00	2003-6-1	1,018.80	农业银行
3,200.00	2008-1-1	3,713.60	农业银行
3,000.00	2008-2-1	3,481.50	农业银行
1,000.00	2008-3-1	1,160.50	农业银行
13,700.00		15,496.15	农业银行 汇总
1,000.00	2007-2-1	1,160.50	中国银行
4,000.00	2005-7-1	4,294.00	中国银行
2,500.00	2005-8-1	2,683.75	中国银行
2,000.00	2006-4-1	2,147.00	中国银行
2,500.00	2006-5-1	2,683.75	中国银行
12,000.00		12,969.00	中国银行 汇总

北京分公司			上海分公司		
单价	数量	金额	单价	数量	金额
200	20	4000	400	10	4000
201	30	6030	400	12	4800
202	18	3636	400	8	3200
203	29	5887	400	14	5600
204	25	5100	400	10	4000
205	28	5740	400	11	4400
206	35	7210	420	7	2940
207	31	6417	420	9	3780
208	23	4784	420	12	5040
209	37	7733	420	15	6300
210	20	4200	420	10	4200
211	36	7596	420	13	5460
	332			131	

图 3-42　第（5）题、第（6）题：复杂图表选择数据区域示意图

第 3 节　数据管理和分析

一、知识点

（1）排序。排序分为简单排序和复杂排序，可在"数据"选项卡的"排序和筛选"功能区进行选择。

① 简单排序：只按一个关键字进行排序。

如果参加排序的数据区域相邻单元格没有其他数据，如图 3-43（a）所示，选定排序字段内任意一个单元格（如按日期排序），单击"排序和筛选"选项中的升序或降序按钮，可以将数据域内所有数据重新排序。

如果参加排序的数据区域相邻单元格有其他数据，需要先选定参加排序的区域。如图 3-43（b）所示（第 8 行有"合计"和"31 000"），这时单击"排序和筛选"上的排序按钮（或），可以将选定区域内的数据以激活的单元格所在的列的字段名（月份）为关键字重新排序。

	A	B	C	D	E
1	月份	单价	数量	金额	
2	2000年1月	200	20	4000	
3	2000年2月	201	30	6030	
4	2000年3月	202	20	4040	
5	2000年4月	203	30	6090	
6	2000年5月	204	25	5100	
7	2000年6月	205	28	5740	
8					

(a)

	A	B	C	D	E
1	月份	单价	数量	金额	
2	2000年1月	200	20	4000	
3	2000年2月	201	30	6030	
4	2000年3月	202	20	4040	
5	2000年4月	203	30	6090	
6	2000年5月	204	25	5100	
7	2000年6月	205	28	5740	
8	合计			31000	

(b)

图 3-43　简单排序

② 复杂排序：按多个关键字依次排序。

与简单排序相同，看参与排序的数据域相邻单元格有无其他数据，决定是否选定参加排序的区域。然后在"排序和筛选"选项中打开"排序"对话框，如图 3-44 所示，选择合适的排序选项，添加适当的条件后即可进行复杂排序。

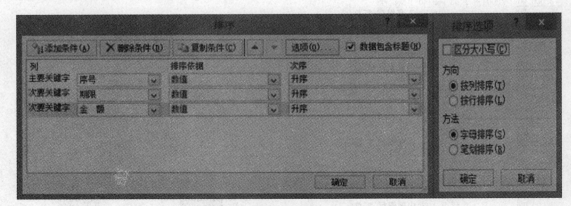

图 3-44　自定义排序对话框

不管相邻单元格有无数据，先选定参加排序的数据区域，排序时就不容易出错。

（2）自动筛选。

① 打开"自动筛选"：单击"排序和筛选"区中的"筛选"按钮，字段名右侧出现下三角按钮。

② 取消"自动筛选"：再单击一次"筛选"选项即可。

（3）高级筛选。在"数据"选项卡中的"排序和筛选"区中，选择"高级"选项即可进行高级筛选操作。数据在进行高级筛选操作前，必须要先写好筛选条件，否则，在操作过程中将因找不到"条件区域"而无法继续进行。

① 条件区域的第 1 行是筛选条件中用到的字段名，条件区域如果有多个字段名，要依次填写在同一行，各字段名之间不能有空单元格。字段名最好从原数据区域复制，这样不容易出现错误。

② 每个字段名下方必须输入一个或多个条件值。

③ 如果有多个筛选条件，若条件与条件之间的逻辑关系是"与"逻辑关系，条件值写在同一行；若条件与条件之间的逻辑关系是"或"逻辑关系，条件值写在不同的行。条件值之间不能有空行。

【例】对于图 3-45 所示的数据清单（"C:\Sjzd\ExcelLX"文件夹下的"ex30.xls"），要求各种筛选结果可以按图 3-46 所示格式写筛选条件。

班级	姓名	语文	数学	物理	化学	平均分
一班	张晓林	95.00	75.00	35.00	80.00	71.25
一班	王强	80.00	90.00	70.00	30.00	67.50
一班	高文博	50.00	25.00	40.00	90.00	51.25
一班	刘丽冰	60.00	50.00	95.00	40.00	61.25
二班	李雅芳	80.00	75.00	35.00	80.00	67.50
二班	张立华	80.00	90.00	75.00	30.00	68.75
二班	曹雨生	65.00	60.00	40.00	70.00	58.75
二班	李芳	60.00	50.00	80.00	70.00	65.00
三班	徐志华	80.00	55.00	35.00	60.00	57.50
三班	李晓力	65.00	70.00	75.00	65.00	68.75
三班	罗明	65.00	60.00	60.00	70.00	63.75
三班	段平	60.00	55.00	80.00	70.00	66.25

图 3-45　数据清单

筛选条件格式		筛选出
平均分		平均分<60的人
<60		
语文	数学	语文=80 与 数学=90的人
80	90	
语文		语文=80 或 语文=60 或 语文=50的人
80		
60		
50		
语文	数学	语文=60 或 数学=75的人
60		
	75	
语文	数学	（语文=80 与 数学=90）或
80	90	（语文=60 与 数学=50）的人
60	50	

图 3-46　筛选条件

（4）分类汇总。实际上，Excel 中的分类汇总操作只有汇总的功能，并没有"分类"的功能。在大多数情况下，在执行"分类汇总"操作之前，必须先进行"分类"操作，即必须先按分类的字段名进行排序（分类），然后在"数据"选项卡中的"分级显示"功能区选择"分类汇总"选项。

如果要恢复原数据格式，需要删除当前的"分类汇总"，可打开"数据"选项卡"分级显示"功能区中的"分类汇总"对话框，选"全部删除"选项。

（5）数据透视表。数据透视表是比"分类汇总"更为灵活的一种数据分析方法，它可以同时灵活变换多个需要统计的字段对一组数值进行统计分析，统计可以是求和、计数、平均值、最大值、最小值、乘积、数值计数、标准偏差、总体标准偏差、方差、总体方差。通过旋转其行和列，用户可以看到对源数据的不同统计分析结果和感兴趣区域的明细数据。

数据透视表可以看成是功能更强大的"分类汇总"操作，Excel 中的"分类汇总"只能按一个字段汇总，而"数据透视表"可以按多个字段分类汇总，与"分类汇总"不同，执行数据透视表操作，事先不需要排序（分类）。创建数据透视表主要步骤如下所述。

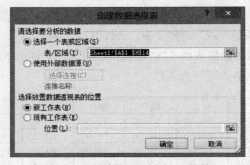

图 3-47　"创建数据透视表"对话框

① 在"插入"选项卡的"表格"功能区中单击"数据透视表"按钮，弹出图 3-47 所示的对话框。

要分析的数据可以是当前工作簿中的一张数据表或者一张表中的部分区域，甚至可以是外部数据源。数据透视表的位置可以放在现有工作表中，也可以新建一张工作表来单独存放数据透视表。

② 数据透视表的位置和数据区域选择好后，单击"确定"按钮，弹出图 3-48 所示透视表布局窗口。

图 3-48　透视表布局对话框

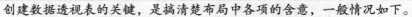

注意

创建数据透视表的关键，是搞清楚布局中各项的含意，一般情况如下。

"报表筛选"：对统计分析数据进行筛选的字段，它是数据透视表中数据的范围，该项可默认，如默认表示数据域中所有的数据。

"列标签"：统计分析的结果字段，它相当于"行标签"分类基础上的再分类。

"行标签"：统计分析的分类字段，它说明了统计分析的分类类别。

"∑数值"：统计分析的具体方法（如求和、平均值等）和它施加的对象（字段）。

③ 将字段拖入对应的框中后，关闭透视表布局窗口即可。

二、练习题

在 E 盘上创建一个"班级＋本人姓名"文件夹（如"7 班张三"）。以下所有完成的练习题都保存到这个文件夹中。

本节练习题的参考答案在"C:\Sjzd\ExcelLX\answer"文件夹中。

（1）打开"C:\Sjzd\ExcelLX"文件夹下的"ex31.xlsx"工作簿文件，按如下要求进行操作。

① 在"Sheet2"工作表中建立"Sheet1"的一个副本（把"Sheet1"工作表中的数据全部复制到"Sheet2"工作表中）。

② 对工作表 Sheet2 进行如下操作。

- 删除第 15 行。
- 排序：主关键字为"月份"，升序排列。

③ 对工作表 Sheet3 进行高级筛选操作。

- 筛选条件：月销售额≥17 000、月销售额≤14 000 的记录。
- 条件区的起始单元格定位在 D15，筛选结果放在 A20 开始的单元格中。

④ 在 Sheet4 工作表中进行分类汇总。

- 要求：按系别汇总"基本工资"、"实发工资"之和。
- 将 Sheet4 工作表名修改为"工资汇总"。

最后将此工作簿以文件名"ex31an.xlsx"另存到"班级＋本人姓名"文件夹中。

（2）打开"C:\Sjzd\ExcelLX"文件夹下的"ex32.xlsx"工作簿文件，进行如下操作。

① 在 Sheet1 工作表中进行筛选。

- 条件：筛选出"已婚"、"无房"的记录。
- 要求：使用高级筛选，并将筛选结果复制到其他位置。

条件区：起始单元格定位在 G20。

复制到：起始单元格定位在 A25。

- 将筛选的结果复制到 Sheet2，并设置全部列为"最合适列宽"。

② 在 Sheet2 工作表中进行排序。

- 主关键字："总分"，递减排列。
- 次要关键字："工龄"，递减排列。

③ 在 Sheet3 工作表中建立数据透视表，如图 3-49 所示。根据工作表中的数据，建立数据透视表，要求如下。

- 行标签字段为"系别"，列标签字段为"性别"，∑ 数值字段为"英语"的平均值。
- 显示位置：起始位置在原工作表 A20 单元格处。

19				
20	平均值项:英语	列标签	▼	
21	行标签 ▼	男	女	总计
22	电子系	79.5	91	85.25
23	计算机系	72.66666667	56	68.5
24	建筑系	79.33333333	76	78.5
25	总计	76.875	78.5	77.41666667

图 3-49　数据透视表

最后将此工作簿以文件名"ex32an.xlsx"另存到"班级＋本人姓名"文件夹中。

（3）打开"C:\Sjzd\ExcelLX"文件夹下的"ex33.xlsx"工作簿文件。

① 筛选 Sheet1 工作表。

• 条件：筛选出"电熨斗"销售数量大于 10 台、其他产品大于 25 台的记录。

• 要求：使用高级筛选，并将筛选结果复制到其他位置。

条件区：起始单元格定位在 A17。

复制到：起始单元格定位在 A20。

② 在 Sheet2 工作表中进行分类汇总。

• 要求：按性别汇总"英语"、"数学"、"计算机"的平均分。

• 将 Sheet2 工作表名修改为"学生成绩汇总"。

最后将此工作簿以文件名"ex33an.xlsx"另存到"班级＋本人姓名"文件夹中。

（4）打开"C:\Sjzd\ExcelLX"文件夹下的"ex34.xlsx"工作簿文件。

① 筛选 Sheet1 工作表。

• 条件：农业银行和中国银行、期限是 3 年期或 5 年期、金额多于 2 000 元的记录。

• 要求：使用高级筛选，并将筛选结果复制到其他位置。

条件区：起始单元格定位在 J10。

复制到：起始单元格定位在 A23。

② 根据 Sheet2 工作表中的数据建立图 3-49 所示的数据透视表，要求如下。

• 行标签字段为"银行"，列标签字段为"期限"，Σ 数值字段为"金额"之和。

• 将"行标签"所在单元格内容改为"银行"，"列标签"所在单元格内容改为"期限"。

• 数据透视表为新建工作表，名称为"储蓄存款透视表"。

最后将此工作簿以文件名"ex34an.xlsx"另存到"班级＋本人姓名"文件夹中。

（5）打开"C:\Sjzd\ExcelLX"文件夹下的"ex35.xlsx"工作簿文件，进行如下操作。

① 对工作表 Sheet1 进行自动筛选。

• 根据表中数据，分别填充销售标准型、豪华型、简易型 3 种商品的金额（金额＝单价×数量）和月销售额（月销售额＝标准型金额＋豪华型金额＋简易型金额）。

• 自动筛选：月销售额≥17 000 的记录。

• 记录排序：将筛选后的记录复制到以 A20 开始的单元格中，并将复制的内容按"月销售额"进行降序排序。

② 对工作表 Sheet2 进行分类汇总。

• 要求：按银行汇总"金额"、"本息"之和。

• 将 Sheet2 工作表名修改为"存款单"。

最后将此工作簿文件以"ex35an.xlsx"为文件名另存到"班级＋本人姓名"文件夹中。

（6）打开"C:\Sjzd\ExcelLX"文件夹下的"ex36.xlsx"工作簿文件。

① 筛选 Sheet1 工作表。

- 条件：筛选出每门课程分数最低的学生。

- 要求：使用高级筛选，并将筛选结果复制到其他位置。

条件区：起始单元格定位在 I8。

复制到：起始单元格定位在 A16。

② 根据 Sheet2 工作表中的数据建立图 3-50 所示的数据透视表，要求如下。

- 行标签字段为"职称"，报表筛选字段为"部门"，∑ 数值字段分别为"职务工资"的最大值、最小值和"实发工资"之和。

- 显示位置：当前工作表，起始单元格定位在 A25。

最后将此工作簿以文件名"ex36an.xls"另存到"班级＋本人姓名"文件夹中。

（7）打开"C:\Sjzd\ExcelLX"文件夹下的"ex37.xls"工作簿文件。

- 将"初赛成绩 1"和"初赛成绩 2"工作表分别按"正确字符数"降序排列，如果"正确字符数"相同，则按"学号"升序排列。

- 分别将"初赛成绩 1"和"初赛成绩 2"工作表中的正确字符数前 10 名的记录复制到"决赛名单"工作表中，并填写"决赛名单"工作表中的其他字段。

最后将此工作簿以文件名"ex37an.xls"另存到"班级＋本人姓名"文件夹中。

三、操作要点

（1）【第（1）、（3）、（4）、（6）题】第 3 节各练习题的筛选操作。先在指定的区域写好筛选条件，第 3 节各练习题的筛选条件如图 3-51 所示，然后选择"数据"选项卡→"排序和筛选"区→"高级"选项，再依次选择"方式"、"列表区域"、"条件区域"、"复制到"选项，最后单击"确定"按钮。

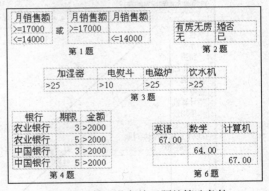

图 3-50　数据透视表　　　　　　　　图 3-51　第 3 节各练习题的筛选条件

第（6）题中的"67.00"、"64.00"和"67.00"，输入的不是数值，而应该是函数"=MIN(E2:E13)"、"=MIN(F2:F13)"和"=MIN(G2:G13)"计算得出的。

（2）【第（1）题④】分类汇总：按系别汇总"基本工资"、"实发工资"之和。题目要求是按"系别"汇总，所以第一步要先按"系别"进行排序，先选择全部数据区域 A2:J15（或将光标放在数据区域任意位置），依次选择"数据"选项卡→"排序和筛选"功能区→"排序"，"数据含标题行"选项，"主要关键字"选"系别"选项，最后单击"确定"按钮，如图 3-52 所示。

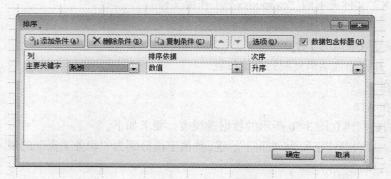

图 3-52　第（1）题④分类汇总操作

第二步：选择"数据"选项卡→"分级显示"功能区→"分类汇总"命令，具体操作如图 3-52 所示。

（3）【第（2）题③】建立数据透视表。将光标放在数据区域任意位置（这样在操作过程中，可省去选择数据区域的步骤），选择"插入"选项卡→"表格"区→"数据透视表"命令，在"数据透视表字段列表"对话框中，按题目要求用鼠标将字段名"系列"、"性别"和"英语"分别拖入"行标签"、"列标签"及"Σ数值"区域，如图 3-53 所示。

题目要求数据项为"英语"的平均值，所以要单击"求和项：英语"右边的三角按钮，选择"值字段设置（N）…"进行设置，如图 3-54 所示，再在图 3-55 所示的对话框中改为"平均值项：英语"。

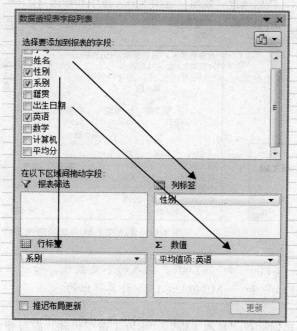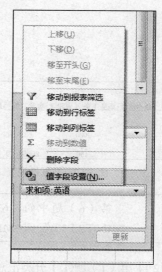

图 3-53　布局对话框　　　　　　　　　　　　　图 3-54　值字段设置

（4）【第（4）题②】透视表布局设置如图 3-56 所示。

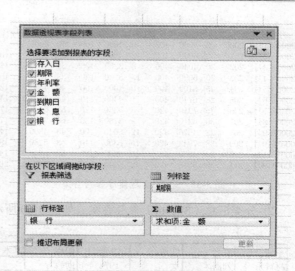

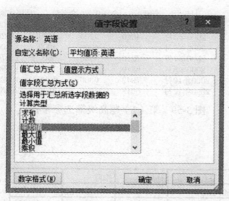

图 3-55 改为"平均值项:英语"

图 3-56 第(4)题透视表布局

按题目的要求修改"行标签"和"列标签"所在单元内容为"银行"、"期限"。

(5)【第(6)题②】透视表布局设置如图 3-57 所示。

如果将"列标签"中的"∑数值"拖至"行标签",请观察有哪些变化,以此加深对"∑数值"的理解。

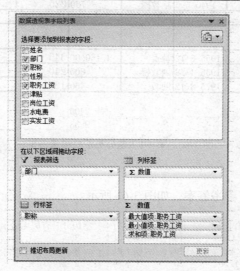

图 3-57 第(6)题透视表布局

四、参考答案

(1)第(1)题。

① 排序(Sheet2)参考答案,如图 3-58 所示,高级筛选(Sheet3)参考答案如图 3-59 所示。

月份	货物 A			货物 B			货物 C			月销售额
	单价	数量	金额	单价	数量	金额	单价	数量	金额	
2000年1月	200	20	4000	400	10	4000	100	40	4000	12000
2000年2月	201	30	6030	400	12	4800	110	50	5500	16330
2000年3月	202	20	4040	400	8	3200	120	39	4680	11920
2000年4月	203	30	6090	400	13	5200	130	33	4290	15580
2000年5月	204	25	5100	400	10	4000	100	40	4000	13100
2000年6月	205	28	5740	400	11	4400	110	44	4840	14980
2000年7月	206	35	7210	420	8	3360	120	55	6600	17170
2000年8月	207	30	6210	420	9	3780	130	60	7800	17790
2000年9月	208	22	4576	420	12	5040	100	48	4800	14416
2000年10月	209	38	7942	420	15	6300	110	48	5280	19522
2000年11月	210	20	4200	420	10	4200	120	52	6240	14640
2000年12月	211	38	8018	420	12	5040	130	60	7800	20858

图 3-58　第（1）题排序参考答案

月份	金额A	金额B	金额C	月销售额
2000年1月	4000	4000	4000	12000
2000年3月	4040	3200	4680	11920
2000年5月	5100	4000	4000	13100
2000年7月	7210	3360	6600	17170
2000年8月	6210	3780	7800	17790
2000年10月	7942	6300	5280	19522
2000年12月	8018	5040	7800	20858

图 3-59　第（1）题高级筛选参考答案

② 分类汇总（Sheet4）参考答案，如图 3-60 所示。

教师工资表									
系别	姓名	性别	出生年月	职称	基本工资	岗位津贴	补贴	扣除	实发工资
材料系	刘丽冰	女	1972-4-6	助教	550	165	50	20	745
材料系	张宁	男	1952-8-15	副教授	810	243	200	60	1193
材料系汇总					1360				1938
工管系	刘欣宇	女	1969-9-23	讲师	600	180	150	40	890
工管系	王君彦	女	1974-8-6	助教	500	150	50	20	680
工管系	徐惠敏	女	1958-3-13	教授	1,000.00	300	250	80	1470
工管系汇总					2,100.00				3040
化工系	陈广路	男	1950-8-14	副教授	823	246.9	200	60	1209.9
化工系	李峰	男	1959-6-14	教授	1,200.00	360	250	60	1730
化工系	李月明	女	1966-8-21	讲师	650	195	150	40	955
化工系汇总					2673				3894.9
机械系	王照亮	男	1946-5-6	副教授	750	225	200	60	1115
机械系	张思雨	女	1972-6-7	助教	550	165	50	20	745
机械系汇总					1300				1860
数学系	李雅芳	女	1955-8-12	教授	1,150.00	345	250	80	1665
数学系	王强	男	1956-4-28	副教授	800	240	200	60	1180
数学系	赵誉明	男	1975-8-12	助教	450	135	50	20	615
数学系汇总					2400				3460
总计					9833				14192.9

图 3-60　第（1）题分类汇总参考答案

（2）第（2）题。

① 高级筛选（Sheet1）参考答案，如图 3-61 所示。

姓名	参加工作时间	工龄	学历	学历分	有房无房	婚否	总分
赵海涛	1995/4/6	19	硕士以上	3	无	已	22
袁静	1996/2/3	18	硕士以上	3	无	已	21
王光	1994/1/20	20	本科	2	无	已	22
林有一	1990/1/1	24	高中	1	无	已	25
孙建国	1998/3/10	16	硕士以上	3	无	已	19
张国爱	1997/5/23	17	高中	1	无	已	18

图 3-61　第（2）题高级筛选参考答案

② 排序（Sheet2）参考答案，如图 3-62 所示。

姓名	参加工作时间	工龄	学历	学历分	有房无房	婚否	总分
林有一	1990/1/1	24	高中	1	无	已	25
王光	1994/1/20	20	本科	2	无	已	22
赵海涛	1995/4/6	19	硕士以上	3	无	已	22
袁静	1996/2/3	18	硕士以上	3	无	已	21
孙建国	1998/3/10	16	硕士以上	3	无	已	19
张国爱	1997/5/23	17	高中	1	无	已	18

图 3-62　第（2）题排序参考答案

（3）第（3）题。

① 高级筛选（Sheet1）参考答案，如图 3-63 所示。

月份	加湿器	电熨斗	电磁炉	饮水机
2004年4月	29	14	30	34
2004年6月	28	11	50	45
2004年10月	37	15	30	34

图 3-63　第（3）题高级筛选参考答案

② 分类汇总（Sheet2）参考答案，如图 3-64 所示。

学号	姓名	性别	系别	籍贯	出生日期	英语	数学	计算机	平均分
学生成绩单									
97101001	张晓林	男	计算机系	保定	1980-12-9	76.00	78.00	91.00	81.67
97101002	王强	男	计算机系	北京	1981-1-24	67.00	98.00	87.00	84.00
97101003	高文博	男	计算机系	北京	1979-8-10	75.00	64.00	88.00	75.67
97101009	曹雨生	男	电子系	秦皇岛	1979-2-12	78.00	80.00	90.00	82.67
97101011	徐志华	男	电子系	唐山	1981-8-20	81.00	98.00	91.00	90.00
97101012	李晓力	男	建筑系	邢台	1979-3-2	69.00	90.00	78.00	79.00
97101013	罗明	男	建筑系	天津	1980-7-22	90.00	78.00	67.00	78.33
97101014	段平	男	建筑系	保定	1981-5-2	79.00	91.00	75.00	81.67
		男 平均值				76.88	84.63	83.38	
97101006	刘丽冰	女	计算机系	天津	1980-12-8	56.00	67.00	78.00	67.00
97101007	李雅芳	女	建筑系	张家口	1981-7-1	76.00	78.00	92.00	82.00
97101008	张立华	女	电子系	承德	1981-3-23	91.00	86.00	74.00	83.67
97101010	李芳	女	电子系	张家口	1980-5-23	91.00	82.00	89.00	87.33
		女 平均值				78.50	78.25	83.25	
		总计平均值				77.42	82.50	83.33	

图 3-64　第（3）题分类汇总参考答案

（4）第（4）题高级筛选（Sheet1）参考答案，如图 3-65 所示。

序号	存入日	期限	年利率	金额	到期日	本息	银行
1	2004-1-1	5	4.21	3000.00	2009-1-1	3631.50	中国银行
15	2005-3-1	3	2.88	4000.00	2008-3-1	4345.60	中国银行
16	2005-4-1	5	4.21	3500.00	2010-4-1	4236.75	农业银行
17	2005-5-1	3	2.88	2500.00	2008-5-1	2716.00	农业银行
19	2005-7-1	3	2.88	4000.00	2008-7-1	4345.60	中国银行
20	2005-8-1	5	4.21	3500.00	2010-8-1	4236.75	农业银行

图 3-65　第（4）题高级筛选参考答案

（5）第（5）题。

① 自动筛选、排序（Sheet1）参考答案，如图 3-66 所示。

② 分类汇总（Sheet2）参考答案，如图 3-67 所示。

（6）第（6）题高级筛选（Sheet1）参考答案，如图 3-68 所示。

（7）第（7）题"决赛名单"参考答案，如图 3-69 所示。

	月份	标准型			豪华型			简易型			月销售额
		单价	数量	金额	单价	数量	金额	单价	数量	金额	
9	2001年7月	206	35	7210	420	8	3360	120	55	6600	17170
10	2001年8月	207	30	6210	420	9	3780	130	60	7800	17790
12	2001年10月	209	38	7942	420	15	6300	110	48	5280	19522
14	2001年12月	211	38	8018	420	12	5040	130	60	7800	20858
20	2001年12月	211	38	8018	420	12	5040	130	60	7800	20858
21	2001年10月	209	38	7942	420	15	6300	110	48	5280	19522
22	2001年8月	207	30	6210	420	9	3780	130	60	7800	17790
23	2001年7月	206	35	7210	420	8	3360	120	55	6600	17170

图 3-66   第（5）题自动筛选参考答案

储蓄存款单						
存入日	期限	年利率	金 额	到期日	本 息	银 行
2002-1-1	5	3.21	3,000.00	2007-1-1	3,481.50	工商银行
2002-10-1	1	1.88	3,500.00	2003-10-1	3,565.80	工商银行
2002-11-1	1	1.88	4,000.00	2003-11-1	4,075.20	工商银行
2003-7-1	1	1.88	3,000.00	2004-7-1	2,037.60	工商银行
2003-8-1	1	1.88	3,000.00	2004-8-1	3,056.40	工商银行
			15,500.00		16,216.50	工商银行 汇总
2002-3-1	5	3.21	2,000.00	2007-3-1	2,321.00	建设银行
2002-9-1	1	1.88	2,000.00	2003-9-1	3,056.40	建设银行
2002-12-1	5	3.21	2,000.00	2007-12-1	2,321.00	建设银行
2003-6-1	3	2.45	1,500.00	2006-6-1	1,610.25	建设银行
			8,500.00		9,308.65	建设银行 汇总
2002-4-1	5	3.21	2,500.00	2007-4-1	2,901.25	农业银行
2002-5-1	5	3.21	2,000.00	2007-5-1	3,220.50	农业银行
2002-6-1	1	1.88	1,000.00	2003-6-1	1,018.80	农业银行
2003-1-1	5	3.21	3,200.00	2008-1-1	3,713.60	农业银行
2003-2-1	5	3.21	3,000.00	2008-2-1	3,481.50	农业银行
2003-3-1	5	3.21	2,000.00	2008-3-1	1,160.50	农业银行
			13,700.00		15,496.15	农业银行 汇总
2002-2-1	5	3.21	1,000.00	2007-2-1	1,160.50	中国银行
2002-7-1	3	2.45	4,000.00	2005-7-1	4,294.00	中国银行
2002-8-1	3	2.45	2,500.00	2005-8-1	2,683.75	中国银行
2003-4-1	3	2.45	2,000.00	2006-4-1	2,147.00	中国银行
2003-5-1	3	2.45	2,500.00	2006-5-1	2,683.75	中国银行
			12,000.00		12,969.00	中国银行 汇总
			49,700.00		53,990.30	总计

图 3-67   第（5）题分类汇总参考答案

学号	姓名	性别	系别	英语	数学	计算机
97101002	王强	男	计算机系	67.00	98.00	87.00
97101003	高文博	男	计算机系	75.00	64.00	88.00
97101013	罗 明	男	建筑系	90.00	78.00	67.00

图 3-68   第（6）题高级筛选参考答案

学号	姓名	性别	录入字符数	正确字符数	录入速度	学院	专业	教师
030421216	钮娟华	男	512	497	50	经济管理学院	国际贸易	张林周
030421110	居毅	女	467	456	46	经济管理学院	国际贸易	张林周
030421112	连莲	女	436	432	43	经济管理学院	国际贸易	张林周
030421221	王元元	男	441	425	43	经济管理学院	国际贸易	张林周
030421225	薛冰磊	男	428	423	42	经济管理学院	国际贸易	张林周
030421205	陈雯	女	426	420	42	经济管理学院	国际贸易	张林周
030421219	苏莉	女	411	409	41	经济管理学院	国际贸易	张林周
030421129	赵蕾	女	414	407	41	经济管理学院	国际贸易	张林周
030421209	胡春慧	女	401	395	40	经济管理学院	国际贸易	张林周
030421212	刘丽丹	男	383	379	38	经济管理学院	国际贸易	张林周
021830332	赵金金	男	598	596	59.6	社会发展学院	档案	王苊
021830313	毛佳禹	男	635	592	59.2	社会发展学院	档案	王苊
021830238	周天炯	男	579	575	57.5	社会发展学院	档案	王苊
021830102	卜英杰	男	572	565	57	社会发展学院	档案	王苊
021830110	杜宁波	男	550	538	54	社会发展学院	档案	王苊
021830209	侯蕴慧	女	527	525	53	社会发展学院	档案	王苊
021830311	陆菊杰	男	526	506	50.6	社会发展学院	档案	王苊
021830212	蒋大伟	男	507	505	51	社会发展学院	档案	王苊
021830229	颜执栋	男	513	505	50.5	社会发展学院	档案	王苊
021830314	潘晴	女	508	504	50.4	社会发展学院	档案	王苊

图 3-69   第（7）题参考答案

第 4 节　拓展提高练习

在 E 盘上创建一个"班级＋本人姓名"文件夹（如"7 班张三"）。以下所有完成的练习题都保存到这个文件夹中。

本节练习题的参考答案在"C:\Sjzd\ExcelLX\answer"文件夹中。

一、练习题

（1）新生分班。打开"C:\Sjzd\ExcelLX"文件夹下的"ex41.xlsx"文件，依据"新生名单"工作表，对表中的 120 名新生分成 3 个班，并对每个新生分配学号，要求如下。

- "新生名单"工作表中的数据为原始数据，不能对此表做任何修改。
- 各班按"平均分"从高到低依次抽取新生，做到各班成绩基本均衡。
- 将分好班的新生名单分别复制到"1 班名单"、"2 班名单"和"3 班名单"工作表，然后插入"学号"列，1 班学号从 070101 开始，2 班学号从 070201 开始，3 班学号从 070301 开始。

最后将此工作簿以文件名"ex41an.xlsx"另存到"班级＋本人姓名"文件夹中。

（2）各种竞赛自动排名次。打开"C:\Sjzd\ExcelLX"文件夹下的"ex42.xlsx"文件，在 Sheet1 中进行如下操作。

- 自动填充"总分"列：总分＝各评委分之和−1 个最高分−1 个最低分。
- 自动填充"名次"列：如果有并列的名次，则后面的名次要跳过并列的数，例如：第 2 名有两人，则下一名次从第 4 名开始（不出现第 3 名）。
- 自动填充"姓名"列：要求姓名与学号相关，当第一列的"学号"变化时，对应的"姓名"也要自动变化，并且学号和姓名与 Sheet2 中的一致。
- 设置输入数据有效范围：设定在 B3:I12 区域只能输入 0～100 的整数，如果超出范围提示"只能输入 0～100 的整数"；在 A3:A12 区域只能输入 1～50 的整数，如果超出范围提示"只能输入 1～50 的整数"。
- 工作表保护：工作表只允许修改 A3:I12 区域的内容，其他区域保护起来，保护密码为"123456"。
- 删除 A8:I12 区域的内容。
- 用任意数值填充 A8:I8 单元格。

最后将此工作簿以文件名"ex42an.xlsx"另存到"班级＋本人姓名"文件夹中。

（3）与 Word 结合批量打印信封。打开"C:\Sjzd\ExcelLX"文件夹下的"ex43.docx"文件，依据"EX43_address.xlsx"工作表进行邮件合并操作，要求插入合并域替换单书名号中的内容，然后将信封合并至新文档。

最后，将两个文件分别以"ex32-1an.docx"和"ex32-2an.docx"为名，另存到"班级＋本人姓名"文件夹中。

（4）绘制函数图像。打开"C:\Sjzd\ExcelLX"文件夹下的"ex44.xlsx"文件，依据表中 X 的值，分别绘制 Y=SIN(X)和 Y=X3 的图像，如图 3-70 所示。具体要求如下。

- 建立图表时使用"带平滑线的散点图"。
- 无图表标题。

- 无图例。
- 设置坐标轴数字显示 1 位小数。
- 最后将此工作簿以文件名"ex44an.xlsx"另存到"班级＋本人姓名"文件夹中。

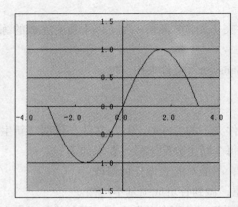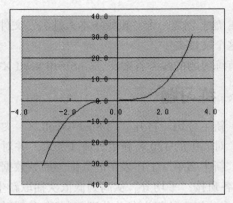

图 3-70　带平滑线的散点图

（5）考试成绩统计分析。打开"C:\Sjzd\ExcelLX"文件夹下的"ex45.xlsx"文件。

- 计算每个学生的总分，数值为四舍五入后整数。
- 依据总分计算每个学生的成绩，采用五级记分制，即优秀（90～100 分）、良好（80～89 分）、中等（70～79 分）、及格（60～69 分）和不及格（60 分以下）。
- 设置成绩为"优秀"的单元格文字显示为蓝色，成绩为"不及格"的单元格文字显示为红色。
- 依据总分计算每个学生的名次，如果有并列的名次，则后面的名次要跳过并列的数。
- 在 N2:N7 单元格中，依据总分计算各分数段的人数，分数段按 90～100 分、80～89 分、70～79 分、60～69 分、50～59 分、40～49 分、40 分以下。
- 在 O2:O7 单元格中，计算各分数段的人数占总人数的百分比。
- 绘制簇状柱形图，水平（类别）轴为"分数段"，垂直（值）轴为"人数"，图表标题为"各分数段人数"，无图例，图表作为其中对象插入当前工作表中。

最后将此工作簿以文件名"ex45an.xlsx"另存到"班级＋本人姓名"文件夹中。

（6）Excel 表格转换成 Word 文档。

二、操作提示

本节练习题为拓展提高题，有多种方法可以实现结果，以下提示仅供参考。

（1）【第（1）题】新生分班。

因为不能对"新生名单"表做任何修改，所以需将"新生名单"工作表做一副本（按住 Ctrl 键，同时拖动"新生名单"工作表标签，生成"新生名单（2）"工作表，分班的中间过程在此工作表中操作。

- 分班：可以采用按成绩排序分班法，插入"班级"列，然后循环填充数字 1、2、3、3、2、1，再拖动填充柄填充后面的单元格，如图 3-71 所示。
- 按"班级"排序。
- 插入"学号"列，填充学号。
- 最后将 3 个班的名单分别复制到对应的工作表中。

计算机系2007级新生名单								
姓名	语文	数学	英语	物理	化学	总成绩	名次	班级
李丙午	132.6	145.2	137.7	78.5	93.8	587.8	1	1
陈丁亥	149.3	147.6	136.7	48.6	94.8	576.9	2	2
王丁巳	146.6	124.1	135.5	82.7	81.4	570.2	3	3
赵甲寅	130.2	134.1	141.8	68.9	85.1	560.1	4	3
卫己未	137.7	146.4	114.6	99.5	55.7	553.9	5	2
陈戊午	122.9	143.9	104.9	77.9	97.7	547.2	6	1
周乙未	66.2	133.7	149.4	99.5	95.0	543.7	7	
钱庚午	142.2	112.1	141.3	64.6	80.3	540.5	8	

▶ ▶|＼新生名单＼新生名单　(2)／1班名单／2班名单／3班名单／　|◀ |◀

图 3-71　Sheet1 工作表

（2）【第（2）题】各种竞赛自动排名次。

- 自动填充"总分"列：在 J3 单元格中输入"=SUM(B3:I3)−MAX(B3:I3)−MIN (B3:I3)"。
- 自动填充"名次"列：使用 RANK 函数。RANK 函数返回一个数字在数字列表中的排位，格式是：

$$=RANK(Number,Ref,Order)$$

Number 是参与排位的数字（某行的"总分"）；

Ref 是包含数字单元格区域(J3:J12)，为了方便复制公式，这里应使用"绝对引用"。

Order 指明排位的方式：如果 Order 为零或省略，降序排列，如果不为零，则升序排列。对于本题，可在 K3 单元格输入"=RANK(J3,$J$3:$J$12)"，如图 3-72 左图所示。

- 填充"姓名"：使用 VLOOKUP 函数。格式如下：

=VLOOKUP(Value，Array，Col，Range)Value

为需要查找的数值；Array 是需要在其中查找数据的数组；Col 为要在当前位置显示的内容在数据表中所对应的列序号；Range 为一逻辑值，如果为 TRUE 或省略，则 VLOOKUP 返回近似匹配值，如果为 FALSE，将返回精确匹配值，如果找不到，则返回错误值#N/A。

对于本题，可在 L3 输入"=VLOOKUP(A3,Sheet2!$A$1:$B$51,2,0)"，如图 3-72 右图所示；公式可以解释为到 Sheet2 工作表的"!$A$1:$B$51"区域去查找 A3 值（序号"3"），找到后，在当前位置显示序号"3"所在行（第 4 行）、第 2 列的单元格内容（"李芳"）。

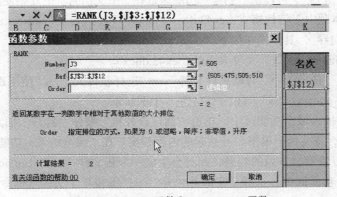

图 3-72　RANK 函数和 VLOOKUP 函数

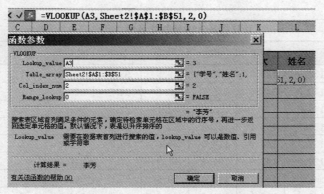

图 3-72　RANK 函数和 VLOOKUP 函数（续）

- 设定在 A3:I12 区域只能输入 0～100 的整数，如果超出范围提示"只能输入 0～100 的整数"。

设置数据有效性：选择"数据"选项卡→"数据工具区"→"数据有效性(V)"选项，如图 3-73 所示。

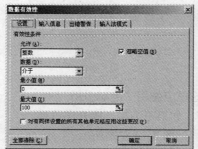

图 3-73　"数据有效性"和"保护工作表"

- 工作表保护：选择 A3:I12 区域，在"单元格格式"对话框的"保护"标签中去掉"锁定"复选框中的勾选，然后，选择"审阅"选项卡→"更改"区→"保护工作表"选项，如图 3-73 所示，输入密码"123456"。

（3）【第（3）题】批量打印信封。

Excel2010 中的批量信封打印，可以在"邮件"选项卡中来完成，该选项卡围绕了批量信封打印的 5 个步骤划分了 5 个功能区，自左向右为"创建"→"开始邮件合并"→"编写和插入域"→"预览结果"→"完成"，可以从"创建"功能区选择"中文信封"中开始使用"信封制作向导"来制作批量信封。本题由于信封格式（ex43.docx）和邮件列表（ex43_address.xlsx）均已完成，所以不用"信封制作向导"，具体操作如下。

- 打开"C:\Sjzd\ExcelLX"文件夹下的"ex43.docx"。
- 选择"邮件"选项卡→"开始邮件合并"→"选择收件人"→"使用现有列表(E)"命令，找到并选择"EX43_address.xlsx"，如图 3-74 左、中图所示。
- 在"编写和插入域"功能区中，单击"插入合并域"按钮，打开"插入合并域"对话框，如图 3-74 右图所示，将文档中单书名号括起的内容替换。在"预览结果"功能区中单击"自动检查错误"按钮，可以查看合并后的效果，此时会生成一个新文件"ex43-1an.docx"。
- 在"完成"功能区中，选择"完成并合并"→"编辑单个文件"命令，信封合并至新文档"ex43-2an.docx"。

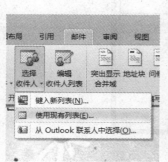
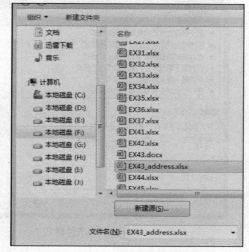

图 3-74　邮件批量打印制作

（4）【第（4）题】绘制函数图像。

数据区选择如图 3-75 所示。

图 3-75　第（4）题数据区域选择

（5）【第（5）题】考试成绩统计分析。

① 计算每个学生的总分，数值为四舍五入后的整数。以 H2 单元格为例，要先"求和"、后"四舍五入取整数"，在同一个单元格中用到了两个函数：SUM( ) 和 ROUND( )，具体公式格式为："=ROUND(SUM(C2:G2),0)"。

② 成绩采用五级记分制。可以使用 IF( ) 函数，以 I2 单元格为例："=IF(H2>=90,"优秀",(IF(H2>=80,"良好",(IF(H2>=70,"中等",(IF(H2>=60,"及格","不及格")))))))"。

③ 设置单元格文字颜色：可以使用"样式"功能区的中的"条件格式"命令，再选择"新建规则"命令，如图 3-76 所示。

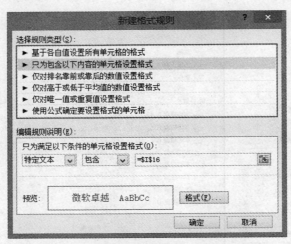

图 3-76　条件格式

④ 计算各分数段的人数。统计人数分布使用 FREQUENCY（ ）函数。

- 设置分段点。依据题义，分段点应该为：39、49、59、69、79、89；"39"表示分数在 39 分及以下的人数，"49"表示分数在 49 分及以下的人数……在 M2:M7 单元格中输入分段点数值。

- 选中用于存放结果（人数）的单元格区域 N2:N8。

 这里要比分数段区域多选一个单元格，多出来的单元格将存放大于 89 分的人数。

- 使用频率分布函数 FREQUENCY（ ），直接在编辑栏中输入："=FREQUENCY(H2:H121, M2:M7)"，H2:H121 是原始分数，M2:M71 是分段点，然后按"Ctrl+Shift+Enter"组合键，即可计算出各分数段的人数。

也可以使用函数向导，同样最后一步不要单击"确定"按钮或按"Enter"键，而要按"Ctrl+Shift+Enter"组合键或同时按下"Ctrl"键和"Shift"键后单击对话框上的"确定"按钮。

按"Ctrl+Shift+Enter"组合键的目的是以数组的形式产生结果。如图 3-77 所示。

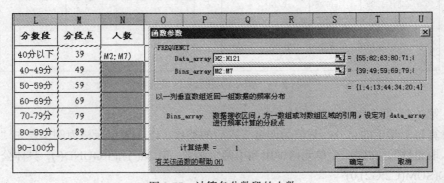

图 3-77　计算各分数段的人数

第4章

PowerPoint 2010 演示文稿制作软件

第1节　创建演示文稿

一、知识点

（1）在 PowerPoint 中输入和编辑文本。向幻灯片输入文本的方法取决于建立演示文稿的方法。创建空演示文稿、根据"样本模版"、"主题"创建演示文稿，用户只要在预留区键入文本即可；用户还可以用大纲形式组织自己的观点，然后将这些大纲转换为幻灯片。

（2）PowerPoint 中幻灯片的操作。对 PowerPoint 幻灯片的操作包括：在演示文稿中移动幻灯片、添加幻灯片、插入幻灯片、删除幻灯片、改变幻灯片顺序、复制幻灯片、查看幻灯片、保存幻灯片。

二、练习题

在 E 盘上创建一个"班级+本人姓名"文件夹（如"7 班张三"）。以下所有完成的练习题都保存到这个文件夹中。

本节练习题的所需文件在"C:\Sjzd\PPTkt"文件夹中。

（1）创建新演示文稿，具体要求如下。

① 应用"波形"主题于所有幻灯片。

② 第 1 张幻灯片版式为"标题幻灯片"：封面的标题为"石家庄学院"，副标题为个人专业名称。

③ 第 2 张幻灯片版式为"标题和内容"：添加标题"多媒体集成平台"，添加项目 1 为"PowerPoint 2010 演示文稿制作软件"，项目 2 为"Authorware 6.5 多媒体制作"，项目 3 为"Flash MX 动画制作"。

④ 第 3 张幻灯片版式为"仅标题"：标题内容为"PowerPoint 2010 演示文稿制作软件"，字体颜色为红色（注意：请用自定义标签中的红色 255、绿色 0、蓝色 0），在标题下面插入"形状"中的"矩形"图，填充底色为绿色，无线条颜色，在该图形上添加文字"幻灯片"。

将建立的演示文稿以文件名"pv11.pptx"保存到"班级+本人姓名"文件夹中。

（2）设计一个介绍中国传统节日（节日任意选择）的演示文稿，要求：制作成演示文稿，并满足以下要求。

① 幻灯片不能少于 5 张。

② 第 1 张幻灯片是"标题幻灯片",其中副标题中的内容必须是本人的信息,包括"姓名、专业、年级、班级、学号"。

③ 其他幻灯片中要包含与题目要求相关的文字、图片或艺术字。

④ 除"标题幻灯片"之外,每张幻灯片上都要显示页码。

⑤ 至少选择"主题"中的两种"设计模板"及不同"背景样式"对幻灯片进行设置。

将建立的演示文稿以 pv12.pptx 为文件名,保存在"班级+本人姓名"文件夹中。

(3)利用"空演示文稿"建立演示文稿,要求如下。

① 版式:标题幻灯片。

② 主标题:"信息技术基础",设置其字体为"华文行楷"、60 磅、阴影。

③ 副标题:"×××主讲",隶书、加粗、48 磅。

④ 将幻灯片的"应用设计模板"设置为 pptkt 文件夹下的"天坛月色.potx"。

将建立的演示文稿以"pv13.pptx"为文件名保存到"班级+本人姓名"文件夹中。

(4)打开 pptkt 文件夹中的"pv13.pptx"文件,按如下要求操作。

① 插入新幻灯片:在第 1 张幻灯片的前面插入一张新的幻灯片。

- 版式:仅标题。

- 添加标题:内容为"PowerPoint 2010 实验指导",字体为"宋体"。

- 交换第 1 张和第 2 张幻灯片的位置。

② 在最后添加一张"空白"版式的幻灯片。

- 在新添加的幻灯片上插入图片"校园.jpg"(该图片在"C:\Sjzd\pptkt"文件夹中),设置其大小为高 19.1cm、宽 25.5cm。

- 插入艺术字"校园风景",采用第 4 行第 5 列艺术字格式,设置艺术字颜色为黄色;适当设置艺术字的大小;位置任意。

- 将图片和艺术字组合起来。

③ 添加一张"标题和内容"版式的幻灯片,用"各章学时安排"表示标题,设置字体为楷体、字号 44 磅。

- 在表格处,插入 5 行 5 列的表格,输入内容如图 4-1 所示。

图 4-1 "表格"版式的幻灯片

④ 添加一张幻灯片,版式为"标题和内容"。输入标题"各班平均成绩比较",设置字体为隶书、字号 60 磅,文本效果为发光浅蓝色。

- 在图表处，将列标题设为"一班"、"二班"、"三班"、"四班"和"五班"，行标题设为"考试成绩"、"平时成绩"，然后自由输入成绩；要求显示图例，如图 4-2 所示。

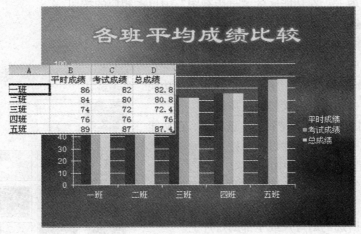

图 4-2　图表幻灯片

⑤ 添加一张幻灯片，"版式为空白"，其上插入一个文本框，文本框的内容为"The End"，字体为"Times New Roman"、字号 60 磅。

⑥ 修改第 2 张幻灯片的模板为"跋涉"主题。

最后将编辑好的演示文稿以文件名"pv14.pptx"另存到"班级＋本人姓名"文件夹中。

三、操作要点

（1）幻灯片在"幻灯片视图"中，若要在占位符之外另添加文字，就必须先插入文本框。

（2）文字修饰：选中要修饰的文字，单击选项卡"开始"→"字体"组→"字体颜色"选项，选择系统默认的颜色或单击选项卡"开始"→"字体"组→"字体颜色"→"其他颜色"→"自定义"命令，选择合适的颜色（例如：输入红色 255，绿色 0，蓝色 0），如图 4-3 所示。

图 4-3　"字体"和"颜色"对话框

（3）控制幻灯片外观一般使用以下方法："应用主题"、"幻灯片版式"和"母版"。

"幻灯片母版"用于演示文稿幻灯片的外观设置和背景图案编辑。幻灯片母版可用来制作统一标志和背景的内容，设置标题和主要文字的格式，包括文本、字号、颜色、阴影等特殊效果。母版操作分别在各种母版视图中进行，其操作与幻灯片普通视图窗口操作类似。打开母版视图的操作：选择"视图"选项卡，在功能区的"母版视图"中单击相应的按钮。

PowerPoint 提供幻灯片母版、讲义母版和备注母版 3 种母版。

① 灯片母版操作步骤：选择"视图"选项卡，在功能区的"母版视图"组中单击"幻灯片母版"按钮。

② 讲义母版操作步骤：选择"视图"选项卡，在功能区的"母版视图"组中单击"讲义母版"按钮。

③ 备注母版操作步骤：选择"视图"选项卡，在功能区的"母版视图"组中单击"备注母版"按钮。

"幻灯片主题"是指对幻灯片中的主题、文字、图表、背景等项目设定的一组配置。该配置主要包含主题颜色、主题字体和主题效果。应用主题就是将主题预置的格式应用于演示文稿中当前所选的幻灯片或全部幻灯片上。

"幻灯片版式"设定了幻灯片的标题、文本格式和图、表等占位符格式等。PowerPoint 有 11 个预先设计好的幻灯片版式，演示文稿中的每一张幻灯片都可以采用不同的版式。

幻灯片的模板可以在"新建幻灯片"里选择，也可以在幻灯片的制作过程中，选择菜单"设计"→"主题"组中的选项，打开"所有主题列表"，从提供的主题中选择所需要的应用设计模板，模板样式改变了所创建幻灯片的外观（见图 4-4）。

图 4-4　所有主题列表

操作方法相同，幻灯片的版式可以在"新建幻灯片"里选择，也可以在幻灯片的制作过程中选择。

（4）在幻灯片中插入图片的方法是选择选项卡"插入"→"图片"→"来自文件"（找到需要插入的图片）→"插入"命令；设置图片格式的方法是右击图片，选择"设置图片格式"命令。

（5）图片及艺术字的组合方法为：先选定图片，按住"Shift"键加要选择的艺术字，选择绘图功能区的"排列"→"组合"菜单选项。

说明　　无论是在 Word、Excel 中，还是在 PowerPoint 中，图形对象在插入后，即使是摆放在一起，仍是单独的个体，对其进行移动或复制等操作十分不便。当将选定对象进行组合后，这些对象就成为一个整体了，可以很方便地进行各种操作。当需要对组合后的对象进行修改时，可以单击组合对象，然后选择选项卡"绘图"→"排列"→"取消组合"命令，进行修改。

（6）表格的制作与编辑。如果使用"标题和内容"、"两栏内容"或"比较"版式，双击表格占位符，弹出"插入表格"对话框，选择 5 行、5 列，单击"确定"按钮（见图 4-5）。如果使用"空白"版式，使用常用工具栏上的"插入表格"按钮插入所需行、列的表格。PowerPoint 中表格的编辑与在 Word 中方法相同。

（7）插入图表中用到的数据表是 Excel 的一个工作表，操作方法也与 Excel 表类似。要替换示范数据，单击表中的单元格，然后输入所需信息。示范数据表如图 4-6 所示。

		A 第一季度	B 第二季度	C 第三季度	D 第四季度	E
1	东部	20.4	27.4	90	20.4	
2	西部	30.6	38.6	34.6	31.6	
3	北部	45.9	46.9	45	43.9	
4						

图 4-5　"插入表格"对话框　　　　　　　　　图 4-6　示范数据表

第 2 节　演示文稿的基本操作

一、知识点

（1）设置幻灯片格式。设置幻灯片格式可以通过"开始"选项卡进行。设置格式如下。

字符格式：幻灯片中字符格式包括中西文文体、字形、字号、颜色、阴影、上下标等格式。

段落格式：设置段落的对齐、缩进、行距、段间距、文字方向、分栏、项目符号、编号等格式。

对象格式：对象指幻灯片中所示的信息对象，包括各种文本对象和内容对象。在幻灯片中信息对象都是以图形的形式表示的，这些对象可以设置填充颜色、线条颜色、线性、三维效果、图片颜色、艺术效果、大小、位置等基本格式，具体操作有以下两种方式。

① 利用功能区的按钮进行操作。当选中某对象后，在功能区选项卡上，会自动显示"格式"选项卡。

② 快捷菜单操作。当选中某对象后，单击鼠标右键，在快捷菜单中选择相应的格式设置选项。

（2）应用主题。幻灯片主题是指对幻灯片中的标题、文字、图表、背景等项目设定的一组配置。该配置主要包含主题颜色、主题字体和主题效果。应用主题就是将主题预置的格式应用于当前演示文稿中所选取的幻灯片或全部幻灯片上。

（3）更改版式。每种幻灯片版式都分别包括了标题、文本框、表格、图表、剪贴画、组织结构图中的一个或几个对象占位符。幻灯片自动版式是将幻灯片中常用的对象组合设计而成，使用自动版式创建幻灯片，有助于使演示文稿具有统一的外观。在创建幻灯片的过程中，如果发现版式不合适，则可以更改该版式。

执行"开始"→"版式"命令，则打开"幻灯片版式"任务窗格，选择合适的版式，单击"应用"按钮，即可改变幻灯片的版式。

二、练习题

在 E 盘上创建一个"班级+本人姓名"文件夹（如"7 班张三"）。以下所有完成的练习题都保存到这个文件夹中。

本节练习题的所需文件在"C:\Sjzd\pptkt"文件夹中。

（1）打开"C:\Sjzd\pptkt"文件夹中的"贺卡制作"演示文稿，要求如下。

① 插入一张标题幻灯片，并将其放在第 1 张幻灯片的位置，应用设计模板为"华丽"主题。

② 在标题中输入"贺卡制作教程:"，设置字体为"华文行楷"、"斜体"，字号为"60"磅。

③ 在副标题中输入"主讲人×××",设置字体为"隶书",字号"40"磅。

④ 插入文件为"lanhuac.wmf"的图片,适当调整大小,置于幻灯片的底部。

⑤ 在第 1 张幻灯片后插入新幻灯片,版式为"标题与内容";添加标题"贺卡制作要点",使用默认的字体、字号。

⑥ 添加项目 1 为"选择主题",项目 2 为"设置贺卡背景",项目 3 为"输入祝福字符",项目 4 为"设置演示效果"。

⑦ 在第 3 张幻灯片中插入两个竖排文本框,在文本框中分别输入"爆竹声声辞旧岁"、"春回大地万象新";将文字"大展宏图●财源滚滚"设置为"方正舒体",字号为"44"磅;颜色为"黄色"。

⑧ 设置文本框文字字体为"华文行楷",字号为"40"磅,填充效果为"渐变","颜色"为单色,颜色 1 为"红色","底纹式样"为"中心辐射","变形"选择"预设 5"效果。

⑨ 在第 4 张幻灯片前插入一张新幻灯片,版式同第 3 张幻灯片,删除占位符,设计主题为"春季",然后插入两个"心形"自选图形,并设置填充效果为"渐变"、"双色","颜色 1"为黄色,"颜色 2"为红色,"变体"为"中心辐射","变形"选择"发光和柔化边缘",设置变形效果。

⑩ 编辑第 5 张幻灯片,删除原有占位符,将"情人节快乐"文本框移到幻灯片上部,在幻灯片中插入一个文本框,输入文字"钟爱一生,是我今生对你的诺言",设置字体为"方正舒体",字号为"24"磅,调整到合适的位置,并将除了"情人节快乐"文本框之外的所有对象组合。

将编辑后的演示文稿以原名保存。

(2)打开"C:\Sjzd\pptkt"文件夹中的"讲稿.pptx",按如下要求完成对此文稿的修改。

① 将第 1 张幻灯片的主标题"中文演示软件 PowerPoint 2010"的字体设置为"隶书"、加粗、60 磅。

② 将第 2 张幻灯片的主标题的字体设置为"华文彩云",字号为默认,字体颜色为蓝色。

请用自定义标签中的红色 0,绿色 0,蓝色 255。

③ 将第 3~6 张幻灯片中的标题字体设置为"楷体_GB2312"、倾斜、48 磅,字体颜色为默认。

④ 将第 3 张幻灯片与第 4 张幻灯片调换位置。

最后将编辑好的演示文稿以文件名"pv21.pptx"另存到"班级+本人姓名"文件夹中。

(3)打开"C:\Sjzd\pptkt"文件夹中的"pv21.pptx",按如下要求完成对此文稿的修改。

① 第 1 张幻灯片的版式设置为"标题幻灯片"。

② 第 2 张幻灯片的版式设置为"标题和内容"。

③ 第 3、4 张幻灯片的版式设置为"仅标题"。

④ 将第 6 张幻灯片移动到第 3 张幻灯片前面。

最后将编辑好的演示文稿以文件名"pv22.pptx"另存到"班级+本人姓名"文件夹中。

(4)打开"C:\Sjzd\pptkt"文件夹中的"pv22.pptx",按如下要求完成对此文稿的修改。

① 在第 1 张幻灯片的后面插入第 1 张幻灯片的副本。

② 第 5 张幻灯片的背景设置为"信纸"。

③ 第 6 张幻灯片的背景纹理设置为"蓝色面巾纸"。

④ 删除第 1 张幻灯片。

⑤ 用 "C:\Sjzd\pptkt" 文件夹下的文件 "校园.jpg" 作为第 1 张幻灯片的背景。

⑥ 将第 1 张幻灯片的标题设置为红色（R=255, G=0, B=0）、楷体、60 磅、加粗。最后将编辑好的演示文稿以文件名 "pv23.pptx" 另存到 "班级＋本人姓名" 文件夹中。

三、操作要点

（1）幻灯片的背景设置。选择 "设计" 选项卡，在功能区的 "背景" 功能组中单击 "背景样式" 按钮，弹出图 4-7 所示下拉列表框。在下拉列表中选一种背景色，或者选择 "设置背景格式" 选项，则可以打开图 4-7 所示的 "设置背景格式" 对话框中进行颜色选择。

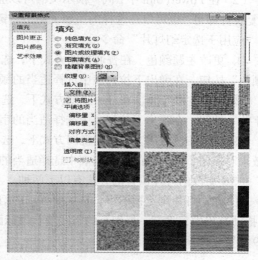

图 4-7　"背景" 及 "填充效果（纹理）" 有关的对话框

选择 "填充" 选项，在 "设置背景格式" 对话框右窗格中包含 "纯色填充"、"渐变填充"、"图片或纹理填充" 和 "图案填充" 4 个选项，选择其中一个选项后，在下方选择相应的颜色或图案，即可以完成背景设置。选择 "图片或纹理填充" 作为背景，还可以通过对话框左侧列表中的 "图片改正"、"图片颜色" 和 "艺术效果" 选项对背景图片进行设置，如图 4-8 所示。

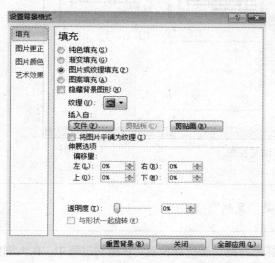

图 4-8　"填充效果（图片）" 有关的对话框

在"设置背景格式"对话框中设置背景颜色后，则只是将设置的背景颜色格式应用在选取的幻灯片上。单击对话框右下角的"全部应用"按钮，则将设置的背景颜色格式应用于演示文稿的所有幻灯片上。

对背景的设置可以先选中幻灯片，单击右键，在弹出的快捷菜单中选择"设置背景格式"命令打开"设置背景格式"对话框进行设置。实践中只要用户选择正确的对象，有关该对象的操作基本上都可以单击右键，在弹出的快捷菜单选择相应的命令来完成。

（2）在 PowerPoint 中，同一演示文稿可以应用多种主题。先选中幻灯片，再选择所需的主题，反复设计即可。也可以在选择的主题上单击右键，在弹出的快捷菜单中选择"应用于所有幻灯片"或"应用于选定幻灯片"命令。

① 更改主题颜色。在普通视图方式下，选择"设计"选项卡，在功能区的"主题"组中单击"颜色"按钮，在弹出下拉列表中选择适当的颜色。

② 更改主题字体。在普通视图方式下，选择"设计"选项卡，在功能区的"主题"组中单击"字体"按钮，在弹出下拉列表中选择适当的字体。

③ 更改主题效果。在普通视图方式下，选择"设计"选项卡，在功能区的"主题"组中单击"效果"按钮，在弹出的下拉列表中选择适当的主题效果。

（3）更改幻灯片位置的方法有以下两种。

① 在幻灯片浏览视图下，选中要移动的幻灯片（可同时移动多个），用鼠标拖到所需位置。在拖动过程中，将有一根细小的竖线随着鼠标而移动，表示所拖动的幻灯片将移至新位置，如图 4-9 浏览视图所示。

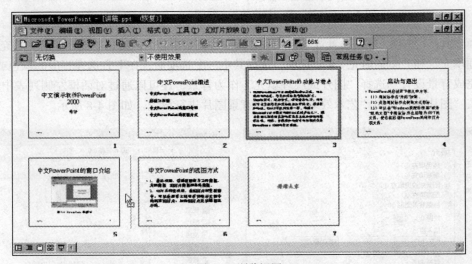

图 4-9　浏览视图

在拖动的同时按下"Ctrl"键，就是"复制"。

② 在普通视图下，单击所要移动的幻灯片标记并拖动至所需位置。在拖动过程中，在大纲窗

口将有一根细横线随鼠标移动，表示幻灯片将移至的新位置，如图 4-10 普通视图所示。

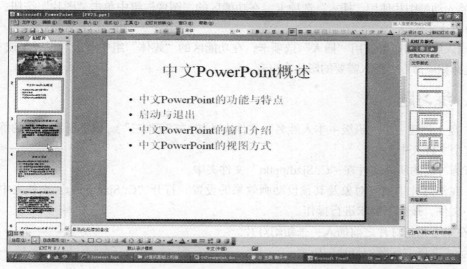

图 4-10　普通视图

第 3 节　演示文稿的高级操作

一、知识点

（1）幻灯片中动画设置及幻灯片切换的基本方法。在 PowerPoint 中，通过对幻灯片中的对象（文本或图片等）进行动画设置，可以使幻灯片的放映活泼、生动，使表现手法更加丰富。幻灯片间的切换效果是指幻灯片放映时移走屏幕上已有的幻灯片，并显示新幻灯片之间如何变换。

从普通视图中，选中要进行切换的幻灯片，选择"切换"选项卡，在功能区的"切换到此幻灯片"组选择一种切换方式。

（2）PowerPoint 文档中幻灯片的链接。通常一个演示文稿中包含许多幻灯片，通过对幻灯片进行超级链接，可以快速跳转到指定的幻灯片，可以使幻灯片的放映条理清晰；当然也可以将其链接到一个地址（URL）或是一个文件。在幻灯片中添加超级链接通常有如下两种方法。

① 设置动作按钮。选择"插入"选项卡，在功能区的"插图"组中单击"形状"按钮，弹出下拉列表，在列表中的"动作按钮"组中选择一种样式作为动作按钮的图标，并在幻灯片中画出按钮图标，同时自动打开"动作设置"对话框，然后对链接目标等进行设置。

② 将某个对象作为超级链接点建立超级链接。选定文字或对象，"插入"或右键单击"超级链接"。

注意以上两种方法的相同点和不同点。

（3）动画设计。PowerPoint 2010 提供了"动画方案"和"自定义动画"两种设置动画效果的方法。在设置动画时，一方面是设计幻灯片中各个对象（如标题、文本和对象等）出现在幻灯片中的顺序、方式及出现时的伴音。方法为选择选项卡"动画"→动画功能组。另一方面是设计每张幻灯片的放映方式。方法为选择选项卡"幻灯片放映"→设置功能组。

（4）在幻灯片插入声音或动画。

① 插入动画图片使用"插入"选项卡，在功能区的"图像"组中单击"图片"按钮，选择需要的动画图片文件。

② 插入影片和声音使用"插入"选项卡，在功能区的"媒体"组中单击"视频"或"音频"按钮，选择相应命令，插入需要的影片和声音。

二、练习题

在 E 盘上创建一个"班级＋本人姓名"文件夹（如"7 班张三"）。以下所有完成的练习题都保存到这个文件夹中。

本节练习题的所需文件在"C:\Sjzd\pptkt"文件夹中。

（1）在幻灯片中插入对象及其预设动画效果的设置。打开"C:\Sjzd\pptkt"文件夹中的"讲稿.pptx"文件，按如下要求进行操作。

① 在第 1 张幻灯片之前插入一张新幻灯片。

② 版式选择"标题幻灯片"版式。

③ 删除幻灯片中所有占位符。

④ 插入自选图形（"绘图"功能区中的"形状→星与旗帜→前凸弯带形"）高 4.5cm、宽 18cm，并添加文本："信息技术基础"（隶书 36 磅、居中）。

⑤ 修改幻灯片的版式为"标题与内容"，在该幻灯片的图片占位符中插入图片：来自剪贴画（或其他图片文件）。

⑥ 设置动画效果。

● 形状图形：设置预设动画效果"自右下部飞入"，速度为"中速"。

● 图片：设置预设动画效果"百叶窗"。

将该演示文稿以文件名"pv31.pptx"保存到"班级＋本人姓名"文件夹下。

（2）幻灯片中对象的自定义动画效果设置。打开"C:\Sjzd\pptkt"文件夹中的"pv31.pptx"文件，按如下要求进行操作。

① 在最后一张幻灯片后面插入一张新的空白幻灯片。

② 插入一个文本框，输入文字："计算机等级考试"（隶书 36 磅）。

③ 在幻灯片底部插入图片（来自"C:\Sjzd\pptkt"文件夹中的"lanhuac.wmf"）。

④ 设置自定义动画效果。

● 文本框：动画顺序为 1，在上一动画之后 2s 启动，自左侧水平飞入，播放后不变暗。

● 图片：动画顺序为 2，单击鼠标时启动，自右侧飞入，动画播放后不变暗。

⑤ 在本张幻灯片中插入"C:\Sjzd\pptkt"文件夹中的音乐"liangzhihudie.mp3"，"动画窗格"改变其动画顺序为 0，设置在"幻灯片播放时自动播放"。

将该演示文稿以文件名"pv32.pptx"另存到"班级＋本人姓名"文件夹下。

（3）幻灯片切换效果设置。

① 打开"C:\Sjzd\pptkt"文件夹中的"pv31.pptx"文件，对第 6 张幻灯片的切换效果进行设置，要求如下。

● 切换效果：垂直百叶窗。

● 持续时间：切换时间 2s。

- 声音：鼓掌。
- 仅用于本张幻灯片。

将该演示文稿以文件名"pv331.pptx"另存到"班级＋本人姓名"文件夹下。

② 打开 C:\Sjzd\pptkt 文件夹中的"pv31.pptx"文件，对幻灯片的切换效果进行设置，要求如下。

- 切换效果：水平百叶窗。
- 换页方式：单击鼠标换页。
- 声音："音乐.wav"（该声音文件在 C:\Sjzd\pptkt 文件夹下）。
- 应用于所有幻灯片。

将该演示文稿文件以文件名"pv332.pptx"另存到"班级＋本人姓名"文件夹下。

（4）动作按钮的添加、编辑操作。打开"C:\Sjzd\pptkt"文件夹中的"讲稿.pptx"文件，按如下要求进行操作。

① 在第 2 张幻灯片的右下角插入一个"动作按钮"，选择样式为自定义，高 1.5cm、宽 3.5cm；添加文字"下一页"，隶书、字号 24 磅。

② 动作设置：链接到"下一张"幻灯片，单击鼠标时动作。

③ 在第 3 张幻灯片的右下角分别插入"前进"和"后退"动作按钮，使用默认动作设置。

最后将编辑好的演示文稿以文件名"pv34.pptx"另存到"班级＋本人姓名"文件夹中。

（5）将某个对象作为超级链接点建立超级链接。打开"C:\Sjzd\pptkt"文件夹中的"讲稿.pptx"文件，按如下要求进行操作。

① 给第 2 张中的"启动与退出"建立超级链接，使得在放映时，单击"启动与退出"按钮，就跳转到第 4 张幻灯片。

② 在最后添加一张版式为"空白"的幻灯片，在幻灯片的下面添加一个"自定义"按钮，给按钮添加文本"返回"，对按钮进行超级链接设置，单击鼠标链接到"第 1 张"幻灯片。

③ 在最后一张幻灯片上添加文本框，位置任意，文本内容为"结束"。对该文本框进行超级链接的设置，使得在放映过程中鼠标单击该文本时，结束幻灯片的放映。

④ 在最后添加一张版式为"只有标题"的幻灯片，输入标题"谢谢大家！"，对该标题进行超级链接设置，URL 地址为 http://www.hebut.edu.cn。

最后，将编辑好的演示文稿以文件名"pv35.pptx"另存到"班级＋本人姓名"文件夹中。

图 4-11 设置动作按钮

（6）打开"C:\Sjzd\pptkt"文件夹中的"pv36.pptx"文件，按如下要求进行操作。

① 删除第 2 张幻灯片中"启动与退出"的超级链接。

② 将最后一张幻灯片中"谢谢大家！"的超级链接修改为"结束放映"。

最后将编辑好的演示文稿以文件名"pv36.pptx"另存到"班级＋本人姓名"文件夹中。

（7）将"C:\Sjzd\pptkt"文件夹中的"pv36.pptx"文件打包，要求包含链接文件和播放器。

三、操作要点

（1）在幻灯片中插入声音，可以通过单击"插入"选项卡→"媒体"组→"音频"→选中"文件中的音频"→"插入"按钮。当幻灯片中插入了声音后，在幻灯片中会增加一个声音标志 。

（2）设置幻灯片的切换效果过程为单击"切换"选项卡→从"切换到幻灯片组中"进行设置。

（3）PowerPoint 系统提供了一些标准的动作按钮，单击"插入"选项卡中的"形状"→"动作按扭"选项，选择合适的动作按钮。如果不清楚某动作按钮的功能，可将鼠标指向该动作按钮，停顿片刻后，关于该动作按钮的功能将自动显示出来，如图 4-11 所示。

（4）选中幻灯片中任何一个对象，都可以建立超级链接。建立超级链接有两种方法。

① 方法 1：选中要建立超级链接的对象，右击选中的对象，在快捷菜单中选"超级链接"命令（或"插入"选项卡→"链接"组），弹出图 4-12 所示的"插入超级链接"对话框。

图 4-12 "插入超级链接"对话框

单击左窗格"链接到："栏下的"现有文件或网页"选项，可设置链接到一个指定的文件或指定的网页，例如 http://www.hebut.edu.cn；单击"本文档中的位置"选项，可设置链接当前演示文稿中指定的幻灯片。

② 方法 2：右击选中的对象，执行"插入"选项卡→"链接"→"动作"命令，"动作设置"对话框如图 4-13 所示。

在当前演示文稿中设置幻灯片之间的链接，使用方法 2 更为方便。有些特殊的超级链接，例如链接到"结束放映"，只能用第 2 种方法。

（5）幻灯片的打包。如果要在没有安装 PowerPoint 的计算机上播放演示文稿，可利用软件的"打包"功能来实现，这一功能得到了较大的改进，可以将演示文稿、播放器及相关的配置文件直接刻录到光盘上，制作成一个具有自动播放功能的光盘。

第 1 步：启动 PowerPoint 2010，打开需要打包刻盘的演示文稿。选择"文件"选项卡，选择左侧窗格中的"保存并发送"选项，在右侧显示"保存并发送"任务窗格，单击"将演示文稿打包成 CD"选项，显示"将演示文稿打包成 CD"任务窗格，如图 4-14 所示，单击"打包成 CD"按钮，打开"打包成 CD"对话框，如图 4-15 所示。

第 2 步：除当前的演示外，还有多个 PowerPoint 文件需要打包，则可在"打包成 CD"对话框上单击"添加"按钮，从中选择其他所需的文件；选择了多个 PowerPoint 文件，并单击"确定"按钮后，返回到"打包成 CD"对话框。

第 3 步：单击"选项"按钮，打开图 4-16 所示的"选项"对话框，在该对话框中可以设置多个演示文稿的播放方式，还可以设置 PowerPoint 文件的密码。单击"确定"按钮返回"打包至 CD"对话框。

图 4-13　"动作设置"对话框

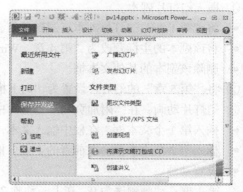

图 4-14　"打包成 CD"窗格

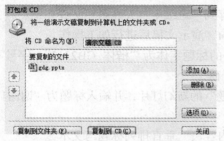

图 4-15　"打包成 CD"对话框

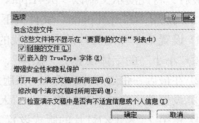

图 4-16　"选项"对话框

　　第 4 步：单击"复制到文件夹"按钮，则打开图 4-17 所示的"复制到文件夹"对话框，在"文件夹名称"文本框输入文件夹名称，单击"确定"按钮，将整个演示文稿制作成一个文件夹。在"打包成 CD"对话框中，单击"复制到 CD"按钮，可以将演示文稿制作成 CD 盘，并在其他计算机上放映。

图 4-17　"复制到文件夹"对话框

　　第 5 步：单击"关闭"按钮，关闭"打包成 CD"对话框，完成多个演示文稿的打包。

第 4 节　综 合 练 习

练习题

　　在 E 盘上创建一个"班级＋本人姓名"文件夹（如"7 班张三"）。以下所有完成的练习题都保存到这个文件夹中。

　　本节练习题的所需文件在"C:\Sjzd\pptkt"文件夹中。

（1）打开"C:\Sjzd\pptkt"文件夹下的"Djks.pptx"演示文稿后进行如下操作。

① 插入幻灯片副本。

- 将"第1章"幻灯片副本复制到"第3章"之后。
- 将该副本的主标题改为"第4章　Windows 操作系统"。
- 删除该副本的其他文本框。

② 将"第5章"的幻灯片设置为"向下推进"、每隔2s换页（仅用本片）。

③ 幻灯片动画，在"附加页-4"幻灯片中操作。

- 插入第1个文本框。在框中输入文本"信息技术基础"，黑体、字号60磅。
- 插入第2个文本框。在前者的下方，框中输入文本"等级考试"，楷体、字号60磅。
- 设置动画。

  第1框：动画顺序为0，在上一动画2s后启动；左侧飞入，动画播放后不变暗。

  第2框：动画顺序为1，单击鼠标时启动；右侧飞入，动画播放后不变暗。

最后，将此演示文稿以"pv41.pptx"文件名保存到"班级＋本人姓名"文件夹中。

（2）打开"C:\Sjzd\pptkt"文件夹下的"yswg.ppt"演示文稿后进行如下操作。

① 设置第1张幻灯片的标题"我的体育爱好"的标题字体为"楷体_GB2312"，字号不变。副标题"小小"的字体设置为"黑体"，大小为"28磅"。

② 在最后一张幻灯片后插入一张版式为"仅标题"的新幻灯片，并输入标题为"谢谢！"。

③ 设置整个文档的主题模板为"天坛月色"。

④ 将第7、8张幻灯片的版式设置为"标题和内容"、"垂直排列标题与文本"。

⑤ 将第7张幻灯片的背景设置为"水滴"。

⑥ 设置第9张幻灯片文本框中文字"Windows 7的工作环境"的字体为"方正姚体"，字号不变。

⑦ 将第12张幻灯片中包含文字"F="的文本，行距设为"2行"，段前段后均设为"15磅"。

⑧ 将第2张幻灯片的切换方式设置为"垂直百叶窗"，持续时间为2s。

⑨ 设置第2张幻灯片的图片的预设动画为"盒状"动画效果。

⑩ 设置第10张幻灯片中的文本框的动画效果为"展开"，其他为默认设置。

⑪ 设置第11张幻灯片中的剪贴画的动画效果为"升起"，其他为默认设置。

⑫ 把第13张幻灯片中的文本框中的文本"http://www.hzcnit.com"，修改为"http://djks.edu.cn/"。

⑬ 在第2张幻灯片中加入一个动作按钮，并链接到"最后一张幻灯片"。

⑭ 对第11张幻灯片中的"剪贴画"建立超链接，链接到 djks_hziee@163.com。

⑮ 设置相关属性，使得在放映时隐藏第10张幻灯片。

⑯ 设置第1张幻灯片的页脚为"石家庄学院"。

最后，将此演示文稿以"pv42.pptx"文件名保存到"班级＋本人姓名"文件夹中。

（3）打开"C:\Sjzd\pptkt"文件夹下的"学院介绍.pptx"演示文稿后进行如下操作。

① 根据要求，为幻灯片对象设置动画和声音。

- 第2张幻灯片：为艺术字设置自定义动画"旋转"效果，且显示完毕后不变暗。
- 第3张幻灯片：将标题文字"学院组织图"设置动画为"向内溶解"，并伴随声音"照相机"。组织结构图设置动画"水平百叶窗"效果。
- 第4张幻灯片：将表格设置成"阶梯状向左下展开"动画效果，伴随"打字机"的声音；

将标题文字"招生计划"设置成"左侧飞入"动画效果。

- 第 5 张幻灯片：为标题艺术字"招生计划图"设置"跨越棋盘"展开，并伴随声音"Reminder.wav"；设置引入图表动画为"向内溶解"，并伴随有"打字机"的声音。

② 插入声音：在第 1 张幻灯片中插入音乐"音乐.wav"，设置为"在幻灯片播放时自动播放，幻灯片全部播放完"。

③ 改变幻灯片对象的出场次序：将第 4 张幻灯片的标题和表格的出场次序交换。

④ 更改幻灯片的位置：将第 2 张幻灯片移至第 5 张幻灯片之后。

⑤ 设置幻灯片的切换效果：将所有幻灯片的切换效果设置为"覆盖"、"自顶部"切换，并在单击鼠标时进行切换。

⑥ 设置动作按钮：在第 1 张幻灯片中添加动作按钮，当单击该按钮时，自动切换到下一张幻灯片的播放。

⑦ 为幻灯片设置超级链接。

- 在第 3 张幻灯片中插入图片"Outdbull.gif"和"Harvbull.gif"，并置于幻灯片右下角。
- 为"Outdbull.gif"设置超级链接到第 6 张幻灯片，并设置屏幕提示"院长简介"。
- 为"Harvbull.gif"设置超级链接到第 7 张幻灯片，并设置屏幕提示"副院长简介"。
- 在第 6 张和第 7 张幻灯片中分别插入自定义动作按钮，链接到第 3 张幻灯片中。

⑧ 幻灯片的打包。

- 在 C 盘根目录下新建文件夹"幻灯片打包"。
- 将"学院介绍.ppt"幻灯片及播放器一同打包，存放在新建文件夹下。
- 观察打包后的幻灯片文件。
- 将打包好的文件解包。

最后，将此演示文稿以"pv43.pptx"为名字保存到"班级＋本人姓名"文件夹中。

（4）启动 PowerPoint 2010 应用程序，使用"应用设计模板"创建一个演示文稿，在"可用的模板与主题"中选择"暗香扑面"主题模板。按照下面的要求进行操作。

① 将当前的设计模板更改为"温馨百合.potx"模板。

② 在第 1 张幻灯片的标题中输入"软件开发的创新思维"，字体为"宋体"，加阴影，将"创新"两个字的字号适当加大（60 磅），并设置为红色；副标题输入"新理论、新思路、新方法"，格式为默认。

③ 在幻灯片母版右下角插入一个"自定义"动作按钮，添加文字"下一页"，填充效果为预设颜色"红日西斜"，并链接到"下一页"；在左上角插入任意剪贴画。

④ 在第 1 张幻灯片右上角插入一个文本框，输入"幽默、睿智、启迪"，字体为"方正姚体"，加下划线。

⑤ 设置动画效果。

- "软件开发的创新思维"文本框：设置为第一个出现，效果为"放大/缩小"、"150%"。
- "新理论、新思路、新方法" 文本框：设置为在第 1 个动画出现 1s 后自动启动，效果为"飞入"、"自右侧"。

⑥ 幻灯片的切换方式：效果为"水平百叶窗"，换页方式为"单击鼠标换页"，声音为"风铃"，应用范围为所有幻灯片。

⑦ 在第 1 张幻灯片前插入一张"空白"版式的幻灯片。

⑧ 将演示文稿打包，保存在"班级+本人姓名"文件夹中。

⑨ 保存演示文稿，文件名为"siwei.pptx"。

（5）打开"C:\Sjzd\pptkt"文件夹下的"neimeng.pptx"，在第 1 张幻灯片中插入音乐"ningxia.wma"；对演示文稿中的声音、图片、文本框设置合适的动画并调整大小，最后"排练计时"，制作成 MTV。

（6）打开"C:\Sjzd\pptkt"文件夹下的"感恩母亲节.pptx"文件进行操作，并以原文件名保存。

① 更改幻灯片的主题为"新闻纸"；第 1 张幻灯片标题为"感恩母亲节"，副标题为"献给天下所有的母亲"。在最后插入一张幻灯片，输入艺术字"妈妈，我爱您!"

② 插入图片"天空.jpg"为第 2 张幻灯片设置背景。

③ 设置除第 1 张幻灯片以外的所有幻灯片中文字为 32 磅、微软雅黑。

④ 设置幻灯片的文本内容动画效果为"劈裂"；最后一张幻灯片的动画效果为"加粗闪烁"。

⑤ 分别设置各幻灯片的切换效果为"库"、"立方体"、"门"、"形状"、"分割"、"翻转"。

⑥ 对演示文稿进行页面设置：幻灯片大小为"35 毫米幻灯片"，方向为"纵向"。

（7）根据文件"云南风光.docx"给出的内容，采用适合的版式创建一个演示文稿。

① 第 1 张幻灯片为标题幻灯片，标题为"云南旅游风光"，副标题为"云南，不能错过的旅游城市……"。

② 将演示文稿的幻灯片设置为"奥斯汀"主题。

③ 自行设置母版幻灯片中各项内容的格式（字体、字号、颜色、对齐方式等）。

④ 设置幻灯片的页脚信息为"奥运福娃"，显示时间"2014-10-1"，右端显示编号。

⑤ 根据文稿内容和标题，创建第 3 张幻灯片至第 4～6 张幻灯片的正确超级链接。

⑥ 将所有幻灯片设置成统一切换动画效果：百叶窗、单击鼠标换页、风铃声音。

⑦ 将演示文稿命名为"云南风光.pptx"，保存在"班级＋本人姓名"文件夹中。

（8）根据企业文化.docx 文档的内容，创建演示文稿"企业文化.pptx"，保存在"班级＋本人姓名"文件夹中。

① 第 1 张幻灯片为标题幻灯片，内容是：主标题"企业文化"（艺术字）、副标题（内容自定）。

② 第 2 张为标题和内容幻灯片，以文档中 4 个小标题作为内容；并选用"网格"主题，标题 32 号。

③ 第 3～6 张幻灯片版式根据内容确定，内容分别为文档中各部分的内容，统一格式为：幻灯片上方显示对应标题，48 号字，下方介绍内容，28 号字；主题与第 2 张一致。

④ 第 1 张幻灯片中插入图形"竹子.jpg"（在"C:\Sjzd\pptkt"文件夹中），将图片设置高 8.07cm，宽 5.4cm，选择"映像圆角矩形"效果。

⑤ 根据第 2 张幻灯片项目内容，分别设置各项到第 3～6 张幻灯片的超级链接；并在第 3～6 张幻灯片中插入形状按钮，适当调节大小，设置"花束"效果，放入右下角，进行动作设置，实现返回目录的功能。

⑥ 为第 6 张幻灯片内容添加各种功能解释，并设置动画："形状"、效果为"下次单击后隐藏"。

⑦ 对所有幻灯片在页脚中间位置显示页脚"企业文化"；左下角显示幻灯片编号。字号设置为 20。

第5章
因特网及电子邮件

第 1 节　IE 浏览器与网页的操作

一、知识点

（1）浏览主页。在桌面上双击或在任务栏上单击 IE 图标启动 IE 浏览器。

（2）设置起始页。执行"工具"→"Internet 选项"菜单命令，在弹出的"Internet 选项"对话框中选取"常规"标签，在"地址"栏中输入所选 IE 起始页的 URL 地址。

（3）建立和使用个人收藏夹。在 IE 浏览器的"收藏"菜单中选择"添加到收藏夹"命令，打开"添加到收藏夹"对话框，此时，"名称"栏中显示了当前 Web 页的名称。

（4）保存网页内容。

（5）保存网页图片。

（6）发送网页内容。

（7）利用搜索引擎查找信息。

二、练习题

在 E 盘上创建一个"班级＋本人姓名"文件夹（如"7 班张三"）。以下所有完成的练习题都保存到这个文件夹中。

（1）使用 Internet 选项设置起始页，将石家庄学院校园网主页（http：//www.sjzc.edu.cn）设置为起始页，删除浏览过的 Web 页面，设置网页保存在历史记录的天数为 10 天。

（2）打开"C:\Sjzd\net\index.htm"文件，将该网页上"下载专区"图片以文件名"tupiani.gif"另存到"班级＋本人姓名"文件夹中。

（3）浏览网页。打开"C:\Sjzd\net\index.htm"文件，单击"产品介绍"图标，然后单击"按系统运行→考试评分说明"超链接点进行链接，并浏览最后打开的网页。将最后浏览到的网页以文本的形式另存到"班级＋本人姓名"文件夹中，设置文件名为"kspagef.txt"。将最后浏览到的网页以"考试评分说明"的名字加入 IE 的收藏夹。

（4）浏览网页。打开"C:\Sjzd\net\index.htm"文件，单击"产品介绍"图标，然后单击"按模拟系统→考试环境"超链接点进行链接，并浏览最后打开的网页。将最后浏览到的网页以文本的形式另存到"班级＋本人姓名"文件夹中，文件名为"kspagei.txt"。

（5）下载文件。打开 "C:\Sjzd\net\index.htm" 文件，在文件 "下载专区" 下载 "WinRar2.9" 文件，并以 "DownLoadi.exe" 为名保存在 "班级＋本人姓名" 文件夹下。

（6）下载文件。打开 "C:\Sjzd\net\index.htm" 文件，在文件 "下载专区" 下载 "HD-Win" 文件，并以 "DownLoadf.exe" 为名保存在 "班级＋本人姓名" 文件夹下。

（7）打开石家庄学院校园网主页，浏览上侧导航栏的 "学院简介" 网页内容，并将最后浏览到的网页以 "学院简介" 的名字加入 IE 的收藏夹。

（8）打开石家庄学院校园网主页，浏览上侧导航栏的 "学院简介" 网页内容，并将最后浏览到的网页以文本的形式保存在自己建立的文件夹中，文件名为 "学院概况.txt"。

（9）打开石家庄学院校园网主页，浏览上侧导航栏的 "学院简介" 网页内容，并将最后浏览到的网页保存在自己建立的文件夹中，文件名为 "学院概况.htm"。

（10）打开石家庄学院校园网主页，浏览上侧导航栏的 "学院简介" 网页内容，并将正文 "石家庄学院简介" 以 Word 的形式保存在自己建立的文件夹中，文件名为 "学院概况.docx"。

（11）打开 "C:\Sjzd\net\index.htm" 文件，将写有 "产品介绍" 的图片，以文件名为 "tupian1.gif" 保存在自己建立的文件夹中。

（12）下载文件。打开 "C:\Sjzd\net\index.htm" 文件，在下载专区找到并下载文件 WinZip 8.0。

（13）搜索引擎的使用。在百度（http://www.baidu.com）上搜索与 "石家庄学院" 有关的站点。

（14）创建网页的快捷方式。可以为经常访问的网页在桌面上创建快捷方式，以后直接双击该快捷方式就可以打开该网页。例如，在桌面上创建 "搜狐" 网页的快捷方式。

（15）整理收藏夹。在收藏夹中新创建一个名为 "教育" 的文件夹，网页 "学院简介" 移至 "教育" 文件夹。

（16）设置 http://www.baidu.com 为脱机浏览网页（不包括其他链接）。

三、操作要点

（1）设置 IE 浏览器主页的方法。选择 "工具" → "Internet 选项" 命令，弹出图 5-1 所示的 IE 浏览器的设置对话框，选取 "常规" 标签，在 "主页" 设置框的地址栏中输入："http://www.sjzc.edu.cn"（如果该网页已经打开，可选 "使用当前页"）。

（2）收藏和保存喜爱的网站。在菜单栏中选择 "收藏" → "添加到收藏夹" 命令，弹出图 5-2 所示的 "添加到收藏夹" 对话框，单击 "确定" 按钮即可。

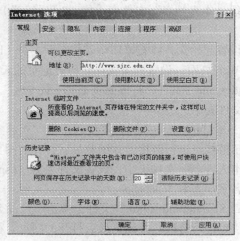

图 5-1　IE 浏览器的设置对话框

（3）保存网页的全部信息。在 IE 浏览器窗口菜单栏中选择"文件→另存为"命令，弹出"另存为"对话框；在"保存在"下拉列表中选择该网页的目标位置，在"文件名"框中输入文件名，在"保存类型"下拉列表中选择"网页，全部（*.htm；*.html）或其他类型"，然后单击"保存"按钮，如图 5-3 所示。

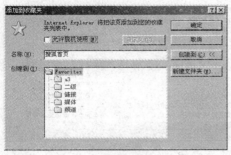

图 5-2　"添加到收藏夹"对话框

图 5-3　保存 Web 对话框

（4）保存网页的部分信息。打开"石家庄学院"主页，然后打开"学院概况"，拖动鼠标将正文部分选中，然后单击"复制"按钮（或按组合键"Ctrl+C"），将其放到剪贴板上，再新建一个 Word 文档，单击 Word 窗口工具栏的"粘贴"按钮（或组合键"Ctrl+V"）即可。

（5）保存图片。找到要保存的图片，然后在该图片上单击鼠标右键，弹出图 5-4 所示的快捷菜单，选择其中的"图片另存为（S）…"命令，弹出保存图片对话框，确定保存位置即可。

（6）网络信息下载的过程。如图 5-5 所示，单击 WinRar 2.9 项，此时弹出图 5-6 所示的对话框，单击"确定"按钮弹出保存对话框，选择保存的位置，单击"确定"按钮。

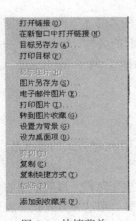

图 5-4　快捷菜单

图 5-5　软件窗口

（7）搜索引擎的使用。进入搜索引擎网站，如 http://www.baidu.com，在搜索框中键入关键词"石家庄学院"，单击"搜索"按钮（"百度一下"）进行搜索，搜索完成后，网页的左方给出了检索结果，在该网页中包含了所有匹配的链接列表，如图 5-7 所示。

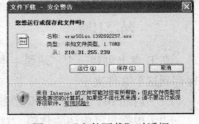

图 5-6　"文件下载"对话框

图 5-7　搜索引擎的使用

第 2 节　电子邮件的使用

一、知识点

（1）电子邮件（E-mail）地址。

要接收、发送电子邮件，必须注册一个电子邮件信箱，电子邮件信箱的地址就是电子邮件地址，简称"E-mail 地址"。负责收、发电子邮件的主机称为邮件服务器。

在因特网上，电子邮件地址具有唯一性。电子邮件地址由用户名和主机名两部分构成，中间用 @ 隔开，格式为 username@hostname，username 是用户在注册时任意起的名称，hostname 一般是邮件服务器的域名。例如：LiYi@163.com 表示一个在网易网上注册的用户的 E-mail 地址。E-mail 地址中的字母不区分大小写。

（2）收发电子邮件。

接收、发送电子邮件一般有两种方式，即 Web 方式和离线方式。

① Web 方式。先登录提供电子邮件服务的网站，再收、发电子邮件。用这种方式的缺点是，每次收发邮件需要登录网站，用的时间比较长。

② 离线方式。在本地计算机上运行电子邮件客户端软件，直接收、发电子邮件。目前常用的电子邮件客户端软件有 Foxmail、Microsoft Outlook 和 Windows Live Mail 等。用这种方式收、发电子邮件，需要提前设置用户名、密码、邮件服务器的地址等。用这种方式的优点是，设置好"账户"属性后，不用登录网站，可以快速地收发邮件。

二、练习题

在 E 盘上创建一个"班级＋本人姓名"文件夹（如"7 班张三"）。以下所有完成的练习题都保存到这个文件夹中。

（1）启动 IE，申请一个免费邮箱，邮箱名称自定。

（2）根据自己申请的邮箱，对 Microsoft Outlook 进行邮件账户设置。具体操作要求如下。

① 显示姓名：自己的姓名（拼音缩写即可）。

② 电子邮件地址：××××@163.com，其中"×××××"为申请的用户名；例如 LiYi。

③ 密码：申请邮箱时设置的账户密码。

④ 可以连接网络自动配置邮件服务器,也可以手动配置 POP3 和 SMTP 服务器,地址分别为：pop3.163.com 和 smtp.163.com。

（3）用鼠标将 "C:\Sjzd\maillx\testa.msg" 拖动到收件箱，按如下要求进行邮件操作。

① 将"收件箱"中的试题邮件用文件名"net.msg"另存到 "班级＋本人姓名"文件夹中。

② 将试题邮件转发到 forward@edu.cn。

③ 按如下要求撰写新邮件。

- 收件人：receiver@edu.cn,fcopy@263.net。
- 抄送：copy@edu.cn。
- 主题："2005 年春节联欢晚会对联选编 A"。
- 请输入下述文字作为邮件内容：

"三海九门，京华迎奥运（北京）

一江两岸，世博靓申城（上海）"

- 将 "C:\Sjzd\maillx" 文件夹中的 "attach.zip" 与 "myattach.zip" 作为附件插入到邮件中。

④ 发送撰写的邮件。

⑤ 将"收件箱"中的试题邮件删除（放到"已删除邮件"即可）。

（4）用鼠标将 "C:\Sjzd\maillx\testb. msg" 拖动到收件箱，按如下要求进行邮件操作。

① 将收到的试题邮件中的附件以 "attache.zip" 的文件名另存到 "班级＋本人姓名"文件夹中。

② 答复试题邮件，要求如下。

- 抄送：Copy@edu.cn,fcopy@263.net。
- 请输入下述文字作为邮件内容：

"老师：您好！我是学生×××，我的学号是××××××，请检查我的邮件。"

其中，×××用姓名代替，××××××用学号代替。设置纯文本格式，回复邮件中带有原邮件的内容。

③ 发送撰写的邮件。

④ 将试题邮件移动到草稿箱中。

（5）新建一个联系人，显示为 "ZHANG"，邮件地址为 zhangsan@163.com，并写一封新邮件给此联系人。具体要求如下。

① 按如下要求撰写新邮件。

- 收件人：ZHANG（注：ZHANG 是已建立的联系人。）
- 抄送：fmpl@163.com
- 主题："HAPPY！"
- 请输入下述文字作为邮件内容：

"生日快乐"

设置文字居中，字号大小为 36 磅、红色。

插入图片（C:\Sjzd\maillx\happy.jpg）。

② 将此邮件以"myE-mail.msg"为文件名另存到"班级＋本人姓名"文件夹中。

（6）新建一个联系人组，命名为"FRIENDS"，将联系人"ZHANG"添加到此组中，并在此组中新建一个联系人，显示为"LI"，邮件地址为 LI@163.com。撰写一封新邮件，收件人为 FRIENDS，其他内容自定。

三、操作要点

（1）在网易网上申请免费邮箱的过程。在地址栏中输入网址"http://www.163.com"，进入网易主页，如图 5-8 所示。单击"注册免费邮箱"超链接，弹出免费邮箱申请界面，如图 5-9 所示，根据提示，输入用户信息。例 LIYI@163.com，凡是*的地方是必须要输入的。

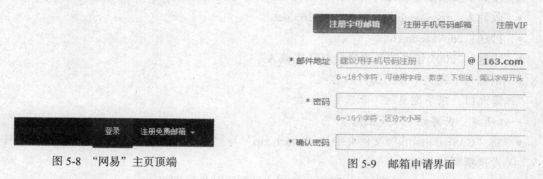

图 5-8 "网易"主页顶端

图 5-9 邮箱申请界面

（2）Microsoft Outlook 邮件账户设置。选择"文件"→"信息"→"添加账户"命令，选择"电子邮件账户"单选项，单击"下一步"按钮，选择"手动配置服务器设置或其他服务类型"单选项，单击"下一步"按钮，出现"添加新账户"对话框，如图 5-10（a）所示。输入用户信息、服务器信息、登录信息，可以单击"测试账户设置…"按钮，如果测试不成功（前提是用户信息、服务器信息、登录信息正确），单击"其他设置"按钮，弹出图 5-10（b）所示对话框，在"发送服务器"标签页，勾选"我的发送服务器（SMTP）要求验证"复选项，单击"确定"按钮，返回到图 5-10（a），再次单击"测试账户设置…"按钮，此时测试成功，单击"下一步"按钮会测试账户设置，成功后单击"完成"按钮，完成账户设置。

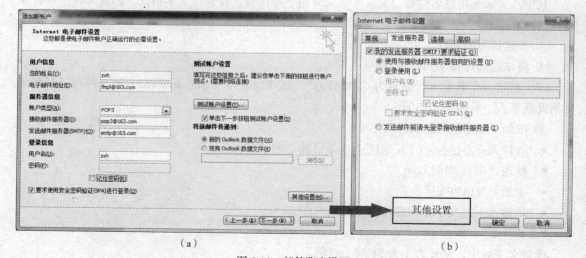

（a）

（b）

图 5-10 邮件账户设置

（3）建立新邮件。建立新邮件有多种方法，其中最常用的方法是在 Outlook 窗口中，单击工具栏上的"新建电子邮件"按钮，弹出新邮件窗口，在各栏中输入相应的信息，并在正文框中书写邮件的正文。当邮件要发给多个人时，在抄送栏中输入要发送的其他对象的地址，中间用逗号或分号隔开，一并发送。若要发送给通讯簿中的某联系人，可单击"收件人"或"抄送"按钮，选择相应联系人，如图 5-11 所示。

若要随邮件发送附件（可以是任何格式的文件），执行"插入"→"附加文件"命令，选择相应的文件就可以添加附件。

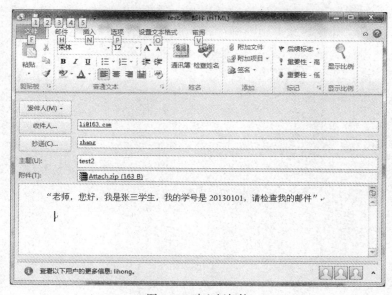

图 5-11　建立新邮件

（4）邮件和附件保存。

① 保存邮件：选中此邮件，执行菜单"文件"→"另存为"命令，选择目标文件夹存放。

② 保存附件：选中此邮件，单击右边预览窗格的附件，选择"另存为"或"保存所有附件"命令，如图 5-12 所示。

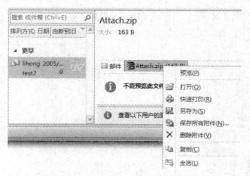

图 5-12　邮件和附件保存

（5）电子邮件的文本格式设置。电子邮件的文本格式有多种，默认是"多信息文本（HTML）"，在此格式下，可以设置文字的字体、颜色等格式，可以插入图片，可以应用主题。还有一种不含任何格式的纯文本方式。需要什么格式可以在设置文本格式菜单中选择。

（6）通讯簿的管理。通讯簿是一种管理联系人信息的工具，不仅可以记录联系人的邮件地址，还可以记录联系人的电话号码、家庭住址、业务等信息。除此之外，还可以利用通讯簿功能在因特网上查找用户及商业伙伴的信息。可以使用多种方法将联系人信息添加到通讯簿，可以直接输入，也可以从其他程序导入。直接输入联系人信息步骤为选择菜单"开始"→"新建项目"按钮→"联系人"命令。通过创建联系人组，可以将邮件方便地发送给一批人，发邮件时只需在"收件人"栏中输入或选择组名，就可以将此邮件发送给组内的每个成员。

第6章
Access 2010 数据库

第1节 创建数据库、表

一、知识点

Access 是关系数据库管理系统，可以创建数据库，并对数据库进行操作、管理，Access 2010 数据库文件的扩展名为.accdb。

Access 2010 有"文件"选项卡、"开始"、"创建"、"外部数据"、"数据库工具"功能区，许多项目类似 Word 2010，下面主要说明与 Word 2010 不同的操作内容。

（1）"文件"选项卡：有"新建"、"打开"、"保存"等操作。

（2）"开始"功能区：包括一些最常用的命令，有"视图"、"剪贴板"、"排序和筛选"、"记录"、"查找"、"文本格式"等项目。

Access 数据库对象可以有"表"、"查询"、"窗体"、"报表"等。

（3）"创建"功能区：用来创建"表"、"查询"、"窗体"、"报表"等对象，也可以创建"宏"。

（4）"外部数据"功能区：获取外部数据，即"导入"、"导出"数据。导入的数据可以来自 Excel，也可以将一定格式的其他文件，如文本文件的数据导入到 Access 数据库中。

（5）"数据库工具"功能区：主要包括"关系"、"分析"、"压缩和修复数据库"、"运行宏"等内容。

另外，在对不同的 Access 对象操作时，会有不同的工具功能区出现，如显示表中内容时，出现"表格工具"→"字段"、"表格工具"→"设计"功能区，在查询设计时，出现"查询工具"→"设计"功能区。

二、练习题

在 E 盘上创建一个"班级＋本人姓名"文件夹（如"7 班张三"）。以下所有完成的练习题都保存到这个文件夹中。

（1）启动 Access 数据库，创建一个名为"学籍管理.accdb"的空数据库文件。并依照表 1～3，在上述建立的数据库中创建"学生档案"、"课程"、"成绩" 3 个表。

表 6-1   "学生档案"表结构

字段名称	数据类型	字段大小	主键
学号	文本	8	是
姓名	文本	10	否
性别	文本	1	否
学院	文本	10	否
入学成绩	数字	整型	否
出生日期	日期/时间	—	否
照片	OLE 对象	—	否

表 6-2   "课程"表结构

字段名称	数据类型	字段大小	主键
课程号	文本	4	是
课程名	文本	15	否
学分	数字	单精度型（小数位数 2）	否
是否必修	是/否		否

表 6-3   "成绩"表结构

字段名称	数据类型	字段大小	主键
学号	文本	8	是
课程号	文本	4	
成绩	数字	整型	否

（2）设置每个表的主键。

（3）将"学生档案"表中"学号"字段的"标题"设置为"学生编号"；"性别"字段的默认值设置为"男"；"入学成绩"字段的有效性规则为"400≤入学成绩≤750"；有效性文本为"入学成绩必须在 400 分至 750 分之间"，并将"出生日期"字段的格式设置为"短日期"。

（4）为"课程"表的"学分"字段设置查阅属性，显示控件为：组合框，行来源类型为：值列表，行来源为：1;2;2.5;3;3.5;4。

（5）在"学生档案"表中，将"学院"字段移到"姓名"字段的前面，在"照片"字段前增加一个"联系方式"字段，数据类型设为"超链接"（存放读者的 E-mail 地址）。

（6）"学生档案"、"课程"和"成绩"3 个表中输入记录，照片内容可以自己定义，如图 6-1、图 6-2、图 6-3 所示。

学生编号	学院	姓名	性别	入学成绩	出生日期	联系方式	照片
20120101	物理学院	刘伽丽	女	523	1992-09-10	www.baidu.c	位图图像
20120301	数信学院	李萍萍	女	546	1993-04-10		包
20120302	数信学院	郭万里	男	531	1994-01-10		
20120401	文传学院	李红红	女	520	1992-10-01		
20120402	文传学院	欧阳萍萍	女	512	1992-09-10		

图 6-1 "学生档案"表记录

（7）在编辑完的“学生档案”表和“课程”表中追加两条记录，内容自定。

（8）删除“学生档案”表中的第三条记录。

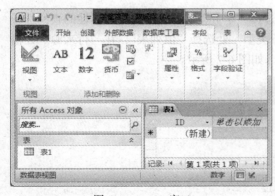

课程号	课程名	学分	是否必修
0101	计算机基础	3	☑
0102	C语言	4	☑
0201	思想品德	1	☐
0202	物理学	3	☑
0301	DB_DISIGN	3.5	☑
0302	高等数学	3	☐

图 6-2　“课程”表记录

成绩

学号	课程号	成绩
20120101	0101	95
20120101	0102	
20120101	0201	67

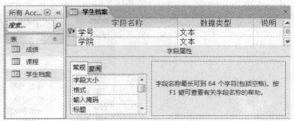

图 6-3　“成绩”表记录

（9）对“学生档案”表按“入学成绩”升序排序。

（10）对“成绩”表按“学号”字段升序排序，对同一个学号按“成绩”字段降序排序。

（11）对“学生档案”记录进行筛选，筛选出“数信学院”的学生。

（12）在“学生档案”表中，按“出生日期”字段建立普通索引，索引名为“出生日期”。

（13）在“学生档案”表和“成绩”表之间按“学号”字段建立关系，在“课程”表和“成绩”表之间按“课程号”字段建立关系，两个关系都实施参照完整性。

（14）将数据库保存在“D:\”，文件名为：“学生管理.accdb”。

三、操作要点

1. 建立用于实验的数据库文件

可选择“文件”选项卡→“新建”→“空数据库”命令，在 E:\（或指定的其他盘符）自己的文件夹下（如：E:\7 班张三），输入数据库名“学籍管理.accdb” ，单击“创建”按钮，这时 Access 2010 窗口标题显示为“学籍管理”数据库，左窗格显示为“表 1”。

如图 6-4 所示，目前的对象正是“表”。对于表的创建方式，可以使用设计器创建表，或者新建一个空表后，直接在新表中定义字段，本题使用设计器创建表。

（1）打开设计器界面：右击图 6-4 左窗格“表 1”，在快捷菜单中选择“设计视图”命令，出现“另存为”对话框，输入表名称“学生档案”，单击“确定”按钮，这时出现类似于图 6-5 所示的界面（只是只有一个 ID 字段）。

图 6-4　Access 窗口

图 6-5　表结构的创建界面

（2）建立表结构：即依次定义每个字段的名称、类型及长度等参数。若不需要 ID 字段，可以先删除，方法是：右击 ID 所在行，选择“删除”命令。接着在字段名称中输入“学号”，数据类型为“文本”，在字段属性中设置“字段大小”为 8，“必需”为“是”，“允许空字符串”为“否”。

其他字段按要求进行设置后，使用"文件"选项卡的"保存"命令，就建好了一个表的结构，但尚未输入数据，也未定义主键。

2. 第（2）～（5）小题修改表结构及字段属性

（1）设置主键：打开"学生档案"设计视图，如图6-5所示，单击学号字段左边的行选择器，选定"学号"行（如果选择多个字段，可以按住"Ctrl"键不放，再依次单击要选择的字段的行选择器），单击"设计"选项卡中的"主键"按钮。用同样的方式为其他几个表建立主键。

（2）设置显示标题：图6-5所示的界面中，选择"学号"字段，在字段属性的"标题"处，输入"学生编号"（注意：字段名并未修改）。

（3）设置默认值：选择"性别"字段，在字段属性的"默认值"处输入"男"（注意：直接输入，不加引号）。

（4）设置有效性规则：选择"入学成绩"字段，单击字段属性的"有效性规则"，这时其右边出现按钮；单击该按钮，打开图6-6所示的"表达式生成器"对话框，在其中输入"[入学成绩]>=400 And [入学成绩]<=750"，也可以根据需要引用其中的函数等项，单击"确定"按钮。在字段属性的"有效性文本"处输入"入学成绩必须在400分至750分之间"。

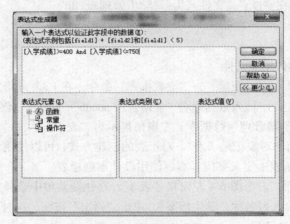

图6-6　表达式生成器

（5）设置查阅属性：打开"课程"设计视图，选择"学分"字段，单击字段属性的查阅选项卡，在"显示控件"处选择"组合框"，在"行来源类型"处选择"值列表"，在"行来源"处输入"1;2;2.5;3;3.5;4"（注意：标点符号为英文半角），如图6-7所示。

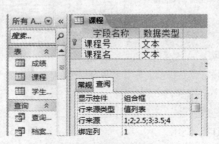

图6-7　设置查阅属性

3. 第（6）～（8）小题输入并修改记录

输入或修改记录的每项操作都应先打开所需要的表窗口，可以在左窗格显示表名的状态下，双击"学生档案"，打开"学生档案"表窗口，将光标移到最后一行，直接输入数据。

输入记录时，应注意以下几个要点。

（1）当光标在自动编号型字段上时，只需将光标移到下一个字段，系统会自动为该字段输入一个数据。

（2）输入日期/时间型数据时，在字段的右侧将出现一个日期选取器图标，单击该图标将打开"日历"控件，在日历控件中进行选择，由于日期选取器中的年不能直接选择，只能线性跳转，用起来比较麻烦，所以也可以直接输入日期。

（3）输入是/否型数据时，在网格中会显示一个复选框，选中则表示输入"1"，不选中则表示输入"0"。

（4）输入 OLE 型对象型数据时，将光标定位到要插入对象的单元格，右击，选择"插入对象"命令，在弹出的对话框中选择 "由文件创建"选项，单击"浏览"按钮，找到所需文件，单击"确定"按钮。

（5）输入超链接型数据时，将光标定位到要插入对象的单元格，右击鼠标，选择"超链接"→"编辑超链接"命令，也可以直接输入网址或电子邮件地址。

（6）输入查阅型数据时，在数据视图表中将光标定位到这个字段后，在字段的右侧出现下三角按钮，单击下三角按钮则打开一个列表，选择表中的某一项后，该值就输入到字段中。

4. 第（9）～（11）小题排序和筛选

排序和筛选都是为了更好地进行浏览。

（1）单字段排序：打开"学生档案"数据表视图，右击"入学成绩"所在列，在弹出的快捷菜单中选择"升序"命令。

（2）多字段排序：打开"成绩"数据表视图，选择"开始"功能区→"排序和筛选"组→"高级"→"高级筛选/排序"命令，出现图 6-8 所示的"成绩筛选 1"窗口，第一个字段选择"学号"，排序处选择"升序"，第二个字段选择"成绩"，排序处选择"降序"，再次选择"高级筛选选项"→"应用筛选/排序"命令。

（3）筛选：打开"学生档案"数据表视图，单击"学院"字段名右侧的下三角按钮，在出现图 6-9 的筛选项目中取消选中"全选"复选项，再选中"数信学院"复选项，单击"确定"按钮。

若进行多条件筛选，可进入到图 6-8 所示的界面，在"条件"处输入。

图 6-8　多字段排序

图 6-9　筛选窗口

5. 第（12）～（13）小题建立索引、关联

（1）建立索引：打开"学生档案"设计视图，单击"出生日期"字段，在字段属性的"索引"栏中选择"有（有重复）"选项。

也可以在打开表设计视图窗口后，选择"表格工具"→"设计"功能区→"显示隐藏"组→"索引"命令，打开图 6-10 所示的"索引"对话框，从中设置索引，确定排序次序和索引属性。

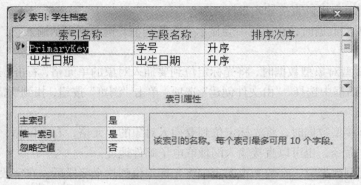

图 6-10　索引

（2）建立关联："学生档案"表与"成绩"表是一对多的关系，"课程"表与"成绩"表也是一对多的关系。

① 先关闭各表，然后选择"数据库工具"功能区→"关系"命令，在主窗格中出现"关系"选项卡，同时出现"显示表"对话框，分别选择这三张表，单击"添加"按钮，将它们添加到"关系"窗口中，如图 6-11（a）所示。

鼠标指针移到"学生档案"表"学号"处，拖动鼠标到"成绩"表"学号"处，这时弹出一个"编辑关系"的对话框，从中选中"实施参照完整性"复选项，单击"创建"按钮，就创建了一个一对多的关系。

② 采用同样的方法，在"课程"表和"成绩"表之间创建一个一对多的关系，如图 6-11（b）所示。

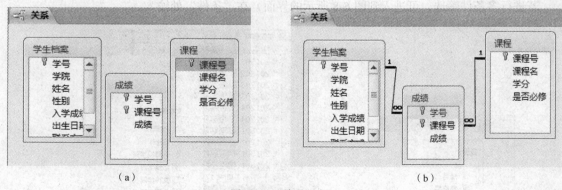

（a）　　　　　　　　　　　　　　　　（b）

图 6-11　"关系"窗口

实施参照完整性可以有效地维护多表关联，可以使得用户在输入、删除或更新记录时，仍保证数据库表中数据的有效性和一致性。

第 2 节　Access 查询

一、知识点

（1）查询是数据库处理和分析数据的工具，查询是在指定的（一个或多个）表中，根据给定的条件从中筛选所需的信息，查询是 Access 数据库的一个重要对象，通过查询后筛选的记录构成一个新的数据集合。它同表、窗体、报表等对象一样，存储在一个数据库文件中。

（2）在 Access 2010 中，创建查询的方法有 3 种：使用查询向导、查询设计器和 SQL 语言。其中查询向导是一种最简单的方法，一步步按提示进行；查询设计器更加灵活和实用，首先需要确定查询来源（显示的字段、查询条件、排序字段等来自哪些表或已建好的查询），然后打开查询设计器新建查询，把需要的字段拖到查询设计区的字段行，在合适的字段列输入条件，确定显示字段，最后运行并保存查询；SQL 是结构化查询语言，要求的基础知识比较多，其中的 SELECT 查询语句可以实现各种类型的查询操作。

二、练习题

打开 SJZD\Access 文件夹中的"学籍管理.accdb"数据库。

1. 利用"查询向导"建立单表或多表查询

（1）利用"简单查询向导"查找学生档案，包括学号、姓名、学院，查询对象保存为"学生档案查询"。

（2）利用"查找重复项查询向导"查找同一门课程的选修情况，包含学号、课程号，查询对象保存为"同一门课程的选修情况"。

（3）利用"查找不匹配项查询向导"查找从未选过课的学生的学号、姓名、学院，查询对象保存为"未选过任何课程的学生"。

2. 利用查询设计器建立查询

（1）创建一个名为"计算机学院学生情况"的查询，查找计算机学院的学生情况，包括学号、姓名、学院、入学成绩，并按入学成绩升序排序。

（2）创建一个名为"学分为 2 的必修课程"的查询，查询"课程"表中学分为 2 的必修课程。

（3）创建一个名为"查询-参数"的查询，输入"入学成绩"的上下界，在"学生档案"表中查询该范围的学生信息。

（4）创建一个名为"全体学生成绩查询"的查询，查询全体学生成绩单（学号、姓名、课程名、成绩、是否必修）。

（5）统计各学院入学的最高成绩、最低成绩和平均成绩，并按最低分降序排序，运行查询，最终保存查询，取名"统计入学成绩"。

（6）统计各学院人数，运行查询，最终保存查询，取名"统计学院人数"。

3. 利用 SELECT 语句建立查询

根据"学籍管理.accdb"数据库中的"学生档案"、"成绩"和"课程"3 个表，使用 SQL 语句完成以下查询。

（1）从"成绩"表中查询已选课但没有成绩的学生学号。

（2）查询所有选了"0101"课程号的学生的姓名和成绩。

（3）查询全体学生成绩单（学号、姓名、课程名、成绩、是否必修），并按成绩降序输出。

三、操作要点

1. 利用"查询向导"建立单表或多表查询

第1题的（3）小题。选择"创建"功能区→"查询"组→"查询向导"→"查找不匹配项查询向导"命令，单击"确定"按钮，依次选择"学生档案"，"成绩"表，选择匹配字段为"学号"，选择要显示的字段"学号"、"姓名"、"学院"，指定查询的名称为"未选过任何课程的学生"，单击"完成"按钮。

2. 利用查询设计器建立查询

（1）第2题的（1）小题。选择"创建"功能区→"查询"组→"查询设计"命令，在"显示表"对话框中选择"学生档案"，分别双击"学号"、"姓名"、"学院"、"入学成绩"字段，这些字段将会出现在字段行。在"学院"字段和"条件"行的交叉单元格处输入："计算机学院"，在"入学成绩"字段和"排序"行的交叉单元格处选择"升序"，如图6-12所示。最后单击"保存"按钮，弹出"另存为"对话框，输入查询名称"计算机学院学生情况"，单击"确定"按钮。

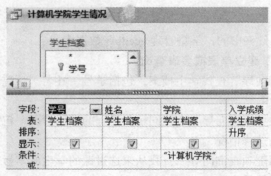

图6-12　查询设计器

（2）第2题的（3）小题按上、下界查询学生成绩。由于上、下界的值是不确定的，所以要使用带参数的查询方式。

① 创建查询，并将"学生档案"表添加到查询设计界面，在查询设计界面的空白处单击鼠标右键，在弹出的快捷菜单中选择"参数"命令，打开"查询参数"对话框，填上参数名称，选择数据类型，如图6-13所示，单击"确定"按钮。

图6-13　"查询参数"对话框

② 在查询设计界面的第一列选用"学生档案.*"，第二列选用"入学成绩"，不做显示，并在条件中输入"Between [成绩下界] And [成绩上界]"。

③ 运行查询，这时弹出"输入参数值"对话框，从中输入成绩下界"400"，单击"确定"按

钮；弹出"输入参数值"对话框，输入成绩上界"550"，单击"确定"按钮。这时查询窗口就显示了入学成绩为400～550分的学生信息。保存查询，取名"查询-参数"。

（3）第2题的（4）小题多表查询。

① 创建查询，并将"学生档案"、"成绩"、"课程"表添加到查询设计界面，由于已创建了连接关系，则这些关系带入到查询中。

② 在第1～5列字段分别选择"学生档案.学号"、"学生档案.姓名"、"课程.课程名"、"成绩.成绩"、"课程.是否必修"，如图6-14所示。保存查询，取名为"全体学生成绩查询"。

（4）第2题的（5）小题统计查询。

① 创建查询，并将"学生档案"表添加到查询设计界面。

② 选择"查询工具"→"设计"功能区→"显示/隐藏"组→"汇总Σ"命令，在查询设计界面下方表格中增加"总计"行。

③ 在第一列的字段处选择"学院"，在"总计"处自动成为"Group By"，表示分组。

在第二列的字段处输入"最高成绩:入学成绩"，在"总计"处选择"最大值"；在第三列的字段处输入"最低成绩:入学成绩"，在"总计"处选择"最小值"；在第四列的字段处输入"平均成绩:入学成绩"，在"总计"处选择"平均值"。

④ 在最小值所在列设置排序为"降序"，如图6-15所示。保存查询，取名"统计入学成绩"。

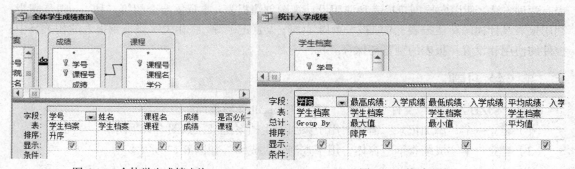

图6-14 全体学生成绩查询　　　　　　　　图6-15 统计查询

（5）第3题利用SELECT语句建立查询。选择"创建"功能区→"查询"组→"查询设计"命令，不需要选择任何表，选择"开始"功能区→"视图"组→"SQL 视图"，然后输入相应的SELECT语。

四、参考答案

第3题答案：在SQL视图中输入其中一条语句，点击工具栏上的运行图标 ! 执行查询。

（1）SELECT 学号 FROM 成绩 WHERE 成绩 Is Null;

（2）SELECT 学生档案.姓名, 成绩.成绩

FROM 学生档案 INNER JOIN 成绩 ON 学生档案.学号 = 成绩.学号

WHERE 成绩.课程号='0101';

（3）SELECT 学生档案.学号, 姓名, 课程名, 成绩, 是否必修

FROM 学生档案 INNER JOIN (成绩 INNER JOIN 课程 ON 成绩.课程号=课程.课程号)

ON 学生档案.学号=成绩.学号

ORDER BY 成绩 DESC;

第3节 Access 窗体、报表

一、知识点

（1）窗体创建。窗体与表和查询一样，是 Access 数据库的重要对象之一。窗体作为人机对话的界面，既是管理数据库的窗口，又是用户和数据库之间的桥梁，通过窗体可以方便地输入数据、编辑数据，查询、排序、筛选和显示数据，以及作为应用程序的控制界面。Access 利用窗体将整个数据库组织起来，从而构成完整的应用系统。Access 2010 提供了多种创建窗体的方法，主要方法有："窗体"、"窗体设计"，"窗体向导"，本章主要介绍窗体设计视图来创建窗体的方法。一般步骤为：打开窗体设计视图新建窗体；添加窗体页眉/页脚；通过属性对话框设置记录源；将相关字段拖到窗体的主体部分，从工具箱添加一些标签等控件；设置控件属性；预览并保存窗体。

（2）报表创建。报表是数据库中的数据通过打印机输出的特有形式，报表不仅可以执行简单的数据浏览和打印功能，还可以对大量的原始数据进行比较、汇总和统计。在 Access 中，创建报表有两种方法：使用向导创建报表和使用设计视图创建报表，本章主要介绍第二种。一般步骤为：利用报表设计视图新建报表；添加报表页眉/页脚；设置记录源；将相关字段拖到报表的相关节中；控件的使用和设置；报表的预览与保存。

二、练习题

打开"SJZD\Access"文件夹中的"学籍管理.accdb"数据库。

（1）建立一个"添加记录"窗体，用于添加学生档案记录，如图 6-16 所示。

（2）建立一个"成绩查询"窗体，用于查询学生成绩，如图 6-17 所示。

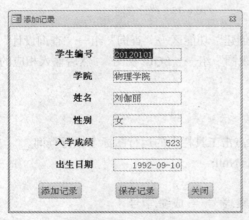

图 6-16 记录源为"学生档案"窗体

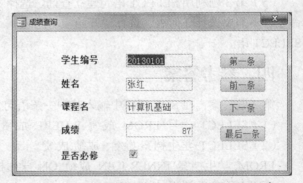

图 6-17 记录源为"全体学生成绩查询"窗体

（3）建立一个"首页"窗体，如图 6-18 所示。由一个标签、两个按钮构成，通过两个按钮可以分别打开"添加记录"窗体和"成绩查询"窗体。

（4）在"首页"窗体中添加一个"打印学生档案"的按钮，能打印图 6-19 所示的报表。

图 6-18　"首页"窗体

学生编号	姓名	学院	课程名	成绩
20130102	里斯	物理学院	计算机基础	78
20130102	里斯	物理学院	思想品德	56
20130101	张红	物理学院	计算机基础	87
20130101	张红	物理学院	C语言	90
20130101	张红	物理学院	思想品德	77
20120101	刘伽丽	物理学院	计算机基础	95
20120101	刘伽丽	物理学院	思想品德	67
20120101	刘伽丽	物理学院	C语言	
20130501	何勇	音乐学院	计算机基础	50
20130501	何勇	音乐学院	大学英语1	78

学生成绩

打印日期　2014/3/9

制表人：

图 6-19　打印学生档案

三、操作要点

1. 第（1）题建立"添加记录"窗体

（1）打开"学籍管理.accdb"数据库，选择"创建"功能区→"窗体"组→"窗体设计"命令，出现图 6-20 所示的窗体设计界面，此时出现"窗体设计工具"，在"设计"功能区中有"控件"组，其中有不少可用控件。

打开窗体属性表。选择"窗体设计工具"→"设计"功能区→"工具"组→"属性表"命令，出现图 6-21 所示的窗体"属性表"窗口；如果"属性表"显示的是"主体"属性，则可以单击图 6-20 中水平标尺左侧用圈标示的空白处，切换到窗体"属性表"。

（2）设置窗体属性：在窗体"属性表"窗口单击"全部"选项卡，单击"记录源"右侧的下三角按钮，选择"学生档案"表。窗体其他属性的设置见表 6-4。

表 6-4　　　　　　　　　　　　　　　属性设置

对象	属性	值	对象	属性	值
窗体	记录源	学生档案	窗体	记录选择器	否
窗体	标题	添加记录	窗体	导航按钮	否
窗体	滚动条	两者均无	窗体	边框样式	对话框边框
窗体	弹出方式	是	窗体	自动居中	是

（3）将相关字段拖到窗体的主体部分：选择"窗体设计工具"→"设计"功能区→"工具"组→"添加现有字段"命令，出现一个关于"学生档案"表的"字段列表"，如图 6-22 所示。将字段列表中所需要的项拖动到窗体的合适位置。

（4）启用"使用控件向导"功能：选择"窗体设计工具"→"设计"功能区→"控件"组→"使用控件向导"命令。

（5）选择"窗体设计工具"→"设计"功能区→"控件"组→"按钮"命令，在窗体合适的位置拖出一个矩形，由于启用了"使用控件向导"，所以 Access 2010 自动弹出"命令按钮向导"；在向导的类别中选择"记录操作"选项，在"操作"中选择"添加新记录"选项，单击"下一步"按钮，在按钮显示形式中选择"文本"单选选项；再单击"下一步"按钮，按钮的名称使用默认名称；单击"完成"按钮，这时窗体上已创建了一个"添加记录"按钮。

用同样的方法添加"保存记录"。在向导的类别中选择"记录操作"选项，在"操作"选项中选择"保存记录"选项。

图 6-20　窗体设计界面

图 6-21　属性表

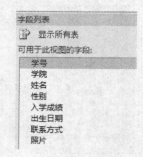

图 6-22　字段列表

用同样的方法添加"关闭"按钮。在向导的类别中选择"窗体操作"选项，在"操作"中选择"关闭窗体"选项。

（6）保存窗体，取名为"添加记录"。

（7）在左窗格的"窗体"对象中双击"添加记录"选项，就可以打开"添加记录"窗体，可以单击"添加记录"按钮，输入要添加的数据，再单击"保存记录"按钮，就可以保存新记录到"学生档案"表。

2. 第（2）题建立"成绩查询"窗体

在设计过程中，大多数设置同第一题，区别较大的如下所述。

（1）"记录源"选择"全体学生成绩查询"查询。

（2）在启用了"使用控件向导"的状态下，选择"按钮"控件，在窗体的合适位置创建按钮，在向导的类别中选择"记录导航"选项，在"操作"中选择"转至第一项记录"选项，单击"下一步"按钮，在按钮显示形式中选择"文本"单选项；输入文字为"第一条"，单击"完成"按钮，用类似的方法建立"前一条"、"下一条"和"最后一条"按钮。

（3）保存窗体，取名为"成绩查询"。

3. 第（3）题建立 "首页"窗体

（1）打开窗体设计窗口。

（2）设置窗体属性：设置"标题"属性为"首页"，"图片"属性为某一图片文件，"图片缩放模式"属性为"拉伸"。设置窗体大小，设置其他如上面要求的窗体属性，不必设置"记录源"属性。

（3）选择"标签"控件，在窗体合适的位置拖出一个矩形，在标签中输入文字"学生信息管理"，更改标签的字体属性，设置"字体名称"为隶书，字号为 20。

（4）选择"直线"控件，在窗体中标签下方画一直线，设置直线属性，"边框宽度"为"4pt"，"边框颜色"为红色。

（5）在启用了"使用控件向导"的状态下，选择"按钮"控件，在窗体合适的位置创建按钮，在向导的类别中选择"窗体操作"选项，在"操作"中选择"打开窗体"→"添加记录"选项，选中"文本"单选项，输入文字为"添加档案记录"等，用类似的方法建立"查询成绩"按钮。

（6）保存窗体，取名为"首页"。

4. 运行"首页"窗体

在左窗格的"窗体"对象中双击"首页"，通过"首页"窗体的两个命令按钮，就可以分别打开另外两个窗体。

5. 第（4）题创建报表

（1）选择"创建"功能区→"报表"组→"报表设计"选项，出现类似于图 6-23 所示的报表设计视图，只是报表中只有"主体"、"页面页眉"、"页面页脚" 3 个节。在"页面页眉"区域创建一个标签，文字为"学生成绩"；在"页面页眉"区域创建一个文本框，同时出现一个相应的标签，标签文字改为"打印日期"，文本框部分使用"=date()"，表示当前机器日期。

（2）添加报表页眉/页脚：右击"主体"区域，选择"报表页眉/页脚"选项，在报表设计视图界面中出现"报表页眉"和"报表页脚" 2 个节，如图 6-23 所示。在"报表页脚"区域创建一个标签，设置文字为"制表人"。

（3）设置记录源等属性：在报表设计视图界面空白处，右击选择"报表属性"选项，再选择"记录源"选项，来自于"学生档案"、"成绩"、"课程" 3 个表，选择相应字段，如图 6-24 所示。

（4）将相关字段拖到报表的相关节中：选择"报表设计工具"→"设计"功能区→"工具"组→"添加现有字段"命令，出现一个"字段列表"，将字段列表中所需要的项拖动到报表"主体"区合适的位置。每个字段都出现一个标签和一个文本框。剪切标签部分，将它们粘贴到"页面页眉"中，调整各控件的大小和位置。

图 6-23　报表设计视图

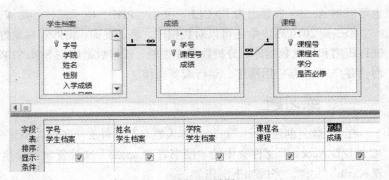

图 6-24　设置记录源

（5）控件的使用和设置：可以根据需要增加新的控件到各区域，若要改变某控件的属性，只要选中该控件，修改"属性表"相应属性即可。如选择"页面页眉"区域"学生成绩"标签，设置字体名称为"隶书"，字号为 20 磅。

（6）调整主体等区域大小，如图 6-25 所示。

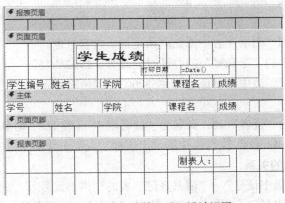

图 6-25　"学生成绩汇总"设计视图

（7）保存报表，取名为"学生成绩汇总"。

（8）修改第（3）题"首页"窗体，添加一个"打印学生档案"的按钮，在启用了"使用控件向导"的状态下，选择"按钮"控件，在窗体的合适位置创建按钮，在向导的类别中选择"报表操作"选项，在"操作"中选择"预览报表"或"打印报表"选项，选择报表名为"学生成绩汇总"。

第4节 综合练习

一、知识点

在 Access 2010 环境中，基本操作主要包括创建数据库、建立表结构、向表输入数据、操作表记录，建立表对象之间的关联。建立各种类型的查询，在查询中使用计算字段和统计函数。建立窗体，使用窗体控件。建立报表，使用报表控件等。

Access 2010 环境中还可以将各种类型文件如 Excel、文本、ODBC 数据库等导入为 Access 表，也可以将 Access 表导出为 EXCEL、文本、PDF、电子邮件等形式的文件。

Access 2010 环境中还可以对数据库、表、查询、窗体等对象进行备份操作，利用数据库工具进行压缩和修复数据库、分析数据库性能、迁移数据库到 SQL SERVER 数据库管理系统中，可以创建客户/服务器应用程序、运行宏等操作。

二、练习题

在 E 盘上创建一个"班级＋本人姓名"文件夹（如"7 班张三"）。打开"资源管理器"，将"C:\SJZD\Access"文件夹中的"图书管理.accdb"文件复制到学生自己的文件夹，打开"图书管理.accdb"文件，完成如下操作。

1. 修改"图书"表的结构

（1）删除名称为"备注"的字段。

（2）将"出版社"字段移到"作者"字段的前面。

（3）增加一个"图书类别"字段，其结构为

字段名称	数据类型	字段大小
图书类别	文本	4

2. 编辑记录

（1）在"读者"表和"图书"表中添加两条记录，内容自定。

（2）将"读者"表中的"李和平"的办证时间改为"1992/2/15"。

（3）删除"借书登记"表中借书证号为"522003"的所有记录。

3. 备份和导入表

（1）备份数据库中的"读者"表，命名为"读者副本"（将表"对象另存为"即可）。

（2）导入"C:\SJZD\Access"文件夹中的"出版社.xlsx"文件。

4. 设置3个表之间的关系

（1）"读者"表的"借书证号"＝"借书登记"表的"借书证号"，关系类型：一对多。

（2）"图书"表的"书号"＝"借书登记"表的"书号"，关系类型：一对多。

5. **根据“读者”、“图书”、“借书登记”3 个表，建立查询**

（1）创建一个名为“法律系借书情况”的查询，查找法律系读者的借书情况，包括借书证号、姓名、部门、书名和借书日期，并按书名升序排序。

（2）创建一个名为“按图书查询”的参数查询，根据用户输入的书名查询该书的借阅情况，包括借书证号、姓名、书名、作者、借书日期和还书日期。

（3）创建查询，将“读者副本”表中姓“张”的记录删除。

（4）创建一个名为“查询部门借书情况”的生成表查询，将“法律系”和“计算机”两个部门的借书情况（包括借书证号、姓名、部门、书号）保存到一个新表中，新表的名称为“部门借书登记”。

6. **建立一个“图书情况”报表，显示每本书的借阅情况及借阅次数**

利用“图书管理”数据库有关数据表的数据，用“报表向导”制作一个“图书情况”报表，分别显示“书号”、“书名”、“出版社”、“价格”，按照出版社分组汇总，求出各出版社的价格平均值，以价格降序排列，报表的布局方式为“递阶”，方向为“纵向”，报表标题为“图书情况报表”，所得报表如图 6-26 所示。

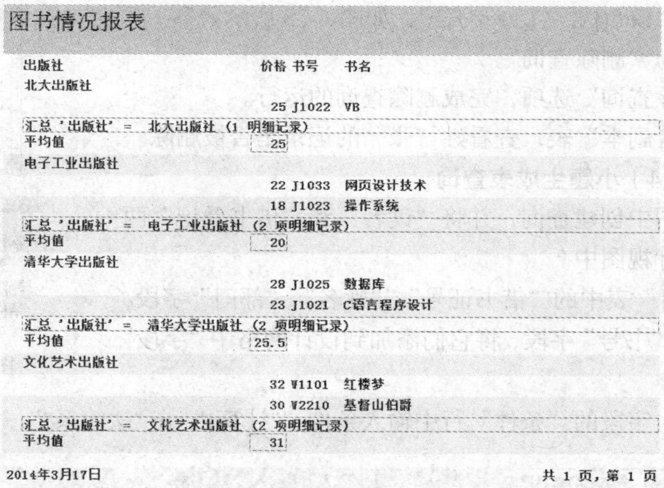
图书情况报表

出版社　　价格 书号 书名

北大出版社

25 J1022 VB

汇总 '出版社' = 北大出版社 (1 明细记录)

平均值 25

电子工业出版社

22 J1033 网页设计技术

18 J1023 操作系统

汇总 '出版社' = 电子工业出版社 (2 项明细记录)

平均值 20

清华大学出版社

28 J1025 数据库

23 J1021 C语言程序设计

汇总 '出版社' = 清华大学出版社 (2 项明细记录)

平均值 25.5

文化艺术出版社

32 W1101 红楼梦

30 W2210 基督山伯爵

汇总 '出版社' = 文化艺术出版社 (2 项明细记录)

平均值 31

2014年3月17日　　共 1 页，第 1 页

图 6-26 “图书情况报表”

三、操作要点

1. **第 3 题的（2）小题导入表**

选择“外部数据”功能区→“导入并链接”组→“EXCEL”命令，出现“获取外部数据”对话框，选择数据源和目标为“C:\SJZD\Access\出版社.xls”，按照向导一步步将 EXCEL 表导入为 Access 表。

2. **第 5 题的（2）小题参数查询**

创建查询的步骤可参看前面，只是在“书名”字段的条件行中输入“[书名：]”，结果如图 6-27 所示。

3. **第 5 题的（3）小题删除查询**

（1）在设计视图中创建查询，并将“读者副本”表添加到查询设计视图中。

（2）选择“查询类型”→“删除”菜单命令，设计网格中增加一个“删除”行。

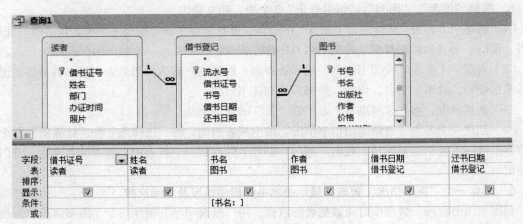

图 6-27　参数查询

（3）双击字段列表中的"姓名"字段，将它添加到设计网格中"字段"行中，该字段的"删除"行显示"Where"，在该字段的"条件"行中输入条件"Left([姓名],1)= "张""，如图 6-28 所示。

（4）保存查询为"删除查询"。

（5）双击"删除查询"选项，完成删除查询的运行。

（6）打开"读者副本"表，查看姓"张"的记录是否被删除。

4．第 5 题的（4）小题生成表查询

（1）在设计视图中创建查询，并将"读者"和"借书登记"两个表添加到查询设计视图中。

（2）双击"读者"表中的"借书证号"、"姓名"、"部门"字段，"借书登记"表中的"书号"字段，将它们添加到设计网格中"字段"行中。

（3）在"部门"字段的"条件"行中输入条件""计算机" or "法律系""，如图 6-29 所示。

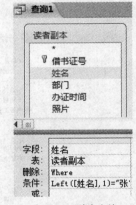

图 6-28　删除查询

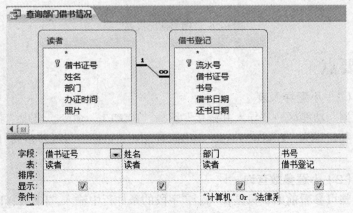

图 6-29　生成表查询

（4）选择"查询类型"组→"生成表"命令，打开"生成表"对话框。

（5）在"表名称"文本框中输入要创建的表名称"部门借书登记"，并选中"当前数据库"选项，单击"确定"按钮。

（6）保存查询，查询名称为"查询部门借书情况"。

（7）双击"查询部门借书情况"选项，完成查询的运行。

（8）可以看到生成的"部门借书登记"表，选中它，在数据表视图中查看其内容。

5. 第 6 题创建报表

（1）在"创建"选项卡的"报表"组中，单击"报表向导"按钮，打开"请确定报表上使用哪些字段"对话框，这时数据源已经选定为"表：图书"（在"表／查询"下拉列表中也可以选择其他数据源）。在"可用字段"窗格中，将所需字段发送到"选定字段"窗格中，然后单击"下一步"按钮，如图 6-30 所示。

（2）在打开的"是否添加分组级别"对话框中，自动给出分组级别，并给出分组后报表布局预览。双击左侧窗格中的"出版社"字段分组，单击"下一步"按钮，如图 6-31 所示。

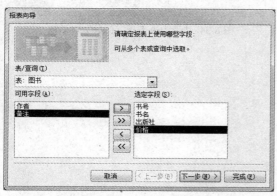

图 6-30　"请确定报表上使用哪些字段"对话框

图 6-31　"是否添加分组级别"对话框

（3）在打开的"请确定明细信息使用的排序次序和汇总信息"对话框中，选择按"价格"降序排序，单击"汇总选项"按钮，选定"价格"的"平均"复选项，汇总价格的平均值，选择"明细和汇总"单选项，单击"确定"按钮，再单击"下一步"按钮，如图 6-32 所示。

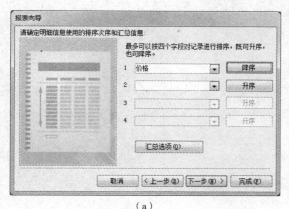

（a）

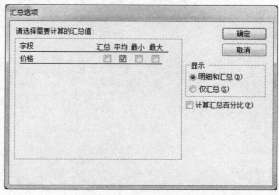

（b）

图 6-32　"请确定明细信息使用的排序次序和汇总信息"对话框

（4）在打开的"请确定报表的布局方式"对话框中，确定报表所采用的布局方式。这里选择"递阶"式布局，方向选择"纵向"，单击"下一步"按钮，如图 6-33 所示。

（5）在打开的"请为报表指定标题"对话框中，指定报表的标题，输入"图书情况报表"，选择"预览报表"单选项，然后单击"完成"按钮，如图6-34所示。

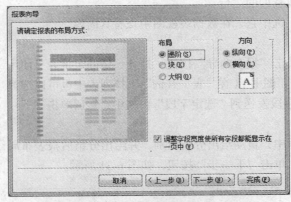

图6-33　"请确定报表的布局方式"对话框

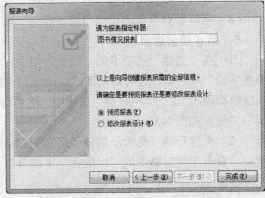

图6-34　"请为报表指定标题"对话框

第7章
基本知识练习题

第1节　信息技术基础知识

一、单选题

（1）根据计算机使用的电信号来分类，电子计算机分为数字计算机和模拟计算机，其中，数字计算机是以（　　）为处理对象。

    A. 字符数字量　　　　B. 物理量　　　　C. 数字量　　　　D. 数字、字符和物理量

（2）下列关于世界上第一台电子计算机 ENIAC 的叙述中，不正确的是（　　）。

    A. ENIAC 是 1946 年在美国诞生的

    B. 它主要采用电子管和继电器

    C. 它是首次采用存储程序和程序控制使计算机自动工作

    D. 它主要用于弹道计算

（3）世界上第一台计算机产生于（　　）。

    A. 宾夕法尼亚大学　　　　　　　　B. 麻省理工学院

    C. 哈佛大学　　　　　　　　　　　D. 加州大学洛杉矶分校

（4）第一台电子计算机 ENIAC 每秒钟运算速度为（　　）。

    A. 5000 次　　　　B. 5 亿次　　　　C. 50 万次　　　　D. 5 万次

（5）冯·诺依曼提出的计算机体系结构中硬件由（　　）部分组成。

    A. 2　　　　B. 5　　　　C. 3　　　　D. 4

（6）科学家（　　）奠定了现代计算机的结构理论。

    A. 诺贝尔　　　　B. 爱因斯坦　　　　C. 冯·诺依曼　　　　D. 居里

（7）冯·诺依曼计算机工作原理的核心是（　　）和"程序控制"。

    A. 顺序存储　　　　B. 存储程序　　　　C. 集中存储　　　　D. 运算存储分离

（8）计算机的基本理论"存储程序"是由（　　）提出来的。

    A. 牛顿　　　　B. 冯·诺依曼　　　　C. 爱迪生　　　　D. 莫奇利和艾科特

（9）电气与电子工程师协会（IEEE）将计算机划分为（　　）类。

    A. 3　　　　B. 4　　　　C. 5　　　　D. 6

（10）计算机中的指令和数据采用（　　　）存储。

    A．十进制　　　　　B．八进制　　　　　C．二进制　　　　　D．十六进制

（11）第 2 代计算机的内存储器为（　　　）。

    A．水银延迟线或电子射线管　　　　　B．磁芯存储器

    C．半导体存储器　　　　　D．高集成度的半导体存储器

（12）第 3 代计算机的运算速度为每秒（　　　）。

    A．数千次至几万次　　　　　B．几百万次至几万亿次

    C．几十次至几百万次　　　　　D．百万次至几百万次

（13）第 4 代计算机不具有的特点是（　　　）。

    A．编程使用面向对象程序设计语言

    B．发展计算机网络

    C．内存储器采用集成度越来越高的半导体存储器

    D．使用中小规模集成电路

（14）计算机将程序和数据同时存放在机器的（　　　）中。

    A．控制器　　　　　B．存储器　　　　　C．输入/输出设备　　　　　D．运算器

（15）第 2 代计算机采用（　　　）作为其基本逻辑部件。

    A．磁芯　　　　　B．微芯片　　　　　C．半导体存储器　　　　　D．晶体管

（16）第 3 代计算机采用（　　　）作为主存储器。

    A．磁芯　　　　　B．微芯片　　　　　C．半导体存储器　　　　　D．晶体管

（17）大规模和超大规模集成电路是第（　　　）代计算机所主要使用的逻辑元器件。

    A．1　　　　　B．2　　　　　C．3　　　　　D．4

（18）1983 年，我国第一台亿次巨型电子计算机诞生了，它的名称是（　　　）。

    A．东方红　　　　　B．神威　　　　　C．曙光　　　　　D．银河

（19）我国的计算机的研究始于（　　　）。

    A．20 世纪 50 年代　　　　　B．21 世纪 50 年代

    C．18 世纪 50 年代　　　　　D．19 世纪 50 年代

（20）我国研制的第一台计算机用（　　　）命名。

    A．联想　　　　　B．奔腾　　　　　C．银河　　　　　D．方正

（21）服务器（　　　）。

    A．不是计算机　　　　　B．是为个人服务的计算机

    C．是为多用户服务的计算机　　　　　D．是便携式计算机的别名

（22）对于嵌入式计算机正确的说法是（　　　）。

    A．用户可以随意修改其程序　　　　　B．冰箱中的微电脑是嵌入式计算机的应用

    C．嵌入式计算机属于通用计算机　　　　　D．嵌入式计算机只能用于控制设备中

（23）（　　　）赋予计算机综合处理声音、图像、动画、文字、视频和音频信号的功能，是 20 世纪 90 年代计算机的时代特征。

    A．计算机网络技术　　　　　B．虚拟现实技术

    C．多媒体技术　　　　　D．面向对象技术

（24）计算机存储程序的思想是（　　　）提出的。

    A．图灵　　　　　B．布尔　　　　　C．冯·诺依曼　　　　　D．帕斯卡

（25）计算机被分为：大型机、中型机、小型机、微型机等类型，是根据计算机的（　　　）来划分的。

    A．运算速度　　　　　B．体积大小　　　C．重量　　　　　D．耗电量

（26）下列说法正确的是（　　　）。

    A．第 3 代计算机采用电子管作为逻辑开关元件

    B．1958～1964 年期间生产的计算机被称为第 2 代产品

    C．现在的计算机采用晶体管作为逻辑开关元件

    D．计算机将取代人脑

（27）（　　　）是计算机最原始的应用领域，也是计算机最重要的应用之一。

    A．数值计算　　　　　B．过程控制　　　C．信息处理　　　D．计算机辅助设计

（28）在计算机的众多特点中，其最主要的特点是（　　　）。

    A．计算速度快　　　　　　　　　　B．存储程序与自动控制

    C．应用广泛　　　　　　　　　　　D．计算精度高

（29）某单位自行开发的工资管理系统，按计算机应用的类型划分，它属于（　　　）。

    A．科学计算　　　　　B．辅助设计　　　C．数据处理　　　D．实时控制

（30）计算机应用最广泛的领域是（　　　）。

    A．数值计算　　　　　B．数据处理　　　C．程控　　　　　D．人工智能

（31）下列 4 条叙述中，有错误的一条是（　　　）。

    A．以科学技术领域中的问题为主的数值计算称为科学计算

    B．计算机应用可分为数值应用和非数值应用两类

    C．计算机各部件之间有两股信息流，即数据流和控制流

    D．对信息（各种形式的数据）进行收集、储存、加工与传输等一系列活动的总称为实时控制

（32）金卡工程是我国正在建设的一项重大计算机应用工程项目，它属于下列哪一类应用（　　　）。

    A．科学计算　　　　　B．数据处理　　　C．实时控制　　　D．计算机辅助设计

（33）CAI 的中文含义是（　　　）。

    A．计算机辅助设计　　　　　　　　B．计算机辅助制造

    C．计算机辅助工程　　　　　　　　D．计算机辅助教学

（34）目前计算机逻辑器件主要使用（　　　）。

    A．磁芯　　　　　　　B．磁鼓　　　　　C．磁盘　　　　　D．大规模集成电路

（35）计算机应用经历了 3 个主要阶段，这 3 个阶段是超、大、中、小型计算机阶段，微型计算机阶段和（　　　）。

    A．智能计算机阶段　　　　　　　　B．掌上电脑阶段

    C．因特网阶段　　　　　　　　　　D．计算机网络阶段

（36）微型计算机属于（　　　）计算机。

    A．第一代　　　　　　B．第二代　　　　C．第三代　　　　D．第四代

（37）当前计算机正朝两极方向发展，即（　　　）。

    A．专用机和通用机　　　　　　　　B．微型机和巨型机

    C．模拟机和数字机　　　　　　　　D．个人机和工作站

（38）未来计算机发展的总趋势是（　　）。

  A．微型化   B．巨型化   C．智能化   D．数字化

（39）微处理器把运算器和（　　）集成在一块很小的硅片上，是一个独立的部件。

  A．控制器   B．内存储器   C．输入设备   D．输出设备

（40）微型计算机的基本构成有两个特点：一是采用微处理器，二是采用（　　）。

  A．键盘和鼠标器作为输入设备   B．显示器和打印机作为输出设备

  C．ROM 和 RAM 作为主存储器   D．总线系统

（41）在微型计算机系统组成中，我们把微处理器 CPU、只读存储器 ROM 和随机存储器 RAM3 部分统称为（　　）。

  A．硬件系统   B．硬件核心模块   C．微机系统   D．主机

（42）微型计算机使用的主要逻辑部件是（　　）。

  A．电子管   B．晶体管

  C．固体组件   D．大规模和超大规模集成电路

（43）微型计算机的系统总线是 CPU 与其他部件之间传送（　　）信息的公共通道。

  A．输入、输出、运算   B．输入、输出、控制

  C．程序、数据、运算   D．数据、地址、控制

（44）CPU 与其他部件之间传送数据是通过（　　）实现的。

  A．数据总线   B．地址总线

  C．控制总线   D．数据、地址和控制总线三者

（45）下列不属于信息的基本属性是（　　）。

  A．隐藏性   B．共享性   C．传输性   D．可压缩性

（46）任何进位计数制都有的 2 要素是（　　）。

  A．整数和小数   B．定点数和浮点数

  C．数码的个数和进位基数   D．阶码和尾码

（47）计算机中的数据是指（　　）。

  A．数学中的实数   B．数学中的整数

  C．字符   D．一组可以记录、可以识别的记号或符号

（48）在计算机内部，一切信息的存取、处理和传送的形式是（　　）。

  A．ASCⅡ码   B．BCD 码   C．二进制   D．十六进制

（49）信息处理包括（　　）。

  A．数据采集   B．数据传输   C．数据检索   D．上述 3 项内容

（50）数制是（　　）。

  A．数据   B．表示数目的方法 C．数值   D．信息

（51）如果一个存储单元能存放一个字节，那么一个 32KB 的存储器共有（　　）个存储单元。

  A．32 000   B．32 768   C．32 767   D．65 536

（52）十进制数 0.6531 转换为二进制数为（　　）。

  A．0.100 101   B．0.100 001   C．0.101 001   D．0.011 001

（53）计算机中的逻辑运算一般用（　　）表示逻辑真。

  A．yes   B．1   C．0   D．n

（54）执行逻辑"或"运算 01010100∨10010011，其运算结果是（　　）。

    A. 00010000　　　　B. 11010111　　　　C. 11100111　　　　D. 11000111

（55）执行逻辑"非"运算 10110101，其运算结果是（　　）。

    A. 01001110　　　　B. 01001010　　　　C. 10101010　　　　D. 01010101

（56）执行逻辑"与"运算 10101110∧10110001，其运算结果是（　　）。

    A. 01011111　　　　B. 10100000　　　　C. 00011111　　　　D. 01000000

（57）执行二进制算术运算 01010100+10010011，其运算结果是（　　）。

    A. 11100111　　　　B. 11000111　　　　C. 00010000　　　　D. 11101011

（58）执行八进制算术运算 15×12，其运算结果是（　　）。

    A. 17A　　　　　　B. 252　　　　　　C. 180　　　　　　D. 202

（59）执行十六进制算术运算 32-2B，其运算结果是（　　）。

    A. 7　　　　　　　B. 11　　　　　　　C. 1A　　　　　　D. 1

（60）计算机能处理的最小数据单位是（　　）。

    A. ASCII 码字符　　B. byte　　　　　C. word　　　　　D. bit

（61）bit 的意思（　　）。

    A. 0～7　　　　　　B. 0～f　　　　　　C. 0～9　　　　　　D. 1 或 0

（62）1KB＝（　　）。

    A. 1000B　　　　　　　　　　　　　B. 10 的 10 次方 B

    C. 1024B　　　　　　　　　　　　　D. 10 的 20 次方 B

（63）字节是计算机中（　　）信息单位。

    A. 基本　　　　　　B. 最小　　　　　C. 最大　　　　　D. 不是

（64）十进制的整数化为二进制整数的方法是（　　）。

    A. 乘 2 取整法　　　B. 除 2 取整法　　C. 乘 2 取余法　　D. 除 2 取余法

（65）下列各种进制的数中，最大的数是（　　）。

    A. 二进制数 101001　　　　　　　　B. 八进制数 52

    C. 十六进制数 2B　　　　　　　　　D. 十进制数 44

（66）二进制数 1100100 对应的十进制数是（　　）。

    A. 384　　　　　　B. 192　　　　　　C. 100　　　　　　D. 320

（67）将十进制数 119.275 转换成二进制数约为（　　）。

    A. 1110111.011　　B. 1110111.01　　C. 1110111.11　　D. 1110111.10

（68）将十六进制数 BF 转换成十进制数是（　　）。

    A. 187　　　　　　B. 188　　　　　　C. 191　　　　　　D. 196

（69）将二进制数 101101.1011 转换成十六进制数是（　　）。

    A. 2D.B　　　　　　B. 22D.A　　　　　C. 2B.A　　　　　D. 2B.51

（70）十进制小数 0.625 转换成十六进制小数是（　　）。

    A. 0.01　　　　　　B. 0.1　　　　　　C. 0.A　　　　　　D. 0.001

（71）将八进制数 56 转换成二进制数是（　　）。

    A. 00101010　　　　B. 00010101　　　　C. 00110011　　　　D. 00101110

（72）将十六进制数 3AD 转换成八进制数是（　　）。

    A. 3790　　　　　　B. 1675　　　　　　C. 1655　　　　　　D. 3789

（73）一字节的二进制位数为（　　）。

    A．2　　　　　　　B．4　　　　　　　C．8　　　　　　　D．16

（74）将十进制数 100 转换成二进制数是（　　）。

    A．1100100　　　B．1100011　　　C．00000100　　　D．10000000

（75）将十进制数 100 转换成八进制数是（　　）。

    A．123　　　　　　B．144　　　　　　C．80　　　　　　　D．800

（76）将十进制数 100 转换成十六进制数是（　　）。

    A．64　　　　　　B．63　　　　　　C．100　　　　　　D．0AD

（77）按对应的 ASCII 码比较，下列正确的是（　　）。

    A．"A" 比 "B" 大　　　　　　　　B．"f" 比 "Q" 大

    C．空格比逗号大 3244　　　　　　D．"H" 比 "R" 大

（78）我国的国家标准 GB2312 用（　　）位二进制数来表示一个字符。

    A．8　　　　　　　B．16　　　　　　C．4　　　　　　　D．7

（79）下列一组数据中的最大数是（　　）。

    A．（227）O　　　B．（1EF）H　　　C．（101001）B　　D．（789）D

（80）101101B 表示一个（　　）进制数。

    A．二　　　　　　B．十　　　　　　C．十六　　　　　D．任意

（81）1G 表示 2 的（　　）次方。

    A．10　　　　　　B．20　　　　　　C．30　　　　　　D．40

（82）以下关于字符之间大小关系的说法中，正确的是（　　）。

    A．字符与数值不同，不能规定大小关系

    B．E 比 5 大

    C．Z 比 x 大

    D．! 比空格小

（83）关于 ASCII 码的大小关系，下列说法正确的是（　　）。

    A．a>A>9　　　B．A<a<空格符　　C．C>b>9　　　D．Z<A<空格符

（84）下列正确的是（　　）。

    A．把十进制数 321 转换成二进制数是 101100001

    B．把 100H 表示成二进制数是 101000000

    C．把 400H 表示成二进制数是 1000000001

    D．把 1234H 表示成十进制数是 4660

（85）十六进制数 100000 相当 2 的（　　）次方。

    A．18　　　　　　B．19　　　　　　C．20　　　　　　D．21

（86）在计算机中 1byte 无符号整数的取值范围是（　　）。

    A．0～256　　　　　　　　　　　　B．0～255

    C．−128～128　　　　　　　　　　D．−127～127

（87）在计算机中 1byte 有符号整数的取值范围是（　　）。

    A．−128～127　　　B．−127～128　　C．−127～127　　D．−128～128

（88）在计算机中，应用最普遍的字符编码是（　　）。

    A．原码　　　　　B．反码　　　　　C．ASCII 码　　　D．汉字编码

（89）下列 4 条叙述中，正确的是（　　）。

    A．二进制正数的补码等于原码本身　　B．二进制负数的补码等于原码本身

    C．二进制负数的反码等于原码本身　　D．上述均不正确

（90）在计算机中所有的数值采用二进制的（　　）表示。

    A．原码　　　　　　　B．反码　　　　　　C．补码　　　　　　D．ASCII 码

（91）下列字符中，ASCII 码值最小的是（　　）。

    A．R　　　　　　　　B．;　　　　　　　C．a　　　　　　　D．空格

（92）已知小写英文字母 m 的 ASCII 码值是十六进制数 6D，则字母 q 的十六进制 ASCII 码值是（　　）。

    A．98　　　　　　　B．62　　　　　　　C．99　　　　　　　D．71

（93）十六进制数-61 的二进制原码是（　　）。

    A．10101111　　　　B．10110001　　　　C．10101100　　　　D．10111101

（94）八进制数-57 的二进制反码是（　　）。

    A．11010000　　　　B．01000011　　　　C．11000010　　　　D．11000011

（95）在 R 进制数中，能使用的最大数字符号是（　　）。

    A．9　　　　　　　　B．R　　　　　　　C．0　　　　　　　D．R-1

（96）下列八进制数中不正确的是（　　）。

    A．281　　　　　　　B．35　　　　　　　C．-2　　　　　　　D．-45

（97）ASCII 码是（　　）缩写。

    A．汉字标准信息交换代码　　　　　　B．世界标准信息交换代码

    C．英国标准信息交换代码　　　　　　D．美国标准信息交换代码

（98）下列说法正确的是（　　）。

    A．计算机不做减法运算　　　　　　　B．计算机中的数值转换成反码再运算

    C．计算机只能处理数值　　　　　　　D．计算机将数值转换成原码再计算

（99）ASCII 码在计算机中用（　　）byte 存放。

    A．8　　　　　　　　B．1　　　　　　　C．2　　　　　　　D．4

（100）在计算机中，汉字采用（　　）存放。

    A．输入码　　　　　　B．字型码　　　　　C．机内码　　　　　D．输出码

（101）GB2312-80 码在计算机中用（　　）byte 存放。

    A．2　　　　　　　　B．1　　　　　　　C．8　　　　　　　D．16

（102）输出汉字字形的清晰度与（　　）有关。

    A．不同的字体　　　　　　　　　　　B．汉字的笔画

    C．汉字点阵的规模　　　　　　　　　D．汉字的大小

（103）用快捷键切换中英文输入方法时按（　　）组合键。

    A．"Ctrl+空格"　　　　　　　　　　B．"Shift+空格"

    C．"Ctrl+Shift"　　　　　　　　　　D．"Alt+Shift"

（104）对于各种多媒体信息，（　　）。

    A．计算机只能直接识别图像信息　　　B．计算机只能直接识别音频信息

    C．不需转换直接就能识别　　　　　　D．必须转换成二进制数才能识别

（105）使用无汉字库的打印机打印汉字时，计算机输出的汉字编码必须是（　　　）。

    A．ASCII 码　　　　　　　　　　　B．汉字交换码

    C．汉字点阵信息　　　　　　　　　D．汉字内码

（106）下列叙述中，正确的是（　　　）。

    A．键盘上的 F1～F12 功能键，在不同的软件下其作用是一样的

    B．计算机内部，数据采用二进制表示，而程序则用字符表示

    C．计算机汉字字模的作用是供屏幕显示和打印输出

    D．微型计算机主机箱内的所有部件均由大规模、超大规模集成电路构成

（107）常用的汉字输入法属于（　　　）。

    A．国标码　　　　B．输入码　　　　C．机内码　　　　D．上述均不是

（108）计算机中的数据可分为两种类型：数字和字符，它们最终都转化为二进制才能继续存储和处理。对于人们习惯使用的十进制，通常用（　　　）进行转换。

    A．ASCII 码　　　　　　　　　　　B．扩展 ASCII 码

    C．扩展 BCD 码　　　　　　　　　D．BCD 码

（109）计算机中的数据可分为两种类型：数字和字符，它们最终都转化为二进制才能继续存储和处理。对于字符编码通常用（　　　）。

    A．ASCII 码　　　　　　　　　　　B．扩展 ASCII 码

    C．扩展 BCD 码　　　　　　　　　D．BCD 码

（110）计算机软件系统应包括（　　　）。

    A．操作系统和语言处理系统　　　　B．数据库软件和管理软件

    C．程序和数据　　　　　　　　　　D．系统软件和应用软件

（111）系统软件中最重要的是（　　　）。

    A．解释程序　　　　　　　　　　　B．操作系统

    C．数据库管理系统　　　　　　　　D．工具软件

（112）一个完整的计算机系统包括（　　　）两大部分。

    A．控制器和运算器　　　　　　　　B．CPU 和 I/O 设备

    C．硬件和软件　　　　　　　　　　D．操作系统和计算机设备

（113）应用软件是指（　　　）。

    A．游戏软件

    B．Windows 7

    C．信息管理软件

    D．用户编写或帮助用户完成具体工作的各种软件

（114）Windows 7、Windows 8 都是（　　　）。

    A．最新程序　　　　B．应用软件　　　　C．工具软件　　　　D．操作系统

（115）操作系统是（　　　）之间的接口。

    A．用户和计算机　　　　　　　　　B．用户和控制对象

    C．硬盘和内存　　　　　　　　　　D．键盘和用户

（116）计算机能直接执行（　　　）。

    A．高级语言编写的源程序　　　　　B．机器语言程序

    C．英语程序　　　　　　　　　　　D．十进制程序

（117）将高级语言翻译成机器语言的方式有两种（　　）。

　　A. 解释和编译　　　　　　　　　B. 文字处理和图形处理

　　C. 图像处理和翻译　　　　　　　D. 语音处理和文字编辑

（118）银行的储蓄程序属于（　　）。

　　A. 表格处理软件　　B. 系统软件　　C. 应用软件　　D. 文字处理软件

（119）Oracle 是（　　）。

　　A. 实时控制软件　　　　　　　　B. 数据库处理软件

　　C. 图形处理软件　　　　　　　　D. 表格处理软件

（120）AutoCAD 是（　　）软件。

　　A. 计算机辅助教育　　　　　　　B. 计算机辅助设计

　　C. 计算机辅助测试　　　　　　　D. 计算机辅助管理

（121）计算机软件一般指（　　）。

　　A. 程序　　　　　　B. 数据　　　　　　C. 有关文档资料　　D. 上述 3 项

（122）为解决各类应用问题而编写的程序，例如人事管理系统，称为（　　）。

　　A. 系统软件　　　　B. 支撑软件　　　　C. 应用软件　　　　D. 服务性程序

（123）内层软件向外层软件提供服务，外层软件在内层软件支持下才能运行，表现了软件系统（　　）。

　　A. 层次关系　　　　B. 模块性　　　　　C. 基础性　　　　　D. 通用性

（124）（　　）语言是用助记符代替操作码、地址符号代替操作数的面向机器的语言。

　　A. 汇编　　　　　　B. FORTRAN　　　　C. 机器　　　　　　D. 高级

（125）将高级语言程序翻译成等价的机器语言程序，需要使用（　　）软件。

　　A. 汇编程序　　　　B. 编译程序　　　　C. 连接程序　　　　D. 解释程序

（126）编译程序将高级语言程序翻译成与之等价的机器语言，前者称为源程序，后者称为（　　）。

　　A. 工作程序　　　　B. 机器程序　　　　C. 临时程序　　　　D. 目标程序

（127）关于计算机语言的描述，正确的是（　　）。

　　A. 高级语言程序可以直接运行　　　B. 汇编语言比机器语言执行速度快

　　C. 机器语言的语句全部由 0 和 1 组成　　D. 计算机语言越高级越难以阅读和修改

（128）关于计算机语言的描述，正确的是（　　）。

　　A. 因为机器语言是面向机器的低级语言，所以执行速度慢

　　B. 机器语言的语句全部由 0 和 1 组成，指令代码短，执行速度快

　　C. 汇编语言已将机器语言符号化，所以它与机器无关

　　D. 汇编语言比机器语言执行速度快

（129）关于计算机语言的描述，正确的是（　　）。

　　A. 翻译高级语言源程序时，解释方式和编译方式并无太大差别

　　B. 用高级语言编写的程序其代码效率比汇编语言编写的程序要高

　　C. 源程序与目标程序是互相依赖的

　　D. 对于编译类计算机语言，源程序不能被执行，必须产生目标程序才能被执行

（130）用户用计算机高级语言编写的程序，通常称为（　　）。

　　A. 汇编程序　　　　　　　　　　　B. 目标程序

　　C. 源程序　　　　　　　　　　　　D. 二进制代码程序

（131）Visual Basic 语言是（　　）。

    A．操作系统　　　　　B．机器语言　　　C．高级语言　　　D．汇编语言

（132）下列选项中，（　　）是计算机高级语言。

    A．Windows　　　　　B．Dos　　　　　C．Visual Basic　　D．Word

（133）下列（　　）具备软件的特征。

    A．软件生产主要是体力劳动　　　　　B．软件产品有生命周期

    C．软件是一种物资产品　　　　　　　D．软件成本比硬件成本低

（134）软件危机是指（　　）。

    A．在计算机软件的开发和维护过程中所遇到的一系列严重问题

    B．软件价格太高

    C．软件技术超过硬件技术

    D．软件太多

（135）软件工程是指（　　）的工程学科。

    A．计算机软件开发　　　　　　　　　B．计算机软件管理

    C．计算机软件维护　　　　　　　　　D．计算机软件开发和维护

（136）目前使用最广泛的软件工程方法分别是（　　）。

    A．传统方法和面向对象方法　　　　　B．面向过程方法

    C．结构化程序设计方法　　　　　　　D．面向对象方法

（137）对计算机软件正确的态度是（　　）。

    A．计算机软件不需要维护　　　　　　B．计算机软件只要能复制到就不必购买

    C．计算机软件不必备份　　　　　　　D．受法律保护的计算机软件不能随便复制

（138）计算机病毒是可以使整个计算机瘫痪，危害极大的（　　）。

    A．一种芯片　　　　　　　　　　　　B．一段特制程序

    C．一种生物病毒　　　　　　　　　　D．一条命令

（139）计算机病毒的传播途径可以是（　　）。

    A．空气　　　　　B．计算机网络　　C．键盘　　　　　D．打印机

（140）反病毒软件是一种（　　）。

    A．操作系统　　　　　　　　　　　　B．语言处理程序

    C．应用软件　　　　　　　　　　　　D．高级语言的源程序

（141）反病毒软件（　　）。

    A．只能检测清除已知病毒　　　　　　B．可以让计算机用户永无后顾之忧

    C．自身不可能感染计算机病毒　　　　D．可以检测清除所有病毒

（142）在下列途径中，计算机病毒传播得最快的是（　　）。

    A．通过光盘　　　　B．通过键盘　　C．通过电子邮件　D．通过盗版软件

（143）一般情况下，计算机病毒会造成（　　）。

    A．用户患病　　　　　　　　　　　　B．CPU 的破坏

    C．硬件故障　　　　　　　　　　　　D．程序和数据被破坏

（144）若 U 盘上染有病毒，为了防止该病毒传染计算机系统，正确的措施是（　　）。

    A．删除该 U 盘上所有程序　　　　　　B．给该 U 盘加上写保护

    C．将 U 盘放一段时间后再使用　　　　D．将该软盘重新格式化

（145）计算机病毒的主要特点是（ ）。

A．传播性、破坏性 B．传染性、破坏性

C．排他性、可读性 D．隐蔽性、排他性

（146）系统引导型病毒寄生在（ ）。

A．硬盘上 B．键盘上 C．CPU 中 D．邮件中

（147）目前网络病毒中影响最大的主要有（ ）。

A．特洛伊木马病毒 B．生物病毒 C．文件病毒 D．空气病毒

（148）目前网络病毒中影响最大的主要有（ ）。

A．特洛伊木马病毒 B．提高电源稳定性

C．文件病毒 D．下载软件先用杀毒软件进行处理

（149）病毒清除是指从（ ）。

A．去医院看医生 B．请专业人员清洁设备

C．安装监控器监视计算机 D．从内存、磁盘和文件中清除掉病毒程序

（150）选择杀毒软件时要关注（ ）因素。

A．价格 B．软件大小 C．包装 D．能够查杀的病毒种类

（151）计算机安全包括（ ）。

A．系统资源安全 B．信息资源安全

C．系统资源安全和信息资源安全 D．防盗

（152）编写和故意传播计算机病毒，会根据国家（ ）法相应条例，按计算机犯罪进行处罚。

A．民 B．刑 C．治安管理 D．保护

（153）（ ）不属于计算机信息安全的范畴。

A．实体安全 B．运行安全 C．人员安全 D．知识产权

（154）下列关于计算机病毒描述错误的是（ ）。

A．病毒是一种人为编制的程序

B．病毒可能破坏计算机硬件

C．病毒相对于杀毒软件永远是超前的

D．格式化操作也不能彻底清除软盘中的病毒

（155）信息系统的安全目标主要体现为（ ）。

A．信息保护和系统保护 B．软件保护

C．硬件保护 D．网络保护

（156）信息系统的安全主要考虑（ ）方面的安全。

A．环境 B．软件 C．硬件 D．上述所有

（157）计算机病毒传播范围最广的媒介是（ ）。

A．硬磁盘 B．软磁盘 C．内部存储器 D．互联网

（158）多数情况下由计算机病毒程序引起的问题属于（ ）故障。

A．硬件 B．软件 C．操作 D．上述均不是

二、参考答案

1	2	3	4	5	6	7	8	9	10	11	12	13	14	15	16	17	18	19	20
C	C	A	A	B	C	B	B	D	C	B	D	D	B	D	C	D	D	A	C
21	22	23	24	25	26	27	28	29	30	31	32	33	34	35	36	37	38	39	40
C	B	C	C	A	B	A	B	C	B	D	B	D	D	D	D	D	C	A	D
41	42	43	44	45	46	47	48	49	50	51	52	53	54	55	56	57	58	59	60
D	D	D	A	A	C	D	C	D	B	B	C	B	B	B	B	B	B	A	D
61	62	63	64	65	66	67	68	69	70	71	72	73	74	75	76	77	78	79	80
D	C	A	D	A	C	B	C	A	C	D	D	C	A	B	A	B	B	D	A
81	82	83	84	85	86	87	88	89	90	91	92	93	94	95	96	97	98	99	100
C	B	A	D	C	B	A	C	A	D	D	D	D	A	D	A	D	A	B	C
101	102	103	104	105	106	107	108	109	110	111	112	113	114	115	116	117	118	119	120
A	C	A	D	C	C	B	D	B	D	B	C	D	A	B	A	C	B	B
121	122	123	124	125	126	127	128	129	130	131	132	133	134	135	136	137	138	139	140
D	C	A	A	B	D	C	B	D	C	C	C	A	D	A	D	A	D	B	C
141	142	143	144	145	146	147	148	149	150	151	152	153	154	155	156	157	158		
A	C	D	D	A	C	A	D	D	D	C	B	C	D	A	D	D	B		

第 2 节 多媒体计算机知识

一、单选题

（1）所谓的媒体是指（   ）。

  A．表示和传播信息的载体　　　　　　B．各种信息的编码

  C．计算机屏幕显示的信息　　　　　　D．计算机的输入和输出信息

（2）多媒体元素不包括（   ）。

  A．文本　　　　　　B．光盘　　　　　　C．声音　　　　　　D．图像

（3）多媒体计算机是指（   ）。

  A．具有多种外部设备的计算机　　　　B．能与多种电器连接的计算机

  C．能处理多种媒体的计算机　　　　　D．借助多种媒体操作的计算机

（4）多媒体除了具有信息媒体多样性的特征外，还具有（   ）。

  A．交互性　　　　　　B．集成性　　　　　　C．系统性　　　　　　D．上述 3 方面特征

（5）在多媒体应用中，文本的多样化主要是通过其（   ）表现出来的。

  A．文本格式　　　　　　B．编码　　　　　　C．内容　　　　　　D．存储格式

（6）下面关于图形媒体元素的描述，说法不正确的是（   ）。

  A．图形也称矢量图　　　　　　B．图形主要由直线和弧线等实体组成

  C．图形易于用数学方法描述　　　　　　D．图形在计算机中用位图格式表示

（7）下面关于（静止）图像媒体元素的描述，说法不正确的是（   ）。

  A．静止图像和图形一样具有明显规律的线条

  B．图像在计算机内部只能用称之为"像素"的点阵来表示

C．图形与图像在普通用户看来是一样的，但计算机对它们的处理方法完全不同

D．图像较图形在计算机内部占据更大的存储空间

（8）分辨率影响图像的质量，在图像处理时需要考虑（　　　）。

A．屏幕分辨率　　　　B．显示分辨率　　　C．像素分辨率　　　D．上述 3 项

（9）屏幕上每个像素都用一个或多个二进制位描述其颜色信息，256 种灰度等级的图像，每个像素用（　　　）个二进制位描述其颜色信息。

A．1　　　　　　　　B．4　　　　　　　　C．8　　　　　　　　D．24

（10）PCX、BMP、TIFF、JPG、GIF 等格式的文件是（　　　）。

A．动画文件　　　　　　　　　　　B．视频数字文件

C．位图文件　　　　　　　　　　　D．矢量文件

（11）WMF、DXF 等格式的文件是（　　　）。

A．动画文欢会件　　　　　　　　　B．视频数字文件

C．位图文件　　　　　　　　　　　D．矢量文件

（12）因特网上最常用图像的存储格式是（　　　）。

A．WAV　　　　　　B．BMP　　　　　　C．MID　　　　　　D．JPEG

（13）图像数据压缩的目的是为了（　　　）。

A．符合 ISO 标准　　　　　　　　　B．减少数据存储量，便于传输

C．图像编辑的方便　　　　　　　　D．符合各国的电视制式

（14）目前我国采用视频信号的制式是（　　　）。

A．PAL　　　　　　B．NTSC　　　　　　C．SECAM　　　　　D．S-Video

（15）视频信号数字化存在的最大问题是（　　　）。

A．精度低　　　　　B．设备昂贵　　　　C．过程复杂　　　　D．数据量大

（16）计算机在存储波形声音之前，必须进行（　　　）。

A．压缩处理　　　　　　　　　　　B．解压缩处理

C．模拟化处理　　　　　　　　　　D．数字化处理

（17）计算机先要用（　　　）设备把波形声音的模拟信号转换成数字信号再处理或存储。

A．模/数转换器　　　B．数/模转换器　　　C．VCD　　　　　　D．DVD

（18）（　　　）直接影响声音数字化的质量。

A．采样频率　　　　B．采样精度　　　　C．声道数　　　　　D．上述 3 项

（19）MIDI 标准的文件中存放的是（　　　）。

A．波形声音的模拟信号　　　　　　B．波形声音的数字信号

C．计算机程序　　　　　　　　　　D．符号化的音乐

（20）不能用来存储声音的文件格式是（　　　）。

A．WAV　　　　　　B．JPG　　　　　　C．MID　　　　　　D．MP3

（21）声卡是多媒体计算机不可缺少的组成部分，是（　　　）。

A．纸做的卡片　　　　　　　　　　B．塑料做的卡片

C．一块专用器件　　　　　　　　　D．一种圆形唱片

（22）下面关于动画媒体元素的描述，说法不正确的是（　　　）。

A．动画也是一种活动影像　　　　　B．动画有二维和三维之分

C．动画只能逐幅绘制　　　　　　　D．SWF 格式文件可以保存动画

（23）下面关于多媒体数据压缩技术的描述，说法不正确的是（　　）。

    A．数据压缩的目的是为了减少数据存储量，便于传输和回放

    B．图像压缩就是在没有明显失真的前提下，将图像的位图信息转变成另外一种能将数据量缩减的表达形式

    C．数据压缩算法分为有损压缩和无损压缩

    D．只有图像数据需要压缩

（24）MPEG 是一种图像压缩标准，其含义是（　　）。

    A．联合静态图像专家组   B．联合活动图像专家组

    C．国际标准化组织   D．国际电报电话咨询委员会

（25）DVD 光盘采用的数据压缩标准是（　　）。

    A．MPEG-1   B．MPEG-2   C．MPEG-4   D．MPEG-7

（26）常用于存储多媒体数据的存储介质是（　　）。

    A．CD-ROM、VCD 和 DVD   B．可擦写光盘和一次写光盘

    C．大容量磁盘与磁盘阵列   D．上述 3 项

（27）音频和视频信号的压缩处理需要进行大量的计算和处理，输入和输出往往要实时完成，要求计算机具有很高的处理速度，因此要求有（　　）。

    A．高速运算的 CPU 和大容量的内存储器 RAM

    B．多媒体专用数据采集和还原电路

    C．数据压缩和解压缩等高速数字信号处理器

    D．上述 3 项

（28）多媒体计算机系统由（　　）。

    A．计算机系统和各种媒体组成

    B．计算机和多媒体操作系统组成

    C．多媒体计算机硬件系统和多媒体计算机软件系统组成

    D．计算机系统和多媒体输入输出设备组成

（29）下面是关于多媒体计算机硬件系统的描述，不正确的是（　　）。

    A．摄像机、话筒、录像机、录音机、扫描仪等是多媒体输入设备

    B．打印机、绘图仪、电视机、音响、录像机、录音机、显示器等是多媒体的输出设备

    C．多媒体功能卡一般包括声卡、视卡、图形加速卡、多媒体压缩卡、数据采集卡等

    D．由于多媒体信息数据量大，一般用光盘而不用硬盘作为存储介质

（30）下列设备，不能作为多媒体操作控制设备的是（　　）。

    A．鼠标和键盘   B．操纵杆   C．触摸屏   D．话筒

（31）多媒体计算机软件系统由（　　）、多媒体数据库、多媒体压缩解压缩程序、声像同步处理程序、通信程序、多媒体开发制作工具软件等组成。

    A．多媒体应用软件   B．多媒体操作系统

    C．多媒体系统软件   D．多媒体通信协议

（32）采用工具软件不同，计算机动画文件的存储格式也就不同。以下几种文件的格式哪一种不是计算机动画格式（　　）。

    A．GIF   B．MIDI   C．SWF   D．MOV

（33）请根据多媒体的特性判断以下（　　　）属于多媒体的范畴。

　　A．交互式视频游戏　　　　　　　　B．图书

　　C．彩色画报　　　　　　　　　　　D．彩色电视

（34）要把一台普通的计算机变成多媒体计算机，（　　　）不是要解决的关键技术。

　　A．数据共享　　　　　　　　　　　B．多媒体数据压缩和编码技术

　　C．视频、音频数据的实时处理和特技　D．视频、音频数据的输出技术

（35）多媒体技术未来发展的方向是（　　　）。

　　A．高分辨率，提高显示质量　　　　　B．高速度化，缩短处理时间

　　C．简单化，便于操作　　　　　　　　D．智能化，提高信息识别能力

（36）数字音频采样和量化过程所用的主要硬件是（　　　）。

　　A．数字编码器

　　B．数字解码器

　　C．模拟到数字的转换器（A/D 转换器）

　　D．数字到模拟的转换器（D/A 转换器）

（37）音频卡是按（　　　）分类的。

　　A．采样频率　　　　B．声道数　　　　C．采样量化位数　D．压缩方式

（38）两分钟双声道，16 位采样位数，22.05kHz 采样频率声音的不压缩的数据量是（　　　）。

　　A．5.05 MB　　　　B．12.58 MB　　　C．10.34 MB　　　D．10.09 MB

（39）目前音频卡具备以下（　　　）功能。

　　A．录制和回放数字音频文件　　　　　B．混音

　　C．语音特征识别　　　　　　　　　　D．实时解/压缩数字单频文件

（40）以下的采样频率中（　　　）是目前音频卡所支持的。

　　A．20 kHz　　　　　B．22.05 kHz　　　C．100 kHz　　　D．50 kHz

（41）下列采集的波形声音质量最好的是（　　　）。

　　A．单声道、8 位量化、22.05 kHz 采样频率

　　B．双声道、8 位量化、44.1 kHz 采样频率

　　C．单声道、16 位量化、22.05 kHz 采样频率

　　D．双声道、16 位量化、44.1 kHz 采样频率

（42）国际上除我国外常用的视频制式有（　　　）。

　　A．PAL 制　　　　　B．NTSC 制　　　C．SECAM 制　　D．MPEG 制

（43）在多媒体计算机中常用的图像输入设备是（　　　）。

　　A．数码照相机　　　　　　　　　　　B．彩色扫描仪

　　C．视频信号数字化仪　　　　　　　　D．彩色摄像机

（44）视频采集卡能支持多种视频源输入，下列（　　　）是视频采集卡支持的视频源。

　　A．放像机　　　　　B．摄像机　　　　C．影碟机　　　　D．CD-ROM

（45）下列数字视频中质量最好的是（　　　）。

　　A．240*180 分辨率、24 位真彩色、15 帧/秒的帧率

　　B．320*240 分辨率、32 位真彩色、25 帧/秒的帧率

　　C．640*480 分辨率、32 位真彩色、30 帧/秒的帧率

　　D．640*480 分辨率、16 位真彩色、15 帧/秒的帧率

（46）组成多媒体系统的最简单途径是（　　　）。

    A．直接设计和实现　　　　　　　　　B．增加多媒体升级套件进行扩展

    C．CPU 升级　　　　　　　　　　　　D．增加 CD-DA

（47）下面（　　　）说法是不正确的。

    A．电子出版物存储容量大，一张光盘可存储几百本书

    B．电子出版物可以集成文本、图形、图像、动画、视频和音频等多媒体信息

    C．电子出版物不能长期保存

    D．电子出版物检索快

（48）一般来说，要求声音的质量越高，则（　　　）。

    A．量化级数越低和采样频率越低　　　B．量化级数越高和采样频率越高

    C．量化级数越低和采样频率越高　　　D．量化级数越高和采样频率越低

（49）下列声音文件格式中，（　　　）是波形文件格式。

    A．WAV　　　　　　B．CMF　　　　　　C．VOC　　　　　　D．MID

（50）下列（　　　）是图像和视频编码的国际标准。

    A．JPEG　　　　　　B．MPEG　　　　　C．ADPCM　　　　D．AVI

（51）下述声音分类中质量最好的是（　　　）。

    A．数字激光唱盘　　　　　　　　　　B．调频无线电广播

    C．调幅无线电广播　　　　　　　　　D．电话

（52）以下文件格式中不是图像文件格式的是（　　　）。

    A．PCX　　　　　　B．GIF　　　　　　C．WMF　　　　　D．MPG

（53）光盘按其读写功能可分为（　　　）。

    A．只读光盘/可擦写光盘　　　　　　　B．CD/DVD/VCD

    C．3.5/5/8 英寸　　　　　　　　　　　D．塑料/铝合金

（54）（　　　）是指直接作用于人的感觉器官，是人产生直接感觉的媒体。

    A．存储媒体　　　B．表现媒体　　　C．感觉媒体　　　D．表示媒体

（55）按照光驱在计算机上的安装方式，光驱一般可分为（　　　）。

    A．内置式和外置式光驱　　　　　　　B．只读和可擦写光驱

    C．CD 和 DVD 光驱　　　　　　　　　D．3.5 英寸和 5.25 英寸光驱

（56）以下（　　　）功能不是声卡应具有的功能。

    A．具有与 MIDI 设备和 CD-ROM 驱动器的连接功能

    B．合成和播放音频文件

    C．压缩和解压缩音频文件

    D．编辑加工视频和音频数据

（57）下列设备中，（　　　）不是多媒体计算机常用的图像输入设备。

    A．数码照相机　　　B．彩色扫描仪　　C．键盘　　　　　D．彩色摄像机

（58）下列硬件设备中，（　　　）不是多媒体硬件系统必须包括的设备。

    A．计算机最基本的硬件设备　　　　　B．CD-ROM

    C．音频输入、输出和处理设备　　　　D．多媒体通信传输设备

（59）下列选项中，不属于多媒体的媒体类型的是（　　　）。

    A．程序　　　　　　B．图像　　　　　C．音频　　　　　D．视频

（60）下列各项中，（　　）不是常用的多媒体信息压缩标准。

　　A．JPEG 标准　　　　B．MP3 压缩　　　C．LWZ 压缩　　　D．MPEG 标准

（61）用 WinRAR 软件创建自解压文件时，文件的后缀名为（　　）。

　　A．.EXE　　　　　　B．.RAR　　　　　C．.ZIP　　　　　D．.ARJ

（62）（　　）不是多媒体技术的典型应用。

　　A．计算机辅助教学（CAI）　　　　　　B．娱乐和游戏

　　C．视频会议系统　　　　　　　　　　　D．计算机支持协同工作

（63）多媒体技术中使用数字化技术与模拟方式相比，不是数字化技术专有特点的是（　　）。

　　A．经济，造价低

　　B．数字信号不存在衰减和噪声干扰问题

　　C．数字信号在复制和传送过程不会因噪声的积累而产生衰减

　　D．适合数字计算机进行加工和处理

（64）不属于计算机多媒体功能的是（　　）。

　　A．收发电子邮件　　B．播放 VCD　　　C．播放音乐　　　D．播放视频

（65）多媒体技术能处理的对象包括字符、数值、声音和（　　）数据。

　　A．图像　　　　　　B．电压　　　　　C．磁盘　　　　　D．电流

（66）描述多媒体计算机较为全面的说法是指（　　）。

　　A．带有视频处理和音频处理功能的计算机

　　B．带有 CD-ROM 的计算机

　　C．可以存储多媒体文件的计算机

　　D．可以播放 CD 的计算机

（67）多媒体计算机处理的信息类型以下说法中最全面的是（　　）。

　　A．文字、数字、图形、音频

　　B．文字、数字、图形、图像、音频、视频、动画

　　C．文字、数字、图形、图像

　　D．文字、图形、图像、动画

（68）只读光盘 CD-ROM 属于（　　）。

　　A．表现媒体　　　　B．存储媒体　　　C．传播媒体　　　D．通信媒体

（69）多媒体信息在计算机中的存储形式是（　　）。

　　A．二进制数字信息　　　　　　　　　　B．十进制数字信息

　　C．文本信息　　　　　　　　　　　　　D．模拟信号

（70）以下有关多媒体计算机说法错误的是（　　）。

　　A．多媒体计算机包括多媒体硬件和多媒体软件系统

　　B．Windows 7 不具备多媒体处理功能

　　C．Windows 7 是一个多媒体操作系统

　　D．多媒体计算机一般有各种媒体的输入、输出设备

（71）下列有关 DVD 光盘与 VCD 光盘的描述中，错误的是（　　）。

　　A．DVD 光盘的图像分辨率比 VCD 光盘高

　　B．DVD 光盘的图像质量比 VCD 光盘好

　　C．DVD 光盘的记录容量比 VCD 光盘大

D．DVD 光盘的直径比 VCD 光盘大

（72）声卡是多媒体计算机处理（　　　）的主要设备。

A．音频与视频　　　B．动画　　　　C．音频　　　　D．视频

（73）下列关于 CD-ROM 光盘的描述中，不正确的是（　　　）。

A．容量大　　　　　　　　　　　B．寿命长

C．传输速度比硬盘慢　　　　　　D．可读可写

（74）多媒体计算机中的"多媒体"是指（　　　）。

A．文本、图形、声音、动画和视频及其组合的载体

B．一些文本的载体

C．一些文本与图形的载体

D．一些声音和动画的载体

（75）多媒体和电视的区别在于（　　　）。

A．有无声音　　　B．有无图像　　　C．有无动画　　　D．交互性

（76）关于使用触摸屏的说法正确的是（　　　）。

A．用手指操作直观、方便　　　　B．操作简单，无须学习

C．交互性好，简化了人机接口　　D．全部正确

（77）CD-ROM 可以存储（　　　）。

A．文字　　　　　B．图像　　　　C．声音　　　D．文字、声音和图像

（78）能够处理各种文字、声音、图像和视频等多媒体信息的设备是（　　　）。

A．数码照相机　　　　　　　　　B．扫描仪

C．多媒体计算机　　　　　　　　D．光笔

（79）多媒体计算机中除了通常计算机的硬件外，还必须包括（　　　）4 个硬部件。

A．CD-ROM、音频卡、MODEM、音箱

B．CD-ROM、音频卡、视频卡、音箱

C．MODEM、音频卡、视频卡、音箱

D．CD-ROM、MODEM、视频卡、音箱

（80）下列设备中，多媒体计算机所特有的设备是（　　　）。

A．打印机　　　　B．鼠标器　　　　C．键盘　　　D．视频卡

（81）与传统媒体相比，多媒体的特点有（　　　）。

A．数字化、结合性、交互性、分时性　B．现代化、结合性、交互性、实时性

C．数字化、集成性、交互性、实时性　D．现代化、集成性、交互性、分时性

（82）在多媒体计算机系统中，不能用于存储多媒体信息的是（　　　）。

A．磁带　　　　　B．光缆　　　　C．磁盘　　　D．光盘

（83）只要计算机配有（　　　）驱动器，就可以使用 CD 播放器播放 CD 唱盘。

A．软驱　　　　　B．CD-ROM　　　　C．硬盘　　　D．USB

（84）（　　　）是对数据重新进行编码，以减少所需存储空间的通用术语。

A．数据编码　　　B．数据展开　　　C．数据压缩　　　D．数据计算

（85）有些类型的文件本身就是以压缩格式存储的，因而很难进行再压缩，例如（　　　）。

A．WAV 音频文件　　　　　　　　B．BMP 图像文件

C．视频文件　　　　　　　　　　D．JPG 图像文件

（86）利用 WinRAR 进行解压缩时，以下方法不正确的是（　　　）。

　　A．用"Ctrl + 鼠标左键"选择不连续对象，用鼠标左键直接拖到资源管理器中

　　B．用"Shift +鼠标左键"选择连续多个对象，用鼠标左键拖到资源管理器中

　　C．在已选的文件上单击鼠标右键，选择相应的释放目录

　　D．在已选的文件上单击鼠标左键，选择相应的释放目录

（87）（　　　）是指压缩文件自身可进行解压缩，而不需借助其他软件。

　　A．自压缩文件　　　　　B．自解压文件　　C．自加压文件　　D．自运行文件

（88）有关 WINRAR 软件说法错误的是（　　　）。

　　A．WINRAR 默认的压缩格式是 RAR，它的压缩率比 ZIP 格式高出 10%～30%

　　B．WINRAR 可以为压缩文件制作自解压文件

　　C．WINRAR 不支持 ZIP 类型的压缩文件

　　D．WINRAR 可以制作带口令的压缩文件

（89）下列说法正确的是（　　　）。

　　A．音频卡本身具有语音识别的功能

　　B．文件压缩和磁盘压缩的功能相同

　　C．多媒体计算机的主要特点是具有较强的音、视频处理能力

　　D．彩色电视信号就属于多媒体的范畴

（90）下列文件哪个是音频文件：（　　　）。

　　A．神话.MPEG　　　　　B．神话.ASF　　　C．神话.RM　　　　D．神话.MP3

（91）计算机的声卡所起的作用是：（　　　）。

　　A．数/模、模/数转换　　B．图形转换　　　C．压缩　　　　　　D．显示

（92）以下类型的图像文件中，（　　　）文件是没经过压缩的。

　　A．JPG　　　　　　　　B．GIF　　　　　　C．TIF　　　　　　D．BMP

（93）人工合成制作的电子数字音乐文件是（　　　）。

　　A．MIDI.MID 文件　　　　　　　　B．WVA.WAV 文件

　　C．MPEG.MPL 文件　　　　　　　D．RA.RA 文件

（94）在声音的数字化处理过程中，当（　　　）时，声音文件最大。

　　A．采样频率高、量化精度低　　　B．采样频率高、量化精度高

　　C．采样频率低、量化精度低　　　D．采样频率低、量化精度高

二、参考答案

1	2	3	4	5	6	7	8	9	10	11	12	13	14	15	16	17	18	19	20
A	B	C	D	A	D	A	D	D	C	D	D	B	A	D	D	A	D	D	B
21	22	23	24	25	26	27	28	29	30	31	32	33	34	35	36	37	38	39	40
C	C	D	B	B	D	D	C	D	D	B	B	A	A	D	C	C	C	A	B
41	42	43	44	45	46	47	48	49	50	51	52	53	54	55	56	57	58	59	60
D	B	B	B	C	B	C	B	A	B	A	D	A	C	A	D	C	D	A	C
61	62	63	64	65	66	67	68	69	70	71	72	73	74	75	76	77	78	79	80
A	D	A	A	A	A	B	B	A	D	A	A	D	D	D	D	D	C	B	D
81	82	83	84	85	86	87	88	89	90	91	92	93	94						
C	B	B	C	D	D	B	C	C	D	A	D	A	B						

第3节 计算机网络基础知识

一、单选题

（1）HTTP 是一种（　　　）。

　　A．高级程序设计语言　　　　　　　　B．超文本传输协议

　　C．域名　　　　　　　　　　　　　　D．网址超文本传输协议

（2）计算机网络的主要目标之一是实现（　　　）。

　　A．即时通信　　　　B．发送邮件　　　C．运算速度快　　　D．资源共享

（3）E-mail 的中文含义是（　　　）。

　　A．远程查询　　　　B．文件传输　　　C．远程登录　　　D．电子邮件

（4）Internet 的前身是（　　　）。

　　A．ARPANET　　　　B．ENIVAC　　　C．TCP/IP　　　　D．MILNET

（5）下列选项中，正确的 IP 地址格式是（　　　）。

　　A．202.202.1　　　B．202.2.2.2.2　　C．202.118.118.1　　D．202.258.14.13

（6）（　　　）类 IP 地址是组广播地址。

　　A．A　　　　　　　B．B　　　　　　C．C　　　　　　D．D

（7）下列哪个选项不是计算机网络必须具备的要素：（　　　）。

　　A．网络服务　　　　B．连接介质　　　C．协议　　　　　D．交换机

（8）下列哪个选项不是按网络拓扑结构的分类组建的（　　　）。

　　A．星型网　　　　　B．环型网　　　　C．校园网　　　　D．总线型网

（9）下列哪种网络拓扑结构对中央节点的依赖性最强（　　　）。

　　A．星型　　　　　　B．环型　　　　　C．总线型　　　　D．链型

（10）计算机网络按其传输带宽方式分类，可分为（　　　）。

　　A．广域网和骨干网　　　　　　　　　B．局域网和接入网

　　C．基带网和宽带网　　　　　　　　　D．宽带网和窄带网

（11）下列哪一个是网络操作系统（　　　）。

　　A．TCP/IP 网　　　B．ARP　　　　　C．Windows 7　　　D．Internet

（12）调制解调器的英文名称是（　　　）。

　　A．Bridge　　　　　B．Router　　　　C．Gateway　　　　D．Modem

（13）计算机网络是由通信子网和（　　　）组成。

　　A．网卡　　　　　　B．服务器　　　　C．网线　　　　　D．资源子网

（14）企业内部网是采用 TCP/IP 技术，集 LAN、WAN 和数据服务为一体的一种网络，它也称为（　　　）。

　　A．广域网　　　　　B．Internet　　　C．局域网　　　　D．Intranet

（15）Internet 属于（　　　）。

　　A．局域网　　　　　B．广域网　　　　C．全局网　　　　D．主干网

（16）E-mail 地址中@后面的内容是指（　　　）。

　　A．密码　　　　　　　　　　　　　　B．邮件服务器名称

C. 账号　　　　　　　　　　　　　D. 服务提供商名称

（17）下列有关网络的说法中，（　　　）是错误的。

A. OSI/RM 分为 7 个层次，最高层是表示层

B. 在电子邮件中，除文字、图形外，还可包含音乐、动画等

C. 如果网络中有一台计算机出现故障，对整个网络不一定有影响

D. 在网络范围内，用户可被允许共享软件、数据和硬件

（18）网络上可以共享的资源有（　　　　　）。

A. 传真机、数据、显示器　　　　　　B. 调制解调器、内存、图像等

C. 打印机、数据、软件等　　　　　　D. 调制解调器、打印机、缓存

（19）在 OSI/RM 协议模型的数据链路层，数据传输的基本单位是（　　　）。

A. 比特　　　　　B. 帧　　　　　C. 分组　　　　　D. 报文

（20）在 OSI/RM 协议模型的物理层，数据传输的基本单位是（　　　）。

A. 比特　　　　　B. 帧　　　　　C. 分组　　　　　D. 报文

（21）下列网络中，不属于局域网的是（　　　）。

A. 因特网　　　　　B. 工作组网络　　C. 中小企业网络　D. 校园计算机网

（22）下列传输介质中，属于无线传输介质的是（　　　）。

A. 双绞线　　　　　B. 微波　　　　　C. 同轴电缆　　　D. 光缆

（23）下列传输介质中，属于有线传输介质的是（　　　）。

A. 红外　　　　　B. 蓝牙　　　　　C. 同轴电缆　　　D. 微波

（24）下列传输介质中，传输信号损失最小的是（　　　）。

A. 双绞线　　　　　B. 同轴电缆　　　C. 光缆　　　　　D. 微波

（25）中继器是工作在（　　　）的设备。

A. 物理层　　　　　B. 数据链路层　　C. 网络层　　　　D. 传输层

（26）集线器又被称作（　　　）。

A. Switch　　　　　B. Router　　　　C. Hub　　　　　D. Gateway

（27）关于计算机网络协议，下面说法错误的是（　　　）。

A. 网络协议就是网络通信的内容

B. 制定网络协议是为了保证数据通信的正确、可靠

C. 计算机网络的各层及其协议的集合，称为网络的体系结构

D. 网络协议通常由语义、语法、变换规则 3 部分组成

（28）路由器工作在 OSI/RM 网络协议参考模型的（　　　）。

A. 物理层　　　　　B. 网络层　　　　C. 传输层　　　　D. 会话层

（29）计算机接入局域网需要配备（　　　）。

A. 网卡　　　　　B. MODEM　　　　C. 声卡　　　　　D. 打印机

（30）下列说法错误的是：（　　　）。

A. 因特网中的 IP 地址是唯一的　　　　B. IP 地址由网络地址和主机地址组成

C. 一个 IP 地址可对应多个域名　　　　D. 一个域名可对应多个 IP 地址

（31）IP 地址格式写成十进制时有（　　　）组十进制数。

A. 8　　　　　　B. 4　　　　　　C. 5　　　　　　D. 32

（32）IP 地址为 192.168.120.32 的地址是（　　　）类地址。

A. A　　　　　　B. B　　　　　　C. C　　　　　　D. D

（33）依据前三位二进制代码，判别以下哪个 IP 地址属于 C 类地址（　　　）。

　　A．010……… 　　B．100……… 　　C．110……… 　　D．111………

（34）IP 地址为 10.1.10.32 的地址是（　　　）类地址。

　　A．A 　　B．B 　　C．C 　　D．D

（35）依据前四位二进制代码，判别以下哪个 IP 地址属于 D 类地址（　　　）。

　　A．0100……… 　　B．1000……… 　　C．1100……… 　　D．1110………

（36）IP 地址为 172.15.260.32 的地址是（　　　）类地址。

　　A．A 　　B．B 　　C．C 　　D．无效

（37）每块网卡的物理地址是（　　　）。

　　A．可以重复的 　　　　　　B．唯一的

　　C．可以没有地址 　　　　　　D．地址可以是任意长度

（38）下列属于计算机网络通信设备的是（　　　）。

　　A．显卡 　　B．网卡 　　C．音箱 　　D．声卡

（39）下列属于计算机网络特有设备的是（　　　）。

　　A．显示器 　　B．光盘驱动器 　　C．路由器 　　D．鼠标

（40）依据前三位二进制代码，判别以下哪个 IP 地址属于 A 类地址（　　　）。

　　A．010……… 　　B．111……… 　　C．110……… 　　D．100………

（41）网卡属于计算机的（　　　）。

　　A．显示设备 　　B．存储设备 　　C．打印设备 　　D．网络设备

（42）Internet 中 URL 的含义是（　　　）。

　　A．统一资源定位器 　　　　　　B．Internet 协议

　　C．简单邮件传输协议 　　　　　　D．传输控制协议

（43）要能顺利发送和接收电子邮件，下列设备必需的是（　　　）。

　　A．打印机 　　B．邮件服务器 　　C．扫描仪 　　D．Web 服务器

（44）用 Outlook Express 接收电子邮件时，收到的邮件中带有回形针状标志，说明该邮件（　　　）。

　　A．有病毒 　　B．有附件 　　C．没有附件 　　D．有黑客

（45）OSI/RM 协议模型的最底层是（　　　）。

　　A．应用层 　　B．网络层 　　C．物理层 　　D．传输层

（46）地址栏中输入的 http://zjhk.school.com 中，zjhk.school.com 是一个（　　　）。

　　A．域名 　　B．文件 　　C．邮箱 　　D．国家

（47）通常所说的 DDN 是指（　　　）。

　　A．上网方式 　　B．计算机品牌 　　C．网络服务商 　　D．网页制作技术

（48）欲将一个 play.exe 文件发送给远方的朋友，可以把该文件放在电子邮件的（　　　）。

　　A．正文中 　　B．附件中 　　C．主题中 　　D．地址中

（49）电子邮件地址 stu@zjschool.com 中的 zjschool.com 是代表（　　　）。

　　A．用户名 　　B．学校名 　　C．学生姓名 　　D．邮件服务器名称

（50）E-mail 地址的格式是（　　　）。

　　A．WWW.ZJSCHOOL.CN 　　　　　　B．网址·用户名

　　C．账号@邮件服务器名称 　　　　　　D．用户名·邮件服务器名称

二、参考答案

1	2	3	4	5	6	7	8	9	10	11	12	13	14	15	16	17	18	19	20
B	D	D	A	C	D	D	C	A	C	C	D	D	D	B	B	A	C	B	A
21	22	23	24	25	26	27	28	29	30	31	32	33	34	35	36	37	38	39	40
A	B	C	C	A	C	A	B	A	D	B	C	C	A	D	D	B	B	C	A
41	42	43	44	45	46	47	48	49	50										
D	A	B	B	C	A	A	B	D	C										

第4节 Windows 7操作系统

一、单选题

（1）在 Windows 7 中，显示在窗口最顶部的称为（ ）。

A．标题栏 B．信息栏 C．菜单栏 D．工具栏

（2）如果在 Windows 7 的资源管理器底部没有状态栏，要增加状态栏的操作是（ ）。

A．选择“编辑”→“状态栏”菜单命令

B．选择“查看”→“状态栏”菜单命令

C．选择“工具”→“状态栏”菜单命令

D．选择“文件”→“状态栏”菜单命令

（3）Windows 7 中将信息传送到剪贴板不正确的方法是（ ）。

A．用“复制”命令把选定的对象送到剪贴板

B．用“剪切”命令把选定的对象送到剪贴板

C．用 Ctrl+V 组合键把选定的对象送到剪贴板

D．用 Alt+PrintScreen 组合键把当前窗口送到剪贴板

（4）在 Windows 7 的回收站中，可以恢复（ ）。

A．从硬盘中删除的文件或文件夹 B．从软盘中删除的文件或文件夹

C．剪切掉的文档 D．从光盘中删除的文件或文件夹

（5）剪贴板是计算机系统（ ）中一块临时存放变换信息的区域。

A．ROM B．RAM C．硬盘 D．应用程序

（6）Windows 7 中，“粘贴”的快捷键是（ ）。

A．“Ctrl+V” B．“Ctrl+A” C．“Ctrl+X” D．“Ctrl+C”

（7）Windows 7 资源管理器操作中，当打开一个子目录后，全部选中其内容的快捷键（ ）。

A．“Ctrl+C” B．“Ctrl+A” C．“Ctrl+X” D．“Ctrl+V”

（8）在 Windows 7 中，按下（ ）键并拖曳某一文件夹到另一文件夹中，可完成对该程序项的复制操作。

A．“Alt” B．“Shfit” C．“空格” D．“Ctrl”

（9）在 Windows 7 中，按住鼠标左键同时移动鼠标的操作称为（ ）。

A．单击 B．双击 C．拖曳 D．启动

（10）在 Windows 7 中，（　　）窗口的大小不可改变。

　　　A．应用程序　　　　B．文档　　　　　C．对话框　　　　D．活动

（11）在 Windows 7 中，连续两次快速按下鼠标左键的操作称为（　　）。

　　　A．单击　　　　　　B．双击　　　　　C．拖曳　　　　　D．启动

（12）Windows 7 提供了一种 DOS 下所没有的（　　）技术，以方便进行应用程序间信息的复制或移动。

　　　A．编辑　　　　　　B．复制　　　　　C．剪贴板　　　　D．磁盘操作

（13）在 Windows 7 中，利用鼠标拖曳（　　）的操作，可缩放窗口大小。

　　　A．控制框　　　　　B．对话框　　　　C．滚动框　　　　D．边框

（14）Windows 7 是一种（　　）。

　　　A．操作系统　　　　B．字处理系统　　C．电子表格系统　D．应用软件

（15）在 Windows 7 中，从 Windows 窗口方式切换到 MS-DOS 方式以后，再返回到 Windows 窗口方式下，应该键入（　　）命令后回车。

　　　A．ESC　　　　　　B．EXIT　　　　　C．CLS　　　　　D．WINDOWS

（16）在 Windows 7 中，将某一程序项移动到一打开的文件夹中，应（　　）。

　　　A．单击鼠标左键　　　　　　　　　　B．双击鼠标左键

　　　C．拖曳　　　　　　　　　　　　　　D．单击或双击鼠标右键

（17）在 Windows 7 中，不能通过使用（　　）的缩放方法将窗口放到最大。

　　　A．控制按钮　　　　B．标题栏　　　　C．最大化按钮　　D．边框

（18）在 Windows 7 中，快速按下并释放鼠标左键的操作称为（　　）。

　　　A．单击　　　　　　B．双击　　　　　C．拖曳　　　　　D．启动

（19）在 Windows 7 中，（　　）颜色的变化可区分活动窗口和非活动窗口。

　　　A．标题栏　　　　　B．信息栏　　　　C．菜单栏　　　　D．工具栏

（20）在 Windows 7 中，（　　）部分用来显示应用程序名、文档名、目录名、组名或其他数据文件名。

　　　A．标题栏　　　　　B．信息栏　　　　C．菜单栏　　　　D．工具栏

（21）关闭"资源管理器"，可以选用（　　）。

　　　A．单击"资源管理器"窗口右上角的"×"按钮

　　　B．单击"资源管理器"窗口左上角，然后选择"关闭"命令

　　　C．单击"资源管理器"的"文件"菜单，并选择"关闭"命令

　　　D．以上 3 种方法都正确

（22）把 Windows 7 的窗口和对话框做一比较，窗口可以移动和改变大小，而对话框（　　）。

　　　A．既不能移动，也不能改变大小　　　B．仅可以移动，不能改变大小

　　　C．仅可以改变大小，不能移动　　　　D．既可移动，也能改变大小

（23）在 Windows 7 中，允许同时打开（　　）应用程序窗口。

　　　A．1 个　　　　　　B．2 个　　　　　C．多个　　　　　D．10 个

（24）在 Windows 7 中，利用 Windows 下的（　　），可以建立、编辑文档。

　　　A．剪贴板　　　　　B．记事本　　　　C．资源管理器　　D．控制面板

（25）在 Windows 7 中，将中文输入方式切换到英文方式，应同时按（　　）键。

　　　A．"Alt+空格"　　　B．"Ctrl+空格"　　C．"Shift+空格"　D．"Enter+空格"

（26）在 Windows 7 中，回收站是（ ）。

    A．内存中的一块区域　　　　　　　B．硬盘上的一块区域

    C．软盘上的一块区域　　　　　　　D．高速缓存中的一块区域

（27）Windows 7 "任务栏"上的内容为（ ）。

    A．当前窗口的图标　　　　　　　　B．已经启动并在执行的程序名

    C．所有运行程序的程序按钮　　　　D．已经打开的文件名

（28）在 Windows 7 中，快捷方式的扩展名为（ ）。

    A．.sys　　　　　　　B．.bmp　　　　　　C．.ink　　　　　　D．.ini

（29）当单击 Windows 7 的 "任务栏"的 "开始"按钮时，"开始"菜单会显示出来，下面选项中通常会出现的是（ ）。

    A．所有程序、收藏夹、启动、设置、搜索、帮助、注销、关闭系统

    B．所有程序、收藏夹、文档、设置、搜索、帮助、注销、资源管理器、关闭系统

    C．所有程序、卸载、入门、搜索、帮助、关机

    D．所有程序、收藏夹、文档、设置、搜索、帮助、注销、关闭计算机

（30）关于 "开始"菜单，说法正确的是（ ）。

    A．"开始"菜单的内容是固定不变的

    B．可以在 "开始"菜单的 "程序"中添加应用程序，但不可以在 "程序"菜单中添加

    C．"开始"菜单和 "程序"里面都可以添加应用程序

    D．以上说法都不正确

（31）在 Windows 7 中，当程序因某种原因陷入死循环，下列哪一个方法能较好地结束该程序（ ）。

    A．按 "Ctrl+Alt+Delete"组合键，然后选择 "结束任务"命令结束该程序的运行

    B．按 "Ctrl+Delete"组合键，然后选择 "结束任务"命令结束该程序的运行

    C．按 "Alt+Delete"组合键，然后选择 "结束任务"命令结束该程序的运行

    D．直接 Reset 计算机结束该程序的运行

（32）当系统硬件发生故障或更换硬件设备时，为了避免系统意外崩溃应采用的启动方式为（ ）。

    A．通常模式　　　　B．登录模式　　　　C．安全模式　　　　D．命令提示模式

（33）Windows 7 的 "桌面"指的是（ ）。

    A．某个窗口　　　B．整个屏幕　　　C．某一个应用程序　D．一个活动窗口

（34）在 Windows 7 中在 "键盘属性"对话框的 "速度"选项卡中可以进行的设置为（ ）。

    A．重复延迟、重复速度、光标闪烁速度

    B．重复延迟、重复率、光标闪烁频率、击键频率

    C．重复的延迟时间、重复率、光标闪烁频率

    D．延迟时间、重复率、光标闪烁频率

（35）Windows 7 中，对于 "任务栏"的描述不正确的是（ ）。

    A．Windows 7 允许添加工具栏到任务栏

    B．屏幕上的任务栏的位置只能在底部

    C．当 "任务栏"是 "自动隐藏"的属性时，正在行动其他程序时，"任务栏"不能显示

    D．"任务栏"的大小是可以改变的

（36）在 Windows 7 中，下列说法正确的是（　　）。

A．单击"开始"按钮，显示开始菜单，删除"收藏夹"选项

B．通过"开始"→"设置"→"任务栏和高级菜单"→"开始菜单程序"→"清除"命令，可以清除"开始"→"文档"中的内容

C．只能通过"任务栏属性"对话框修改"开始菜单程序"

D．"开始"→"文档"中的内容是最近使用的若干个文件，因此"文档"中的内容，计算机自动更新，不能被清空

（37）在 Windows 7 中关于"开始"菜单，下面说法正确的是（　　）。

A．"开始"菜单中的所有内容都是计算机自己自动设定的，用户不能修改其中的内容

B．"开始"菜单中的所有选项都可以移动和重新组织

C．"开始"菜单绝大部分都是可以定制的，但出现在菜单第一级的大多数选项不能被移动和重新组织，例如："关机"，"控制面板"等

D．给"开始"→"程序"菜单添加以及组织菜单项都只能从"文件夹"窗口拖入文件

（38）在 Windows 7 资源管理器中，按（　　）键可删除文件。

A．"F7"　　　　　　B．"F8"　　　　　　C．"Esc"　　　　　　D．"Delete"

（39）在 Windows 7 资源管理器中，改变文件属性应选择文件菜单项中的（　　）命令。

A．运行　　　　　　B．搜索　　　　　　C．属性　　　　　　D．选定文件

（40）在 Windows 7 资源管理器中，单击第一个文件名后，按住（　　）键，再单击最后一个文件，可选定一组连续的文件。

A．"Ctrl"　　　　　　B．"Alt"　　　　　　C．"Shift"　　　　　　D．"Tab"

（41）在 Windows 7 资源管理器中，编辑菜单项中的"剪切"命令（　　）。

A．只能剪切文件夹　　　　　　　　B．只能剪切文件

C．可以剪切文件或文件夹　　　　　D．无论怎样都不能剪切系统文件

（42）在 Windows 7 资源管理器中，创建新的子目录，应选择（　　）菜单项中的"新建"下的"文件夹"命令。

A．文件　　　　　　B．编辑　　　　　　C．工具　　　　　　D．查看

（43）在 Windows 7 中，单击资源管理器中的（　　）菜单项，可显示提供给用户使用的各种帮助命令。

A．文件　　　　　　B．选项　　　　　　C．窗口　　　　　　D．帮助

（44）在 Windows 7 资源管理器中，当删除一个或一组目录时，该目录或该目录组下的（　　）将被删除。

A．文件

B．所有子目录

C．所有子目录及其所有文件

D．所有子目录下的所有文件（不含子目录）

（45）在 Windows 7 中，选定某一文件夹，选择执行"文件"→"删除"菜单命令，则（　　）。

A．只删除文件夹而不删除其内的程序项

B．删除文件夹内的某一程序项

C．删除文件夹内的所有程序项而不删除文件夹

D．删除文件夹及其所有程序项

（46）在 Windows 7 资源管理器中，若想格式化一张磁盘，应选（　　）命令。

    A. 选择"文件"→"格式化"菜单命令

    B. 在资源管理器中根本就没有办法格式化磁盘

    C. 右键单击磁盘图标，在弹出的快捷菜单中选择"格式化"命令

    D. 选择"编辑"→"格式化磁盘"菜单命令

（47）在 Windows 7 中快捷方式是（　　）。

    A. 程序、文件、文件夹的快捷链接，链接信息被保存在扩展名为.ink 的文件中

    B. 文件的副本

    C. 原文件

    D. 程序、文件的快捷链接，链接信息被保存在扩展名为.ink 的文件中

（48）在 Windows 7 资源管理器中，单击第一个文件名后，按住（　　）键，再单击另外一个文件，可选定一组不连续的文件。

    A. "Ctrl"   B. "Alt"   C. "Shift"   D. "Tab"

（49）在 Windows 7 的资源管理器窗口"查看"菜单的分组依据中，一般有名称、修改日期、大小（　　）等。

    A. 创建日期   B. 作者   C. 类型   D. 文件名长度

（50）在 Windows 7 的资源管理器中，执行"文件"菜单项中的（　　）命令，可删除文件夹或程序项。

    A. 新建   B. 复制   C. 移动   D. 删除

（51）在 Windows 7 资源管理器中，选定文件或目录后，拖曳到指定位置，可完成对文件或子目录的（　　）操作。

    A. 复制   B. 移动或复制   C. 重命名   D. 删除

（52）在 Windows 7 中，切换不同的汉字输入法，应同时按下（　　）组合键。

    A. "Ctrl+Shift"   B. "Ctrl+Alt"   C. "Ctrl+空格"   D. "Ctrl+Tab"

（53）在 Windows 7 中下面关于打印机说法错误的是（　　）。

    A. 每一台安装在系统中的打印机都在 Windows 7 的"设备和打印机"中有一个记录

    B. 任何一台计算机都只能安装一台打印机

    C. 一台计算机上可以安装多台打印机

    D. 要查看已经安装的打印机，可以通过选择"开始"→"设备和打印机"命令，看到已安装的打印机

（54）在 Windows 7 中安装一台打印机，不正确的是（　　）。

    A. 打开"控制面板"→"设备和打印机"选项，双击"添加打印机"图标，添加网络或本地打印机

    B. 通过执行"开始"→"控制面板"→"设备和打印机"命令，双击"添加打印机"图标，添加打印机

    C. 在安装打印机的过程中，最好不要厂商带打印驱动程序，因为所有的打印机驱动 Windows 7 系统自带

    D. 一台计算机可以安装网络打印机和本地打印机

（55）在 Windows 7 中下面说法正确的是（　　）。

    A. 每台计算机可以有多个默认打印机

B．如果一台计算机安装了两台打印机，这两台打印机都可以不是默认打印机

C．每台计算机如果已经安装了打印机，则必有一个也仅仅有一个默认打印机

D．默认打印机是系统自动产生的，用户不用更改

（56）在 Windows 7 中 MIDI 是（ ）。

A．一种特殊的音频数据类型

B．以特定格式存储图像的文件类型

C．控制 Windows 7 播放 VCD 的驱动程序

D．一种特定类型的窗口

（57）打印机是一种（ ）。

A．输出设备　　　　B．输入设备　　　　C．存储器　　　　D．运算器

二、参考答案

1	2	3	4	5	6	7	8	9	10	11	12	13	14	15	16	17	18	19	20
A	B	C	A	B	A	B	D	C	C	B	C	D	A	B	C	D	A	A	A
21	22	23	24	25	26	27	28	29	30	31	32	33	34	35	36	37	38	39	40
D	B	C	B	B	B	C	C	A	C	A	C	B	A	C	C	C	D	C	C
41	42	43	44	45	46	47	48	49	50	51	52	53	54	55	56	57			
C	A	D	C	D	C	A	A	C	D	B	A	B	C	C	A	A			

第 5 节　Word 2010 文字处理软件

一、单选题

（1）Word 2010 可以打开的文件类型为下面的（ ）。

A．EXE　　　　　B．COM　　　　　C．TXT　　　　　D．BIN

（2）在 Word 2010 窗口的编辑区，闪烁的一条竖线表示（ ）。

A．鼠标图标　　　B．光标位置　　　C．拼写错误　　　D．按钮位置

（3）在 Word 2010 文档中将光标移到本行行首的快捷键（ ）。

A．"PageUp"　　　B．"Ctrl+Home"　　C．"Home"　　　　D．"End"

（4）使用 Word 2010 时，在鼠标右击弹出的菜单中，有些选项右边有"…"符号，表示（ ）。

A．该选项不能执行　　　　　　　B．单击该选项后，会弹出一个"对话框"

C．该选项已执行　　　　　　　　D．该选项后有级联菜单

（5）在 Word 2010 中，如果要选取某一个自然段落，可将鼠标指针移到该段落区域内（ ）。

A．单击　　　　　B．双击　　　　　C．三击鼠标左键　　D．右击

（6）在 Word 2010 操作时，需要删除一个字，当光标在该字的前面，应按（ ）。

A．"Delete"键　　B．"空格"键　　　C．"Backspace"键　　D．"Enter"键

（7）在 Word 2010 操作过程中能够显示总页数、节号、页号、页数等信息的是（ ）。

A．状态栏　　　　B．菜单栏　　　　C．功能区　　　　D．对话框

（8）在 Word 2010 中，下列（ ）内容在普通视图下可看到。

A．文字　　　　　B．页脚　　　　　C．自选图形　　　D．页眉

（9）在 Word 2010 的编辑状态打开了一个文档，对文档没做任何修改，随后单击 Word 2010 主窗口标题栏右侧的"关闭"按钮，或者单击"文件"选项卡中的"退出"按钮，则（　　　）。

　　A．仅文档窗口被关闭，Word 2010 主窗口未被关闭

　　B．文档和 Word 2010 主窗口全被关闭

　　C．仅文档被关闭，Word 2010 主窗口未被关闭

　　D．文档和 Word 2010 主窗口全未被关闭

（10）Word 2010 自动将用户编辑后得到的文档保存在（　　　）目录中。

　　A．\MyDocments　　　　　　　　　　　B．\Windows

　　C．\Users\Administrator\Docments　　　D．\Office 2010\Word 2010

（11）在 Word 2010 的编辑状态下，选择了一个段落并设置段落"首行缩进"为 1 厘米，则（　　　）。

　　A．该段落的首行起始位置距页面的左边距 1 厘米

　　B．文档中各段落的首行由"首行缩进"确定位置

　　C．该段落的首行起始位置在段落的"左缩进"位置的右边 1 厘米

　　D．该段落的首行起始位置在段落"左缩进"位置的左边 1 厘米

（12）在 Word 2010 的编辑状态，要想为当前文档中的文字设定上标、下标效果，应当使用"开始"功能区中的（　　　）。

　　A．"字体"命令　　　　　　　　　　　　B．"段落"命令

　　C．"分栏"命令　　　　　　　　　　　　D．"样式"命令

（13）在 Word 2010 的编辑状态，可以显示页面四角的视图方式是（　　　）。

　　A．普通视图方式　　　　　　　　　　　B．页面视图方式

　　C．大纲视图方式　　　　　　　　　　　D．各种视图方式

（14）Word 2010 具有分栏的功能，下列关于分栏的说法中正确的是（　　　）。

　　A．最多可以设 4 栏　　　　　　　　　　B．各栏的栏宽必须相等

　　C．各栏的宽度可以不同　　　　　　　　D．各栏之间的间距是固定的

（15）在 Word 2010 的形状下拉菜单上选定矩形工具，按住（　　　）按钮可绘制正方形。

　　A．Ctrl　　　　　　B．Alt　　　　　　C．Shift　　　　　D．Enter

（16）在 Word 2010 环境下，不可以在同一行中设定为（　　　）。

　　A．单倍行距　　　B．双倍行距　　　C．1.5 倍行距　　D．单、双混合行距

（17）在 Word 2010 中对某些已正确存盘的文件，在打开文件的列表框中却不显示，原因可能是（　　　）。

　　A．文件被隐藏　　　　　　　　　　　　B．文件类型选择不对

　　C．文件夹的位置不对　　　　　　　　　D．以上 3 种情况均正确

（18）如果想要设置自动恢复时间间隔，应按下列步骤（　　　）。

　　A．"文件"选项卡→"另存为"

　　B．"文件"选项卡→"选项"→"保存"

　　C．"文件"选项卡→"属性"

　　D．"工具"选项卡→"选项"→"保存"

（19）在 Word 2010 窗口中打开一个 58 页的文档，若要快速定位到 45 页，正确的操作是（　　　）。

　　A．用向下或向上的箭头定位于 45 页

　　B．用垂直滚动条快速移动文档定位于 45 页

C．用 PageUp 或 PageDown 定位于 45 页

D．单击"选择浏览对象"中的"定位"按钮，然后在其"页"中输入页号

（20）有关 Word 2010 "首字下沉"命令正确的说法是（　　　）。

A．只能悬挂下沉　　　　　　　　　　B．可以下沉 3 行字的位置

C．只能下沉 3 行　　　　　　　　　　D．以上都正确

（21）在 Word 2010 编辑状态下，打开了 MyDoC.DOCX 文档，若要把编辑后的文档以文件名 "W1.htm"存盘，可以执行"文件"选项卡中的（　　　）命令。

A．保存　　　　　　B．另存为　　　　　　C．全部保存　　　　D．另存为 HTML

（22）在 Word 2010 中进行"段落设置"，如果设置"右缩进 1cm"，则其含义是（　　　）。

A．对应段落的首行右缩进 1cm

B．对应段落除首行外，其余行都右缩进 1cm

C．对应段落的所有行在右页边距 1cm 处对齐

D．对应段落的所有行都右缩进 1cm

（23）在 Word 2010 的编辑状态，文档窗口显示出水平标尺，拖动水平标尺上沿的"首行缩进"滑块，则（　　　）。

A．文档中各段落的首行起始位置都重新确定

B．文档中被选择的各段落首行起始位置都重新确定

C．文档中各行的起始位置都重新确定

D．插入点所在行的起始位置被重新确定

（24）Word 2010 中的"制表位"是用于（　　　）。

A．制作表格　　　　B．光标定位　　　　C．设定左缩进　　　D．设定右缩进

（25）若全选整个文档，最快捷的方法是（　　　）。

A．"Ctrl+A"　　　B．"Ctrl+H"　　　C．"Ctrl+O"　　　D．"Ctrl+E"

（26）Word 2010 使用模板创建文档的过程是，选择（　　　）命令，然后选择模板名。

A．"文件"→"打开"　　　　　　　　B．"工具"→"选项"

C．"格式"→"样式"　　　　　　　　D．"文件"→"新建"

（27）新建一个 Word 文档，默认的段落样式为（　　　）。

A．正文　　　　　　B．普通　　　　　　C．目录　　　　　　D．标题

（28）Word 2010 插入点是指（　　　）。

A．当前光标的位置　　　　　　　　　B．出现在页面的左上角

C．文字等对象的插入位置　　　　　　D．在编辑区中的任意一个点

（29）当用户输入错误的或系统不能识别的文字时，Word 2010 会在文字下面以（　　　）标注。

A．红色直线　　　　　　　　　　　　B．红色波浪线

C．绿色直线　　　　　　　　　　　　D．绿色波浪线

（30）当用户输入的文字可能出现（　　　）时，Word 2010 会用绿色波浪线在文字下面标注。

A．错误文字　　　　　　　　　　　　B．不可识别的文字

C．语法错误　　　　　　　　　　　　D．中英文互混

（31）在 Word 2010 中进行文字校对时正确的操作是（　　　）。

A．执行"审阅"→"翻译"命令　　　　B．执行"开始"→"字体"命令

C．执行"开始"→"样式"命令　　　　D．执行"审阅"→"拼写和语法"命令

（32）在 Word 2010 中改变图片大小，本质上就是（　　）。

    A．改变图片内容   B．按比例放大或缩小

    C．只是一种显示效果   D．对图片裁剪

（33）在 Word 2010 中不能关闭文档的操作是（　　）。

    A．执行"文件"→"关闭"命令   B．单击窗口的"关闭"按钮

    C．执行"文件"→"另存为"命令   D．执行"文件"→"退出"命令

（34）在 Word 2010 编辑状态，进行英文输入状态与汉字输入状态间切换的快捷键是（　　）。

    A．"Ctrl+空格键"   B．"Alt+Ctrl"   C．"Shift+Ctrl"   D．"Alt+空格键"

（35）在 Word 2010 的编辑状态下，可以同时显示水平标尺和垂直标尺的视图模式是（　　）。

    A．普通视图   B．页面视图   C．大纲视图   D．全屏显示模式

（36）在 Word 2010 中选择（　　）命令，可将当前视图切换成文档结构图浏览方式。

    A．"视图"→"页眉和页脚"   B．"视图"→"页面"

    C．"视图"→"导航窗格"   D．"视图"→"显示比例"

（37）对新建文档进行编辑，若要保存，则下列说法最准确的是（　　）。

    A．可能会对"保存"对话框操作   B．一定会对"保存"对话框操作

    C．可能会对"另存为"对话框操作 D．一定会对"另存为"对话框操作

（38）在 Word 2010 中更改文字方向菜单命令的作用范围是（　　）。

    A．光标所在处   B．整篇文档   C．所选文字   D．整段文章

（39）在 Word 2010 中，下列选项不能移动光标的是（　　）。

    A．"Ctrl+Home"   B．"↑"   C．"Ctrl+A"   D．"PageUp"

（40）在 Word 2010 中按（　　）组合键可将光标快速移至文档的开端。

    A．"Ctrl+Home"   B．"Ctrl+End"

    C．"Ctrl+Shift+End"   D．"Ctrl+Shift+Home"

（41）在 Word 2010 中当用户需要选定任意数量的文本时，可以按下鼠标从所要选择的文本上拖过；另一种方法是在所要选择文本的起始处单击鼠标，然后按下（　　）键，在所要选择文本的结尾处再次单击。

    A．"Shift"   B．"Ctrl"   C．"Alt"   D．"Tab"

（42）Word 2010 中当用户在输入文字时，在（　　）模式下，随着输入新的文字，后面原有的文字将会被覆盖。

    A．插入   B．改写   C．自动更正   D．断字

（43）Word 2010 中下列操作不能实现复制的是（　　）。

    A．先选定文本，按"Ctrl+C"组合键后，再到插入点按 Ctrl+V 组合键

    B．选定文本，执行"开始"→"复制"命令后，将光标移动到插入点，单击"粘贴"按钮

    C．选定文本，按住"Ctrl"键，同时按鼠标左键，将光标移到插入点

    D．选定文本，按住鼠标左键，移到插入点

（44）Word 2010 中按住（　　）键的同时，拖动选定的内容到新位置可以快速完成复制操作。

    A．"Ctrl"   B．"Alt"   C．"Shift"   D．"Delete"

（45）以下哪些选项不属于 Word 2010 段落对话框中所提供的功能（　　）。

    A．"缩进"用于设置段落缩进

B．"间距"用于设置每一句的距离

C．"特殊格式"用于设置段落特殊缩进格式

D．"行距"用于设置本段落内的行间距

（46）在 Word 2010 中设置字符的字体、字形、字号及字符颜色、效果等，应该选择"开始"选项卡中的（　　　）进行设置。

  A．段落　　　　　　B．字体　　　　　　C．字符间距　　　D．文字效果

（47）Word 2010 文字的阴影、空心、阳文、阴文格式中，（　　　）和（　　　）可以双选，（　　　）和（　　　）只可单选。

  A．阴影，空心；阳文，阴文　　　　B．阴影，阳文；空心，阴文

  C．空心，阳文；阴影，阴文　　　　D．以上都不对

（48）在 Word 2010 中不能实现选中整篇文档的操作是（　　　）。

  A．按"Ctrl+A"组合键　　　　　　B．从头拖到尾

  C．按"Alt+A"组合键　　　　　　　D．在选区三击鼠标左键

（49）关于 Word 2010 文字的动态效果，下列说法正确的是（　　　）。

  A．动态效果只能在屏幕上显示，其文字可以打印出来，但动态效果无法打印，而且每次只能应用一种动态效果

  B．动态效果只能在屏幕上显示，其文字可以打印出来，但动态效果无法打印，而且每次可以应用多种动态效果

  C．动态效果只能在屏幕上显示，其文字和动态效果可以打印出来，但每次只能应用一种动态效果

  D．动态效果只能在屏幕上显示，其文字和动态效果可以打印出来，而且每次可以应用多种动态效果

（50）Word 2010 文档文件的默认扩展名是（　　　）。

  A．DOC　　　　　　B．DOT　　　　　　C．DOCX　　　　　D．TXT

（51）Word 2010 程序启动后就自动打开一个名为（　　　）的文档。

  A．Noname　　　　B．Untitled　　　　C．文件 1　　　　　D．文档 1

（52）可以显示水平标尺和垂直标尺的视图方式是（　　　）。

  A．普通视图　　　　D．页面视图　　　　C．大纲视图　　　　D．全屏显示方式

（53）Word 2010 程序允许打开多个文档，用（　　　）选项卡可以实现文档之间的切换。

  A．编辑　　　　　　B．窗口　　　　　　C．视图　　　　　　D．工具

（54）在 Word 2010 的编辑状态，字号被选择为四号字后，按新设置的字号显示的文字是（　　　）。

  A．插入点所在的段落中的文字　　　B．文档中被选择的文字

  C．插入点所在行中的文字　　　　　D．文档的全部文字

（55）要将文档中一部分选定的文字移动到指定的位置去，首先对它进行的操作是（　　　）。

  A．选择"插入"选项卡功能区的"复制"命令

  B．选择"编辑"菜单下的"清除"命令

  C．选择"开始"选项卡功能区"剪切"命令

  D．选择"编辑"菜单下的"粘贴"命令

（56）下列各项（　　　）可以设定打印纸张的大小。

  A．"文件"选项卡功能区中的"页面设置"命令

B．"文件"菜单中的"页面设置"命令

C．"页面布局"选项卡功能区"页面设置"组"纸张大小"命令

D．"视图"选项卡功能区中的"页面"命令

（57）要对文档的某一段落设置段落边界，首先应做的操作是（　　　）。

    A．选定段落或将光标移到此段落的任意处

    B．在"开始"选项卡功能区打开"段落"对话框

    C．选择"页面布局"选项卡功能区中的"边框与底纹"命令

    D．选择"开始"选项卡功能区"居中"命令

（58）在 Word 2010 编辑状态下，当前文档的窗口经过"还原"操作后，则该文档标题栏右边显示的按钮是（　　　）。

    A．最小化、还原和最大化按钮　　　　B．还原、最大化和关闭按钮

    C．最小化、最大化和关闭按钮　　　　D．还原和最大化按钮

（59）下列能打印输出当前编辑文档的操作是（　　　）。

    A．选择"文件"选项卡中的"打印"项"打印"

    B．单击"常用"选项卡中的"打印"按钮

    C．选择"文件"选项卡中的"页面设置"选项

    D．选择"文件"选项卡中的"打印预览"选项，再单击"打印"按钮

（60）在 Word 2010 的编辑状态下，当前文档中有一个表格，选定表格后按"Delete"键后（　　　）。

    A．表格中的内容全部被删除，但表格还存在

    B．表格和内容全部被删除

    C．表格被删除，但表格中的内容未被删除

    D．表格中插入点所在的行被删除

（61）在 Word 2010 窗口中自定义功能区，应当使用（　　　）。

    A．"工具"选项卡中的按钮

    B．"文件"选项卡中的按钮

    C．右击功能区，在弹出的快捷菜单中选择"自定义功能区"命令

    D．"视图"选项卡中的按钮

（62）在 Word 2010 的编辑状态下，当前文档中有一个表格，选定表格中的一行后，单击"表格工具-布局"选项卡功能区中的"拆分表格"按钮后，表格被拆分成上、下两个表格，已选择的行（　　　）。

    A．在上边的表格中　　　　　　　　　B．在下边的表格中

    C．不在这两个表格中　　　　　　　　D．被删除

（63）艺术字的颜色可以利用"艺术字工具"选项卡中的（　　　）按钮进行更改。

    A．编辑艺术字　　　　　　　　　　　B．艺术字形状填充

    C．艺术字形状　　　　　　　　　　　D．艺术字库设置

（64）在中文 Word 2010 中，若要将一些文本内容设置为斜体字，则应先（　　　）。

    A．单击"B"按钮　　　　　　　　　　B．单击"I"按钮

    C．单击"U"按钮　　　　　　　　　　D．选择文本

（65）在 Word 2010 中要使文字能够环绕图形编辑，应选择的环绕方式是（　　　）。

    A．紧密型　　　　　　　　　　　　　B．浮在文字上方

C. 无　　　　　　　　　　　　D. 浮在文字下方

（66）在 Word 2010 中，段落首行的缩进类型包括首行缩进和（　　　）。

　　A. 插入缩进　　　B. 悬挂缩进　　　C. 文本缩进　　　D. 整版缩进

（67）要想观察一个长文档的总体结构，应当使用（　　　）方式。

　　A. 主控文档视图　　B. 页面视图　　C. 全屏幕视图　　D. 大纲视图

（68）编辑 Word 2010 文档时，常希望在每页的底部或顶部显示页码及一些其他信息，这些信息行出现在文件每页的顶部，就称之为（　　　）。

　　A. 页码　　　　　B. 分页符　　　　C. 页眉　　　　D. 页脚

（69）在用 Word 2010 编辑时，文字下面的绿色波浪下划线表示（　　　）。

　　A. 可能有语法错误　　　　　　　B. 可能有拼写错误

　　C. 自动对所输入文字的修饰　　　D. 对输入的确认

（70）使三维设置、阴影设置工具显示在功能区的做法是（　　　）。

　　A. 单击图形对象　　　　　　　　B. 选定图形对象

　　C. 直接在工具栏中打开　　　　　D. 双击图形对象

二、参考答案

1	2	3	4	5	6	7	8	9	10	11	12	13	14	15	16	17	18	19	20
C	B	C	B	C	A	A	A	B	C	A	A	B	C	C	D	D	B	D	B
21	22	23	24	25	26	27	28	29	30	31	32	33	34	35	36	37	38	39	40
B	D	B	B	A	D	A	A	B	C	D	B	C	A	B	C	D	B	C	A
41	42	43	44	45	46	47	48	49	50	51	52	53	54	55	56	57	58	59	60
A	B	D	A	B	B	B	A	C	A	C	D	B	C	B	C	A	C	A	A
61	62	63	64	65	66	67	68	69	70
C	B	B	D	A	B	D	C	A	D

第 6 节　Excel 2010 电子表格软件

一、单选题

（1）Excel 2010 是属于下面哪套软件中的一部分（　　　）。

　　A. Windows 7　　　　　　　　　B. Microsoft Office 2010

　　C. UCDOS　　　　　　　　　　D. FrontPage 2003

（2）Excel 2010 广泛应用于（　　　）。

　　A. 统计分析、财务管理分析、股票分析和经济、行政管理等各个方面

　　B. 工业设计、机械制造、建筑工程

　　C. 美术设计、装潢、图片制作等各个方面

　　D. 多媒体制作

（3）Excel 2010 的 3 个主要功能是：（　　　）、图表、数据库。

　　A. 电子表格　　　　　　　　　　B. 文字输入

　　C. 公式计算　　　　　　　　　　D. 公式输入

（4）关于 Excel 2010，在下面的选项中，错误的说法是（　　　）。

　　A．Excel 2010 是表格处理软件

　　B．Excel 2010 不具有数据库管理能力

　　C．Excel 2010 具有报表编辑、分析数据、图表处理、连接及合并等能力

　　D．在 Excel 中可以利用宏功能简化操作

（5）关于启动 Excel 2010，下面说法错误的是（　　　）。

　　A．单击 Office 2010 快捷工具栏上的"Excel"图标

　　B．通过"开始"→"所有程序"→"Microsoft Excel2010"命令启动

　　C．通过"开始"→"远程桌面连接"命令，启动 Excel 2010

　　D．上面 3 项都不能启动 Excel 2010

（6）退出 Excel 2010 软件的方法正确的是（　　　）。

　　A．单击 Excel 控制菜单图标　　　　　　B．执行"文件"选项卡→"退出"命令

　　C．使用最小化按钮　　　　　　　　　　D．执行"文件"选项卡→"关闭文件"命令

（7）Excel 2010 应用程序窗口最下面一行称作状态栏，当输入数据时，状态栏显示（　　　）。

　　A．就绪　　　　　B．输入　　　　　C．编辑　　　　　D．等待

（8）一个 Excel 2010 文档对应一个（　　　）。

　　A．工作簿　　　　　B．工作表　　　　　C．单元格　　　　　D．一行

（9）在 Excel 2010 中，用来储存和处理工作表数据的文件，称为（　　　）。

　　A．单元格　　　　　B．工作区　　　　　C．工作簿　　　　　D．工作表

（10）Excel 2010 工作簿文件的默认扩展名是（　　　）。

　　A．.DOTX　　　　　B．.DOCX　　　　　C．.EXLX　　　　　D．.XLSX

（11）Excel 2010 将工作簿的工作表的名称放置在（　　　）。

　　A．标题栏　　　　　B．标签行　　　　　C．工具栏　　　　　D．信息行

（12）首次进入 Excel 2010 打开的第一个工作簿的名称默认为（　　　）。

　　A．文档 1　　　　　B．工作簿 1　　　　　C．Sheet1　　　　　D．未命名

（13）以下关于 Excel 2010 的叙述中，（　　　）是正确的。

　　A．Excel 将工作簿的每一张工作表分别作为一个文件来保存

　　B．Excel 允许同时打开多个工作簿文件进行处理

　　C．Excel 的图表必须与生成该图表的有关数据处于同一张工作表上

　　D．Excel 工作表的名称由文件决定

（14）在 Excel 2010 中，我们直接处理的对象称为工作表，若干工作表的集合称为（　　　）。

　　A．工作簿　　　　　B．文件　　　　　C．字段　　　　　D．活动工作簿

（15）Excel 2010 的一个工作簿文件中最多可以包含（　　　）个工作表。

　　A．31　　　　　B．63　　　　　C．127　　　　　D．255

（16）关于工作表名称的描述，正确的是（　　　）。

　　A．工作表名不能与工作簿名相同　　　　B．同一工作簿中不能有相同名字的工作表

　　C．工作表名不能使用汉字　　　　　　　D．工作表名称的默认扩展名是.xlsx

（17）在 Excel 2010 中，要选定一张工作表，操作是（　　　）。

　　A．在"视图"选项卡中选择"切换窗口"命令

　　B．用鼠标单击该工作表标签

C．在名称框中输入该工作表的名称

D．用鼠标将该工作表拖放到最左边

（18）在 Excel 2010 工作簿中，同时选择多个不相邻的工作表，可以按住（　　）键的同时，依次单击各个工作表的标签。

  A．"Ctrl"   B．"Alt"   C．"Shift"   D．"Esc"

（19）在 Excel 2010 中，电子表格是一种（　　）维的表格。

  A．一   B．二   C．三   D．多

（20）Excel 2010 工作表中的行和列数最多可有（　　）。

  A．2560 行、3600 列   B．1，048，576 行、16，348 列

  C．1000 行、1000 列   D．2000 行、2000 列

（21）Excel 工作表的最左上角的单元格的地址是（　　）。

  A．AA   B．11   C．1A   D．A1

（22）在 Excel 单元格内输入计算公式时，应在表达式前加一前缀字符（　　）。

  A．左圆括号"（" B．等号"=" C．美圆号"$" D．单撇号"'"

（23）在 Excel 单元格内输入计算公式后按"Enter"键，单元格内显示的是（　　）。

  A．计算公式   B．公式的计算结果   C．空白 D．等号"="

（24）在单元格中输入数字字符串 00080（邮政编码）时，应输入（　　）。

  A．80   B．"00080   C．'00080   D．00080'

（25）Excel 工作表最多有（　　）列。

  A．65535   B．16348   C．2540   D．1280

（26）在 Excel 2010 中，若要对某工作表重新命名，可以采用（　　）。

  A．单击工作表标签   B．双击工作表标签

  C．单击表格标题行   D．双击表格标题行

（27）Excel 2010 中的工作表是由行、列组成的表格，表中的每一格叫做（　　）。

  A．窗口格   B．子表格   C．单元格   D．工作格

（28）在 Excel 2010 中，下面关于单元格的叙述正确的是（　　）。

A．A4 表示第 4 列第 1 行的单元格

B．在编辑的过程中，单元格地址在不同的环境中会有所变化

C．工作表中每个长方形的表格称为单元格

D．为了区分不同工作表中相同地址的单元格地址，可以在单元格前加上工作表的名称，中间用"#"分隔

（29）在 Excel 2010 的工作表中，以下哪些操作不能实现（　　）。

  A．调整单元格高度   B．插入单元格

  C．合并单元格   D．拆分单元格

（30）在 Excel 2010 的工作表中，有关单元格的描述，下面正确的是（　　）。

  A．单元格的高度和宽度不能调整 B．同一列单元格的宽度不必相同

  C．同一行单元格的高度必须相同 D．单元格不能有底纹

（31）在 Excel 2010 中，单元格地址是指（　　）。

  A．每一个单元格   B．每一个单元格的大小

  C．单元格所在的工作表   D．单元格在工作表中的位置

（32）在 Excel 2010 中，将单元格变为活动单元格的操作是（　　　）。

    A．用鼠标单击该单元格　　　　　　　B．在当前单元格内键入该目标单元格地址

    C．将鼠标指针指向该单元格　　　　　　D．没必要，因为每一个单元格都是活动的

（33）在 Excel 2010 中，活动单元格是指（　　　）的单元格。

    A．正在处理　　　　　　　　　　　　　B．每一个都是活动

    C．能被移动　　　　　　　　　　　　　D．能进行公式计算

（34）向 Excel 2010 工作表的任一单元格输入内容后，都必须确认后才认可。确认的方法不正确的是（　　　）。

    A．按光标移动键　　　　　　　　　　　B．按回车键

    C．单击另一单元格　　　　　　　　　　D．双击该单元格

（35）若在 Excel 工作表中选取一组单元格，则其中活动单元格的数目是（　　　）。

    A．一行单元格　　　　　　　　　　　　B．一个单元格

    C．一列单元格　　　　　　　　　　　　D．等于被选中的单元格数目

（36）在 Excel 2010 中，按"Ctrl+End"组合键，光标移到（　　　）。

    A．行首　　　　　　　　　　　　　　　B．工作表头

    C．工作簿头　　　　　　　　　　　　　D．工作表有效的右下角

（37）在 Excel 2010 的单元格内输入日期时，年、月、日分隔符可以是（　　　）。

    A．"/"或"-"　　　　　　　　　　　　　B．"、"或"|"

    C．"/"或"\\"　　　　　　　　　　　　　D．"\\"或"."

（38）在 Excel 的单元格中输入（　　　），使该单元格显示 0.3。

    A．6/20　　　　　　B．=6/20　　　　　C．"6/20"　　　　　D．="6/20"

（39）Excel 工作表的某区域由 A1、A2、A3、B1、B2、B3 6 个单元格组成。下列不能表示该区域的是（　　　）。

    A．A1:B3　　　　　B．A3:B1　　　　　C．B3:A1　　　　　D．A1:B1

（40）在 Excel 2010 中，单元格 B2 中输入（　　　），使其显示为 1.2。

    A．"2*0.6"　　　　B．="2*0.6"　　　　C．2*0.6　　　　　D．=2*0.6

（41）普通 Excel 文件的后缀是（　　　）。

    A．.xlsx　　　　　B．.xltx　　　　　C．.xlwx　　　　　D．.excel

（42）在 Excel 2010 中，下列（　　　）是输入正确的公式形式。

    A．b2*d3+1　　　　　　　　　　　　　B．sum（d1:d2）

    C．=sum（d1:d2）　　　　　　　　　　D．=8×2

（43）若在 Excel 工作表的 A2 单元格中输入"=8+2"，则显示结果为（　　　）。

    A．10　　　　　　　B．64　　　　　　C．10　　　　　　D．8+2

（44）若在 Excel 工作表的 A2 单元格中输入"=56>=57"，则显示结果为（　　　）。

    A．56<57　　　　　B．=56<57　　　　C．TRUE　　　　　D．FALSE

（45）在 Excel 2010 中，利用填充柄可以将数据复制到相邻单元格中，若选择含有数值的左右相邻的 2 个单元格，左键拖动填充柄，则数据将以（　　　）填充。

    A．等差数列　　　　B．等比数列　　　　C．左单元格数值　D．右单元格数值

（46）单元格的数据类型不可以是（　　　）。

    A．时间型　　　　　B．逻辑型　　　　　C．备注型　　　　　D．货币型

（47）在 Excel 2010 中，正确的算术运算符是（　　　）等。

  A．+ - * / >=   B．= <= >= <> C．+ - * /   D．+ - * / &

（48）在 Excel 中使用鼠标拖放方式填充数据时，鼠标的指针形状应该是（　　　）。

  A．**+**   B．I   C．**+**   D．?

（49）在 Excel 2010 工作表中，用鼠标选择两个不连续的，但形状和大小均相同的区域后，用户不可以（　　　）。

  A．一次清除 2 个区域中的数据

  B．一次删除 2 个区域中的数据，然后由相邻区域内容移来取代之

  C．根据需要利用所选 2 个不连续区域的数据建立图表

  D．将 2 个区域中的内容按原来的相对位置复制到不连续的另外 2 个区域中

（50）在 Excel 2010 中，用鼠标拖曳复制数据和移动数据在操作上（　　　）。

  A．有所不同，区别是：复制数据时，要按住"Ctrl"键

  B．完全一样

  C．有所不同，区别是：移动数据时，要按住"Ctrl"键

  D．有所不同，区别是：复制数据时，要按住"Shift"键

（51）在 Excel 2010 中，利用剪切和粘贴（　　　）。

  A．只能移动数据   B．只能移动批注

  C．只能移动格式   D．能移动数据、批注和格式

（52）利用 Excel 2010 的自定义序列功能建立新序列。在输入的新序列各项之间要用（　　　）加以分隔。

  A．全角分号   B．全角逗号   C．半角分号   D．半角逗号

（53）在 Excel 2010 的工作表中，要在单元格内输入公式时，应先输入（　　　）。

  A．单撇号"'"   B．等号"="

  C．美元符号"$"   D．感叹号"!"

（54）在 Excel 2010 中，当公式中出现被零除的现象时，产生的错误值是（　　　）。

  A．#N/A!   B．#DIV/0!   C．#NUM!   D．#VALUE!

（55）Excel 2010 中，要在公式中使用某个单元格的数据时，应在公式中键入该单元格的（　　　）。

  A．格式   B．批注   C．条件格式   D．名称

（56）在 Excel 2010 中，如果要修改计算的顺序，需把公式首先计算的部分括在（　　　）内。

  A．单引号   B．双引号   C．圆括号   D．中括号

（57）在 Excel 2010 中，在某单元格中输入"=-5+6*7"，则按"Enter"键后，此单元格显示为（　　　）。

  A．−7   B．77   C．37   D．−47

（58）在 Excel 中，设 E1 单元格中的公式为=A3+B4，当 B 列被删除时，E1 单元格中的公式将调整为（　　　）。

  A．=A3+C4   B．=A3+B4   C．=A3+A4   D．#REF!

（59）在 Excel 2010 中，假设 B1、B2、C1、C2 单元格中分别存放 1、2、6、9，SUM（B1:C2）和 AVERAGE（B1:C2）的值等于（　　　）。

  A．10，4.5   B．10，10   C．18，4.5   D．18，10

（60）在 Excel 2010 中，参数必须用（　　　）括起来，以告诉公式参数开始和结束的位置。

  A．中括号   B．双引号   C．圆括号   D．单引号

（61）在 Excel 2010 的"开始"选项卡的"编辑"功能区中，"Σ"图标的功能是（　　）。

    A．函数向导　　　　B．自动求和　　　　C．升序　　　　D．图表向导

（62）在 Excel 的单元格中输入"=MAX（B2:B8）"，其作用是（　　）。

    A．比较 B2 与 B8 的大小　　　　　　　　B．求 B2～B8 之间的单元格的最大值

    C．求 B2 与 B8 的和　　　　　　　　　　D．求 B2～B8 之间的单元格的平均值

（63）Excel 中，单元格 F3 的绝对地址表达式为（　　）。

    A．$F3　　　　　　B．#F3　　　　　　C．$F$3　　　　　D．F#3

（64）在 Excel 2010 中，引用两个区域的公共部分，应使用引用运算符（　　）。

    A．冒号　　　　　　B．连字符　　　　　C．逗号　　　　　D．空格

（65）在 Excel 2010 中，当某单元格中的数据被显示为充满整个单元格的一串"#####"时，说明（　　）。

    A．其中的公式内出现 0 作除数的情况

    B．显示其中的数据所需的宽度大于该列的宽度

    C．其中的公式内所引用的单元格已被删除

    D．其中的公式内含有 Excel 不能识别的函数

（66）在 Excel 2010"开始"选项卡的"数字"功能区中，","图标的功能是（　　）。

    A．百分比样式　　　　　　　　　　　　B．小数点样式

    C．千位分隔样式　　　　　　　　　　　D．货币样式

（67）在 Excel 2010 中，当用户希望使标题位于表格中央时，可以使用对齐方式中的（　　）。

    A．置中　　　　　　B．填充　　　　　　C．分散对齐　　　D．合并后居中

（68）在 Excel 2010 中，某个单元格中输入文字，若要文字能自动换行，可右键选择"设置单元格格式"对话框的（　　）选项卡，选择"自动换行"选项。

    A．数字　　　　　　B．对齐　　　　　　C．图案　　　　　D．保护

（69）在 Excel 2010 中单元格的格式（　　）更改。

    A．一旦确定，将不可　　　　　　　　　B．依输入数据的格式而定，并不能

    C．可随时　　　　　　　　　　　　　　D．更改后，将不可

（70）在 Excel 的页面中，增加页眉和页脚的操作是（　　）。

    A．在"插入"选项卡中的"文本"功能区中选择"页眉/页脚"命令进行操作

    B．在"文件"选项卡中的"打印"命令对话框进行操作

    C．在"视图"选项卡的"普通"视图中进行操作

    D．只能在执行"打印"命令时才能进行设置

（71）在 Excel"文件"选项卡中选择"打印"命令，选择其中"页面设置"选项卡的"缩放比例"选项（　　）。

    A．既影响显示时的大小，又影响打印时的大小

    B．不影响显示时的大小，但影响打印时的大小

    C．既不影响显示时的大小，也不影响打印时的大小

    D．影响显示时的大小，但不影响打印时的大小

（72）在 Excel 2010 中，数据点用条形、线条、柱形、切片、点及其他形状表示，这些形状称作（　　）。

    A．数据标示　　　　B．数据　　　　　　C．图表　　　　　D．数组

（73）在 Excel 2010 中，建立图表时，我们一般（　　　　）。

　　A. 首先新建一个图表标签　　　　　　B. 建完图表后，再输入数据

　　C. 在输入的同时，建立图表　　　　　D. 先输入数据，再建立图表

（74）在 Excel 2010 中，图表被选中后，"插入"选项卡中各功能区的按扭（　　　　）。

　　A. 有部分不能使用　　　　　　　　　B. 均能使用没有变化

　　C. 均不能使用　　　　　　　　　　　D. 与图表操作无关

（75）在 Excel 2010 中，图表是（　　　　）。

　　A. 照片　　　　　　　　　　　　　　B. 工作表数据的图形表示

　　C. 可以用画图工具进行编辑的　　　　D. 根据工作表数据用画图工具绘制的

（76）在 Excel 2010 中，图表类型的条形图和柱形图（　　　　）。

　　A. 前者是水平矩形，后者是垂直矩形　B. 前者是垂直矩形，后者是水平矩形

　　C. 都是水平矩形　　　　　　　　　　D. 都是垂直矩形

（77）在 Excel 2010 中，产生图表的基础数据发生变化后，图表将（　　　　）。

　　A. 被删除　　　　　　　　　　　　　B. 发生改变，但与数据无关

　　C. 不会改变　　　　　　　　　　　　D. 发生相应的改变

（78）在 Excel 2010 中，图表中的图表项（　　　　）。

　　A. 不可编辑　　　　　　　　　　　　B. 可以编辑

　　C. 不能移动位置，但可编辑　　　　　D. 大小可调整，内容不能改

（79）在 Excel 2010 中，图表中的大多数图表项（　　　　）。

　　A. 固定不动　　　　　　　　　　　　B. 不能被移动或调整大小

　　C. 可被移动或调整大小　　　　　　　D. 可被移动，但不能调整大小

（80）在 Excel 2010 中，删除工作表中对图表有链接的数据时，图表中将（　　　　）。

　　A. 自动删除相应的数据点　　　　　　B. 必须用编辑删除相应的数据点

　　C. 不会发生变化　　　　　　　　　　D. 被复制

（81）在 Excel 2010 中，数据表示被分组成数据系列，然后每个数据系列由（　　　　）颜色或图案（或两者）来区分。

　　　　　A. 任意　　　　　B. 2个　　　　　C. 3个　　　　　D. 唯一的

（82）在工作表中选定生成图表用的数据区域后，不能用（　　　　）插入图表。

　　A. 单击工具栏的"图表向导"工具按钮

　　B. 选择快捷菜单的"插入…"命令

　　C. 选择"插入"→"图表"菜单命令

　　D. 按 F11 功能键

（83）利用 Execl 2010，不能用（　　　　）的方法建立图表。

　　A. 在工作表中插入或嵌入图表　　　　B. 添加图表工作表

　　C. 从非相邻选定区域建立图表　　　　D. 建立数据库

（84）在 Excel 工作表中插入图表最主要的作用是（　　　　）。

　　A. 更精确地表示数据　　　　　　　　B. 使工作表显得更美观

　　C. 更直观地表示数据　　　　　　　　D. 减少文件占用的磁盘空间

二、参考答案

1	2	3	4	5	6	7	8	9	10	11	12	13	14	15	16	17	18	19	20
B	A	A	B	D	B	B	B	A	C	D	B	B	B	A	D	B	B	A	B
21	22	23	24	25	26	27	28	29	30	31	32	33	34	35	36	37	38	39	40
D	B	B	C	B	B	C	C	D	C	D	A	A	D	B	D	A	D	B	D
41	42	43	44	45	46	47	48	49	50	51	52	53	54	55	56	57	58	59	60
A	C	A	D	A	C	C	A	D	A	C	D	C	D	C	D	C	D	C	C
61	62	63	64	65	66	67	68	69	70	71	72	73	74	75	76	77	78	79	80
B	B	C	D	B	C	D	B	C	A	B	A	D	A	D	A	B	D	C	A
81	82	83	84																
D	B	C	C																

第 7 节 PowerPoint 2010 演示文稿制作

一、单选题

（1）PowerPoint 2010 是用于制作（　　　）的工具软件。

    A．文档文件　　　　　　B．演示文稿　　　C．模板　　　　　D．动画

（2）由 PowerPoint 2010 创建的文档称为（　　　）。

    A．演示文稿　　　　　　B．幻灯片　　　　C．讲义　　　　　D．多媒体课件

（3）PowerPoint 2010 演示文稿文件的扩展名是（　　　）。

    A．.pptx　　　　　　　　B．.potx　　　　　C．.xlsx　　　　　D．.htmx

（4）演示文稿文件中的每一张演示单页称为（　　　）。

    A．旁白　　　　　　　　B．讲义　　　　　C．幻灯片　　　　D．备注

（5）PowerPoint 2010 中能对幻灯片进行移动、删除、复制和设置动画效果，但不能对幻灯片进行编辑的视图是（　　　）。

    A．幻灯片大纲视图　　　　　　　　　　B．普通视图

    C．幻灯片阅读视图　　　　　　　　　　D．幻灯片浏览视图

（6）（　　　）是事先定义好格式的一批演示文稿方案。

    A．模板　　　　　　　　B．母版　　　　　C．版式　　　　　D．幻灯片

（7）选择 PowerPoint 2010 中，（　　　）的"背景"命令可改变幻灯片的背景。

    A．格式　　　　　　　　B．幻灯片放映　　C．工具　　　　　D．视图

（8）PowerPoint 2010 模板文件以（　　　）扩展名进行保存。

    A．.pptx　　　　　　　　B．.potx　　　　　C．.docx　　　　　D．.xltx

（9）PowerPoint 2010 的大纲窗格中，不可以（　　　）。

    A．插入幻灯片　　　　B．删除幻灯片　　C．移动幻灯片　　D．添加文本框

（10）在编辑演示文稿时，要在幻灯片中插入表格、剪贴画或照片等图形，应在（　　　）中进行。

    A．备注页视图　　　　　　　　　　　　B．幻灯片浏览视图

    C．幻灯片窗格　　　　　　　　　　　　D．大纲窗格

（11）演示文稿中每张幻灯片都是基于某种（　　　）创建的，它预定义了新建幻灯片的各种占位符布局情况。

    A．模板   B．母版   C．版式   D．格式

（12）在 PowerPoint 2010 中，设置幻灯片放映时的换页效果为"向下插入"，应使用"幻灯片放映"菜单下的（　　　）选项。

    A．动作按钮   B．幻灯片切换   C．预设动画   D．自定义动画

（13）每个演示文稿都有一个（　　　）集合。

    A．模板   B．母版   C．版式   D．格式

（14）下列操作，不能插入幻灯片的是（　　　）。

    A．单击工具栏中的"新幻灯片"按钮

    B．单击工具栏中"常规任务"按钮，从中选择"新幻灯片"选项

    C．从"插入"下拉菜单中选择"新幻灯片"命令

    D．从"文件"下拉菜单中选择"新建"命令，或单击工具栏中的"新建"按钮

（15）关于插入幻灯片的操作，不正确的是（　　　）。

    A．选中一张幻灯片，做插入操作

    B．插入的幻灯片在选定的幻灯片之前

    C．首先确定要插入幻灯片的位置，再做插入操作

    D．一次可以插入多张幻灯片

（16）在幻灯片中设置文本格式，首先要（　　　）标题占位符、文本占位符或文本框。

    A．选定   B．单击   C．双击   D．右击

（17）在 PowerPoint 2010 中，幻灯片（　　　）是一张特殊的幻灯片，包含已设定格式的占位符。这些占位符是为标题、主要文本和所有幻灯片中出现的背景项目而设置的。

    A．模板   B．母版   C．版式   D．样式

（18）对母版的修改将直接反映在（　　　）幻灯片上。

    A．应用母版的每张   B．应用母版的当前张

    C．当前幻灯片之后的所有   D．当前幻灯片之前的所有

（19）要为所有幻灯片添加编号，（　　　）方法是不正确的。

    A．执行"插入"→"幻灯片编号"命令即可

    B．执行"插入"→"页眉和页脚"命令，在弹出的对话框中选中"幻灯片编号"复选项，然后单击"全部应用"按钮

    C．执行"视图"→"页眉和页脚"命令，在弹出的对话框中选中"幻灯片编号"复选项，然后单击"全部应用"按钮

    D．在母版视图中，执行"插入"→"幻灯片编号"命令即可

（20）在 PowerPoint 2010 中，可以为文本、图形等对象设置动画效果，以突出重点或增加演示文稿的趣味性。设置动画效果可采用（　　　）菜单的"添加动画"命令。

    A．格式   B．动画   C．工具   D．视图

（21）要使幻灯片在放映时能够自动播放，需要为其设置（　　　）。

    A．超级链接   B．动作按钮   C．排练计时   D．录制旁白

（22）演示文稿打包后，在目标盘上会产生一个名为（　　　）的解包可执行文件。

    A．Setup.exe   B．Pngsetup.exe   C．Install.exe   D．Pres0.ppz

（23）展开打包的演示文稿文件，需要运行（　　　）。

  A．pngsetup.exe B．pres0.exe C．acme.exe D．findfast.exe

（24）对于演示文稿中不准备放映的幻灯片可以用（　　　）下拉菜单中的"隐藏幻灯片"命令隐藏。

  A．工具   B．幻灯片放映 C．视图   D．编辑

（25）在 PowerPoint 2010 中，可以创建某些（　　　），在幻灯片放映时，单击它们就可以跳转到特定的幻灯片或运行一个嵌入的演示文稿。

  A．按钮   B．过程   C．替换   D．粘贴

（26）放映幻灯片有多种方法，在默认状态下，以下（　　　）可以不从第一张幻灯片开始放映。

  A．"幻灯片放映"菜单下"观看放映"命令选项

  B．视图按钮栏上的"幻灯片放映"按钮

  C．"视图"菜单下的"幻灯片放映"命令选项

  D．在"资源管理器"中，用鼠标右键单击演示文稿文件，在快捷菜单中选择"显示"命令

（27）PowerPoint 2010 中，下列裁剪图片的说法错误的是（　　　）。

  A．裁剪图片是指保存图片的大小不变，而将不希望显示的部分隐藏起来

  B．当需要重新显示被隐藏的部分时，还可以通过"裁剪"工具进行恢复

  C．如果要裁剪图片，单击选定图片，再单击"图片"工具栏中的"裁剪"按钮

  D．按住鼠标右键向图片内部拖动时，可以隐藏图片的部分区域

（28）在 PowerPoint 2010 中，如果有额外的一两行不适合文本占位符的文本，则 PowerPoint 2010 会（　　　）。

  A．不调整文本的大小，也不显示超出部分

  B．自动调整文本的大小使其适合占位符

  C．不调整文本的大小，超出部分自动移至下一幻灯片

  D．不调整文本的大小，但可以在幻灯片放映时用滚动条显示文本

（29）在 PowerPoint 2010 中，改变正在编辑的演示文稿模板的方法是（　　　）。

  A．执行"设计"菜单下的"应用设计模板"命令

  B．执行"工具"菜单下的"版式"命令

  C．执行"幻灯片放映"菜单下的"自定义动画"命令

  D．执行"格式"菜单下的"幻灯片版式"命令

（30）在一张幻灯片中，（　　　）。

  A．只能包含文字信息   B．只能包含文字与图形对象

  C．只能包括文字、图形与声音 D．可以包含文字、图形、声音、影片等

（31）在 PowerPoint 2010 中，演示文稿与幻灯片的关系是（　　　）。

  A．演示文稿即是幻灯片   B．演示文稿中包含多张幻灯片

  C．幻灯片中包含多个演示文稿 D．两者无关

（32）在幻灯片中添加动作按钮，是为了（　　　）。

  A．演示文稿内幻灯片的跳转功能 B．出现动画效果

  C．用动作按钮控制幻灯片的制作 D．用动作按钮控制幻灯片统一的外观

（33）要设置在幻灯片中艺术字的格式，可通过（　　　）实现。

  A．选定艺术字，在"插入"菜单中选择"对象"命令

B．选定艺术字，在"编辑"菜单中选择"替换"命令

C．选定艺术字，在"格式"菜单中选择"艺术字"命令

D．选定艺术字，在"工具"菜单中选择"语言"命令

（34）如果希望 PowerPoint 2010 演示文稿的作者名出现在所有幻灯片中，则应将其加入到（　　）。

    A．幻灯片母版　　　　B．备注母版　　　　C．标题母版　　　D．幻灯片设计模板

（35）将 PowerPoint 2010 演示文稿整体地设置为统一外观的功能是（　　）。

    A．统一动画效果　　　　　　　　　B．配色方案

    C．固定的幻灯片母版　　　　　　　D．应用设计模板

（36）在 PowerPoint 2010 中，要选定多个对象，可通过（　　）实现。

    A．按住"Shift"键的同时，用鼠标单击各个对象

    B．按住"Ctrl"键的同时，用鼠标单击各个对象

    C．按住"Alt"键的同时，用鼠标单击各个对象

    D．按住"Tab"键的同时，用鼠标单击各个对象

（37）在 PowerPoint 2010 中，执行"文件/关闭"命令，则（　　）。

    A．关闭 PowerPoint 2010 窗口　　　B．关闭正在编辑的演示文稿

    C．退出 PowerPoint 2010 程序　　　D．关闭所有打开的演示文稿

（38）在 PowerPoint 2010 中，幻灯片母版是（　　）。

    A．用户定义的第一张幻灯片，以供其他幻灯片套用

    B．用于统一演示文稿中各种格式的特殊幻灯片

    C．用户定义的幻灯片模板

    D．演示文稿的总称

（39）为在 PowerPoint 2010 幻灯片放映时，对某张幻灯片加以说明，可（　　）。

    A．用鼠标作笔进行勾画

    B．在工具栏选择"绘图笔"进行勾画

    C．在 Windows 画图工具箱中选择"绘图笔"进行勾画

    D．在幻灯片放映时右击鼠标，在快捷菜单的"指针选项"中选择"荧光笔"命令

（40）在 PowerPoint 2010 中，若预设动画，应选择（　　）。

    A．动画/预设动画　　　　　　　　　B．编辑/查找

    C．格式/幻灯片版式　　　　　　　　D．插入/影片和声音

（41）在 PowerPoint 2010 中，幻灯片（　　）是一种特殊的幻灯片，包含已设定格式的占位符。这些占位符是为标题、主要文本和幻灯片中出现的背景项目而设置的。

    A．模板　　　　　B．母版　　　　　C．版式　　　　D．样式

（42）若要在 PowerPoint 2010 中插入图片，下列说法错误的是（　　）。

    A．允许插入在其他图形程序中创建的图片

    B．为了将某种格式的图片插入到幻灯片中，必须安装相应的图形过滤器

    C．选择插入菜单中的"图片"命令，再选择"来自文件"命令

    D．在插入图片前，不能预览图片

（43）在 PowerPoint 2010 中，关于在幻灯片中插入图表的说法中错误的是（　　）。

    A．可以直接通过复制和粘贴的方式，将图表插入到幻灯片中

　　　B．对不含图表占位符的幻灯片可以插入新图表

　　　C．只能通过插入包含图表的新幻灯片来插入图表

　　　D．双击图表占位符可以插入图表

（44）在 PowerPoint 2010 中，下列有关表格的说法错误的是（　　）。

　　　A．要向幻灯片中插入表格，需切换到普通视图

　　　B．要向幻灯片中插入表格，需切换到幻灯片视图

　　　C．不能在单元格中插入斜线

　　　D．可以分拆单元格

（45）在 PowerPoint 2010 中，下列说法错误的是（　　）。

　　　A．不可以为剪贴画重新上色

　　　B．可以向已存在的幻灯片中插入剪贴画

　　　C．可以修改剪贴画

　　　D．可以利用自动版式建立带剪贴画的幻灯片，用来插入剪贴画

（46）在 PowerPoint 2010 中，下列关于表格的说法错误的是（　　）。

　　　A．可以向表格中插入新行和新列　　　B．不能合并和拆分单元格

　　　C．可以改变列宽和行高　　　　　　　D．可以给表格添加边框

（47）在 PowerPoint 2010 的（　　　）下，可以用拖动的方法改变幻灯片的顺序。

　　　A．幻灯片视图　　　B．备注页视图　　　C．阅读视图　　　D．幻灯片放映

（48）在 PowerPoint 2010 中，将已经创建的演示文稿转移到其他没有安装 PowerPoint 2010 软件的机器上放映的方法是（　　　）。

　　　A．演示文稿打包　　　　　　　　　　B．演示文稿发送

　　　C．演示文稿复制　　　　　　　　　　D．设置幻灯片放映

（49）PowerPoint 2010 的演示文稿具有幻灯片、幻灯片浏览、备注、幻灯片阅读和（　　　）等 5 种视图。

　　　A．普通　　　　　　B．大纲　　　　　　C．页面　　　　　　D．联机版式

（50）演示文稿的基本组成单元是（　　）。

　　　A．文本　　　　　　B．图形　　　　　　C．超链点　　　　　D．幻灯片

（51）在 PowerPoint 2010 中，显示当前被处理的演示文稿文件名的栏是（　　）。

　　　A．工具栏　　　　　B．菜单栏　　　　　C．标题栏　　　　　D．状态栏

（52）PowerPoint 2010 在幻灯片中建立超链接有两种方式：通过把某对象作为"超链点"和（　　）。

　　　A．文本框　　　　　B．文本　　　　　　C．图片　　　　　　D．动作

（53）在 PowerPoint 2010 中，激活超链接的动作可以是在超链点用鼠标"单击"和（　　）。

　　　A．移过　　　　　　B．拖动　　　　　　C．双击　　　　　　D．右击

（54）剪切幻灯片，首先要选中当前幻灯片，然后（　　）。

　　　A．选择"编辑"菜单的"清除"命令

　　　B．选择"开始"菜单的"剪切"命令

　　　C．按住"Shift"键，然后利用拖放控制点

　　　D．按住"Ctrl"键，然后利用拖放控制点

（55）要实现在播放时幻灯片之间的跳转，可采用的方法是（　　）。

　　　A．设置预设动画　　　　　　　　　　B．设置自定义动画

C．设置幻灯片切换方式　　　　　　D．设置动作按钮

（56）要为所有幻灯片添加编号，下列方法中不正确的是（　　　）。

  A．执行"插入"菜单的"幻灯片编号"命令即可

  B．在母版视图中，执行"插入"菜单的"幻灯片编号"命令

  C．执行"插入"菜单的"页眉和页脚"命令，在弹出的对话框中选中"幻灯片编号"
   复选项，然后单击"全部应用"按钮

  D．执行"视图"菜单的"页眉和页脚"命令，在弹出的对话框中选中"幻灯片编号"
   复选项，然后单击"全部应用"按钮

（57）在 PowerPoint 2010 的"打印"对话框中，不是合法的"打印内容"选项是（　　　）。

  A．备注页　　　　　B．幻灯片　　　　　C．讲义　　　　　D．幻灯片浏览

（58）在幻灯片的放映过程中要中断放映，可以直接按（　　　）键。

  A．"Alt+F4"　　　　B．"Ctrl+X"　　　　C．"Esc"　　　　D．"End"

（59）当保存演示文稿时，出现"另存为"对话框，则说明（　　　）。

  A．该文件保存时，不能用该文件原来的文件名

  B．该文件不能保存

  C．该文件未保存过

  D．该文件已经保存过

（60）在 PowerPoint 2010 中，要选定多个图形时，需（　　　），然后用鼠标单击要选定的图形
对象。

  A．先按住"Alt"键　　　　　　　　B．先按住"Home"键

  C．先按住"End"键　　　　　　　　D．先按住"Ctrl"键

（61）在 PowerPoint 2010 中，若想在一屏内观看多张幻灯片的播放效果，可采用的方法是
（　　　）。

  A．切换到幻灯片放映视图　　　　　B．打印预览

  C．切换到幻灯片浏览视图　　　　　D．切换到幻灯片大纲视图

（62）不能作为 PowerPoint 2010 演示文稿的插入对象的是（　　　）。

  A．图表　　　　B．Excel 工作簿　　C．图像文档　　D．Windows 操作系统

（63）在 PowerPoint 2010 中，需要帮助时，可以按功能键（　　　）。

  A．"F1"　　　　　　B．"F2"　　　　　C．"F7"　　　　　D．"F8"

（64）幻灯片的切换方式是指（　　　）。

  A．在编辑新幻灯片时的过渡形式

  B．在编辑幻灯片时切换不同视图

  C．在编辑幻灯片时切换不同的设计模板

  D．在幻灯片放映时两张幻灯片间过渡形式

（65）在 PowerPoint 2010 中，安排幻灯片中对象的布局可选择（　　　）来设置。

  A．应用设计模板　　　　　　　　　B．幻灯片版式

  C．背景　　　　　　　　　　　　　D．配色方案

（66）在 PowerPoint 2010 中，取消幻灯片中对象的动画效果可通过执行（　　　）命令来实现。

  A．幻灯片放映中的自定义放映　　　B．"动画"中的"高级动画"

  C．幻灯片放映中的预设动画　　　　D．"插入"中的"动作按钮"

（67）在 PowerPoint 2010 中，文字区的插入条光标存在，证明此时是（　　）状态。

　　A．移动　　　　　　B．文字编辑　　　C．复制　　　　　　D．文字框选取

（68）选定演示文稿，若要改变该演示文稿的整体外观，需要进行（　　）的操作。

　　A．选择"工具"菜单中的"自动更正"命令

　　B．选择"工具"菜单中的"自定义"命令

　　C．选择"设计"菜单中的"主题"命令

　　D．选择"开始"菜单中的"版式"命令

（69）执行"幻灯片放映"下拉菜单中的"排练计时"命令对幻灯片定时切换后，又执行了"幻灯片放映"下拉菜单中的"设置放映方式"命令，并在该对话框的"换片方式"选项组中，选择"人工"选项，则下面叙述中不正确的是（　　）。

　　A．放映幻灯片时，单击鼠标换片

　　B．放映幻灯片时，单击"弹出菜单"按钮，选择"下一张"命令进行换片

　　C．放映幻灯片时，单击鼠标右键，弹出快捷菜单，选择"下一张"命令进行换片

　　D．幻灯片仍然按"排练计时"设定的时间进行换片

（70）在 PowerPoint 2010 窗口下使用"大纲"视图，不能进行的操作是（　　）。

　　A．对图片、图表、图形等进行修改、删除、复制和移动

　　B．对幻灯片的顺序进行调整

　　C．对标题的层次和顺序进行改变

　　D．对幻灯片进行删除或复制

（71）在"空白"版式的演示文稿内输入"标题"文本备注，下列方式中，比较简单方便的是（　　）。

　　A．使用"幻灯片浏览"视图　　　　　B．使用"大纲"视图

　　C．使用"普通"视图　　　　　　　　D．使用"阅读"视图

（72）在 PowerPoint 2010 中，如果在幻灯片浏览视图中要选定若干张不连续的幻灯片，那么应先按住（　　）键，再分别单击各幻灯片。

　　A．"Tab"　　　　B．"Ctrl"　　　　C．"Shift"　　　D．"Alt"

（73）在幻灯片浏览视图中，按住 Ctrl 键，并用鼠标拖动幻灯片，将完成幻灯片的（　　）操作。

　　A．剪切　　　　　　B．移动　　　　　C．复制　　　　　D．删除

二、参考答案

1	2	3	4	5	6	7	8	9	10	11	12	13	14	15	16	17	18	19	20
B	A	A	C	C	A	A	B	C	C	C	B	B	D	B	A	B	A	C	B
21	22	23	24	25	26	27	28	29	30	31	32	33	34	35	36	37	38	39	40
C	B	A	B	A	B	D	B	A	D	B	A	C	A	D	B	B	D	A	A
41	42	43	44	45	46	47	48	49	50	51	52	53	54	55	56	57	58	59	60
B	D	C	C	A	B	A	A	B	D	C	D	A	B	D	D	D	C	C	D
61	62	63	64	65	66	67	68	69	70	71	72	73
C	D	A	D	B	B	B	C	D	D	B	B	C

第 8 节　Access 2010 数据库

一、单选题

（1）在 Access 数据库中，一个关系就是一个（　　）。

　　A．二维表　　　　　　B．记录　　　　　　C．字段　　　　　　D．数据库

（2）Access 数据库最基础的对象是（　　）。

　　A．表　　　　　　　　B．宏　　　　　　　C．报表　　　　　　D．窗体

（3）利用 Access 2010 创建的数据库文件，其扩展名为（　　）。

　　A．ADP　　　　　　　B．Accdb　　　　　　C．FRM　　　　　　D．DBF

（4）在 Access 中，如果不想显示数据表中的某些字段，可以使用的命令是（　　）。

　　A．隐藏　　　　　　　B．删除　　　　　　C．冻结　　　　　　D．筛选

（5）SQL 的功能包括（　　）。

　　A．查找、编辑、控制、操纵　　　　　　　　B．数据定义、查询、操纵、控制

　　C．窗体、视图、查询、页　　　　　　　　　D．控制、查询、删除、增加

（6）在 E-R 图中，用来表示实体的图形是（　　）。

　　A．矩形　　　　　　　B．椭圆形　　　　　C．菱形　　　　　　D．三角形

（7）利用对话框提示用户输入查询条件，这样的查询属于（　　）。

　　A．选择查询　　　　　B．参数查询　　　　C．操作查询　　　　D．SQL 查询

（8）以下不是报表数据来源的是（　　）。

　　A．一个多表创建的查询　　　　　　　　　B．一个表

　　C．多个表　　　　　　　　　　　　　　　D．一个单表创建的查询

（9）在 SQL 查询中"GROUP BY"的含义是（　　）。

　　A．选择行条件　　　　　　　　　　　　　B．对查询进行排序

　　C．选择列字段　　　　　　　　　　　　　D．对查询进行分组

（10）SQL 的含义是（　　）。

　　A．结构化查询语言　　　　　　　　　　　B．数据定义语言

　　C．数据库查询语言　　　　　　　　　　　D．数据库操纵与控制语言

（11）下列函数中能返回数值表达式的整数部分值的是（　　）。

　　A．Abs（数字表达式）　　　　　　　　　B．Int（数值表达式）

　　C．Srq（数值表达式）　　　　　　　　　D．Sgn（数值表达式）

（12）在 SQL 语言的 SELECT 语句中，用于实现选择运算的子句是（　　）。

　　A．FOR　　　　　　　B．IF　　　　　　　C．WHILE　　　　　D．WHERE

（13）要从学生关系中查询学生的姓名和年龄所进行的查询操作属于（　　）。

　　A．选择　　　　　　　B．投影　　　　　　C．联结　　　　　　D．自然联结

（14）如果加载窗体，先被触发的事件是（　　）。

　　A．Load 事件　　　　　　　　　　　　　B．Open 事件

　　C．Click 事件　　　　　　　　　　　　　D．DdClick 事件

（15）Access 数据库表中的字段可以定义有效性规则，有效性规则是（　　）。

    A．控制符　　　　　　　B．文本　　　　　　C．条件　　　　　　D．前 3 种说法都不对

（16）在课程表中要查找课程名称中包含"计算机"的课程，对应"课程名称"字段的条件表达式是（　　）。

    A．"计算机"　　　　　　B．"*计算机*"　　C．Like"*计算机*"　　D．Like"计算机"

（17）要查询 2003 年度参加工作的职工，限定查询时间范围的准则为（　　）。

    A．Between #2003-01-01# And #2003-12-31#

    B．Between 2003-01-01 And 2003-12-31

    C．<#2003-12-31#

    D．>#2003-01-01#

（18）在 Access 数据库的表设计视图中，不能进行的操作是（　　）。

    A．修改字段类型　　　B．设置索引　　　　C．增加字段　　　　D．删除记录

（19）假设数据库中表 A 和表 B 建立了"一对多"的关系，表 B 为"多"的一方，则下述说法中正确的是（　　）。

    A．表 A 中的一个记录能与表 B 中的多个记录匹配

    B．表 B 中的一个记录能与表 A 中的多个记录匹配

    C．表 A 中的一个字段能与表 B 中的多个字段匹配

    D．表 B 中的一个字段能与表 A 中的多个字段匹配

（20）用 SQL 语言描述"在教师表中查找女教师的全部信息"，以下描述正确的是（　　）。

    A．SELECT　FROM 教师表 IF（性别="女"）

    B．SELECT 性别 FROM 教师表 IF（性别="女"）

    C．SELECT *FROM 教师表 WHERE（性别="女"）

    D．SELECT *FROM 性别 WHERE（性别="女"）

（21）若不想修改数据库文件中的数据库对象，打开数据库文件时要选择（　　）。

    A．以独占方式打开　　　　　　　B．以只读方式打开

    C．以共享方式打开　　　　　　　D．打开

（22）某文本型字段的值只能为字母，且长度为 6，则可将该字段的输入掩码属性定义为（　　）。

    A．AAAAAA　　　　B．LLLLLL　　　C．000000　　　D．999999

（23）在 SQL 语句中，检索要去掉重复组的所有元组，则在 SELECT 中使用（　　）。

    A．All　　　　　　　B．UNION　　　　C．LIKE　　　　D．DISTINCT

（24）有 SQL 语句：SELECT * FROM 教师 WHERE NOT（工资>3000 OR 工资<2000），与如上语句等价的 SQL 语句是（　　）。

    A．SELECT*FROM 教师 WHERE 工资 BETWEEN 2000 AND 3000

    B．SELECT*FROM 教师 WHERE 工资 >2000 AND 工资<3000

    C．SELECT*FROM 教师 WHERE 工资>2000 OR 工资<3000

    D．SELECT*FROM 教师 WHERE 工资<=2000 AND 工资>=3000

（25）以下表达式合法的是（　　）。

    A．学号 Between 05010101 And 05010305

    B．[性别] = "男"Or [性别] = "女"

    C．[成绩] >= 70 [成绩] <= 85

D. [性别] Like "男"= [性别] = "女"

（26）在查询设计视图中设计排序时，如果选取了多个字段，则输出结果是（　　）。

    A. 按设定的优先次序依次进行排序   B. 按最右边的列开始排序

    C. 按从左向右优先次序依次排序   D. 无法进行排序

（27）Access 支持的查询类型有（　　）。

    A. 选择查询、交叉表查询、参数查询、SQL 查询和动作查询

    B. 基本查询、选择查询、参数查询、SQL 查询和动作查询

    C. 多表查询、单表查询、交叉表查询、参数查询和动作查询

    D. 选择查询、统计查询、参数查询、SQL 查询和动作查询

（28）以下关于查询的叙述正确的是（　　）。

    A. 只能根据数据库表创建查询

    B. 只能根据已建查询创建查询

    C. 可以根据数据库表和已建查询创建查询

    D. 不能根据已建查询创建查询

（29）Access 数据库中，为了保持表之间的关系，要求在子表（从表）中添加记录时，如果主表中没有与之相关的记录，则不能在子表（从表）中添加改记录。为此需要定义的关系是（　　）。

    A. 输入掩码   B. 有效性规则   C. 默认值   D. 参照完整性

（30）把 E-R 图转换成关系模型的过程，属于数据库设计的（　　）。

    A. 概念设计   B. 逻辑设计   C. 需求分析   D. 物理设计

（31）窗体有 3 种视图，用于创建窗体或修改窗体的窗口是窗体的（　　）。

    A. "设计"视图   B. "窗体"视图

    C. "数据表"视图   D. "透视表"视图

（32）查询设有部门和员工两个实体，每个员工只能属于一个部门，一个部门可以有多名员工，则部门与员工实体之间的联系类型是（　　）。

    A. 多对多   B. 一对多   C. 多对一   D. 一对一

（33）在成绩中要查找成绩≥80 且成绩≤90 的学生，正确的条件表达式是（　　）。

    A. 成绩 Between 80 And 90   B. 成绩 Between 80 To 90

    C. 成绩 Between 79 And 91   D. 成绩 Between 79 To 91

（34）若要查询成绩为 60～80 分之间（包括 60 分，不包括 80 分）的学生的信息，成绩字段的查询准则应设置为（　　）。

    A. >60 or <80   B. >=60 And <80

    C. >60 and <80   D. IN(60，80)

（35）"学生表"中有"学号"、"姓名"、"性别"和"入学成绩"等字段。执行如下 SQL 命令后的结果是（　　）：Select avg（入学成绩）From 学生表 Group by 性别。

    A. 计算并显示所有学生的平均入学成绩

    B. 计算并显示所有学生的性别和平均入学成绩

    C. 按性别顺序计算并显示所有学生的平均入学成绩

    D. 按性别分组计算并显示不同性别学生的平均入学成绩

（36）Access 中，设置为主键的字段（　　）。

    A. 不能设置索引   B. 可设置为"有（有重复）"索引

C．系统自动设置索引　　　　　　　D．可设置为"无"索引

（37）下列对数据输入无法起到约束作用的是（　　　）。

A．输入掩码　　　B．有效性规则　　C．字段名称　　　D．数据类型

（38）不属于 Access 数据库对象的是（　　　）。

A．表　　　　　　B．文件　　　　　C．窗体　　　　　D．查询

（39）在学生表中，如果要设置性别字段的值只能是男和女，该字段的有效性规则设置应为
（　　　）。

A．"男" Or "女"　　　　　　　　　B．"男" And "女"

C．="男女"　　　　　　　　　　　D．="男" And ="女"

（40）在 Access 中要显示"教师表"中姓名和职称的信息，应采用的关系运算是（　　　）。

A．选择　　　　　B．投影　　　　　C．连接　　　　　D．关联

（41）Access 2010 表中字段的数据类型不包括（　　　）。

A．文本　　　　　B．备注　　　　　C．通用　　　　　D．日期/时间

（42）窗体由多个部分组成，每个部分成为一个（　　　）。

A．节　　　　　　B．段　　　　　　C．记录　　　　　D．表格

（43）在 Access 中，可用于设计输入界面的对象是（　　　）。

A．窗体　　　　　B．报表　　　　　C．查询　　　　　D．表

（44）在数据库中，能维系表之间关联的是（　　　）。

A．关键字　　　　B．域　　　　　　C．记录　　　　　D．外部关键字

（45）下列选项中错误的变量名是（　　　）。

A．cc_地址　　　B．地址_1　　　　C．地址 1　　　　D．1_地址

（46）下列关于 OLE 对象的叙述中，正确的是（　　　）。

A．用于输入文本数据　　　　　　　B．用于处理超级链接数据

C．用于生成自动编号数据　　　　　D．用于链接或内嵌 Windows 支持的对象

（47）如果在创建表中建立字段"性别"，并要求用汉字表示，其数据类型应当是（　　　）。

A．是/否　　　　　B．数字　　　　　C．文本　　　　　D．备注

（48）可作为报表记录源的是（　　　）。

A．表　　　　　　B．查询　　　　　C．Select 语句　　D．以上都可以

（49）如果要在整个报表的最后输出信息，需要设置（　　　）。

A．页面页脚　　　B．报表页脚　　　C．页面页眉　　　D．报表页眉

（50）在窗体中，用来输入或编辑字段数据的交互控件是（　　　）。

A．文本框控件　　B．标签控件　　　C．复选框控件　　D．列表框控件

二、参考答案

1	2	3	4	5	6	7	8	9	10	11	12	13	14	15	16	17	18	19	20
A	A	B	D	B	A	B	C	D	A	A	A	B	D	B	A	B	C	D	A
21	22	23	24	25	26	27	28	29	30	31	32	33	34	35	36	37	38	39	40
B	B	D	A	B	C	A	C	D	B	A	B	A	B	D	C	C	B	A	A
41	42	43	44	45	46	47	48	49	50										
C	A	A	D	D	D	C	D	B	A										

第8章
综合练习题（1）

说明

读者可以把"C:\Sjzd\"下的文件夹"20100101"复制到 E 盘中，练习本章中的练习 1、练习 2、练习 3，可以把"C:\Sjzd\"下的文件夹"20110101"复制到 E 盘中，练习本章中的练习 4、练习 5（所有文件可以从"http://www.sjzc.edu.cn/jsj/"下载）。

网络部分的练习需要使用 OutlookExpress 和 InternetExplorer 模拟环境，请在机房提供的软件中进入相应环境。

练 习 1

1. Windows 基本操作（共 5 分）

（1）在 Winkt 文件夹下面建立 User_C 文件夹。

（2）在 User_C 文件夹下建立一个名为"计算机系统介绍.ppt"的 PowerPoint 文件。

（3）在 Winkt 文件夹范围搜索"help.exe"文件，并在 User_C 文件夹建立它的快捷方式，名称为"帮助文件"。

（4）在 Winkt 文件夹范围搜索 Exam2 文件夹，将其复制到 User_C 文件夹下。

（5）在 Winkt 文件夹范围搜索所有以"us"开头的文件，将其移动到 Exam1 文件夹下。

2. 字、表、图混排操作（共 20 分）

（1）编辑、排版操作。

打开 Wordkt 文件夹下的 WordC.doc 文件，按如下要求进行编辑、排版。

A. 基本编辑。

- 将文章第三段"京剧脸谱，是根据某种性格、性情或某种特殊类型的人物"一段删除。
- 将文中的手动换行符"↓"替换为段落标记"↵"。

B. 排版。

- 页边距：上、下为 2.6 厘米；左、右为 3 厘米；纸张大小为自定义（21×27 厘米）。
- 将文章标题"京剧脸谱"设为艺术字，选择第三行、第一列的艺术字形，设置艺术字环绕方式为"上下型"，艺术字形状为"双波形 1"。
- 设置文章小标题（1.京剧脸谱的特点、2.京剧脸谱的起源）为黑体、四号、粗体、蓝色字，左对齐，悬挂缩进 2 字符，段前 0.5 行。

- 设置文章中所有文字（除标题和小标题以外的部分）为黑体、小四号，左对齐，首行缩进 2 字符，1.5 倍行距，段前、段后 0 行。
- 在文章中插入页眉"中国京剧脸谱"，宋体、五号字，居中对齐。

C．图文操作（样文参见 Wordkt 文件夹下的"样文 C.jpg"）。

- 在文章中插入 Wordkt 文件夹下的图片文件"C1.jpg"，将图片宽度、高度设为原来的 80%；并在图片的左侧添加文字"花脸"（使用竖排文本框），文字为华文行楷、初号、深红色，文本框无填充颜色、无线条颜色。
- 将图片和文本框组合。将组合后的对象环绕方式设置为"四周型"，文字只在左侧，图片距正文左侧 0.5 厘米，右侧 0.5 厘米，上下均为 0 厘米。

将排版后的文件以原文件名存盘。

（2）表格操作。

打开 Wordkt 文件夹下的 bgc.doc 文件，并按如下要求调整表格（样表参见 Wordkt 文件夹下的，"bgc.jpg"）。

- 参照样表在到期日的右边插入两列，分别添加文字："利率"和"利息"，并删除表格最后一行。
- 为表格添加斜线表头，表头样式为"样式一"，行标题为"存款"、列标题为"账户"。
- 设置表格外框为橙色、1.5 磅、双线（双线第一种），内线为橙色、1.5 磅、虚线（虚线第一种），第一行为金色底纹。
- 设置表格第一行文字为宋体、深蓝色、加粗、小四号字，设置表格中所有文字水平且垂直居中。

最后将此文档以原名保存在 Wordkt 文件夹中。

3. 电子表格操作（共 20 分）

打开 ExcelKt 文件夹下的 Teacher.xlsx 文件，按下列要求操作。

（1）编辑 Sheetl 工作表。

A．基本编辑。

- 将工作表标题设置为：隶书、20 磅、蓝色；并在 A1:N1 单元格区域跨列居中。
- 删除第 2 行及 A2:B24 区域内的单元格。
- 设置 A2:N2 单元格格式：文字为楷体、14 磅、红色、去除自动换行，填充背景色为"浅绿"色，带 6.25% 灰色图案的底纹；列宽 10。
- 将 C2:C24 单元格中的数据设置为日期型第 1 种。

B．填充数据。

- 利用 if 函数，根据"获奖级别"及"获奖次数"填充"获奖金额"列。省级 1 次奖励 600 元，市级 1 次奖励 400 元，县级 1 次奖励 200，其他情况为显示空白。
- 利用 if 函数，根据毕业时间填充"备注"列信息：2007 年毕业的备注为"新聘"，其他显示为空白。

C．插入两个新工作表 Sheet2、Sheet3，并在其中建立 Sheetl 的副本；同时将 Sheetl 重命名为"基本表。

D．将以上修改结果以"ExcelC.xlsx"为名保存在 ExcelKt 文件夹中。

（2）数据处理。继续对 ExcelC.xls 工作簿操作：对 Sheet2 中的数据进行高级筛选。

- 筛选条件：任教学科为"语文"，且获奖级别为省级或市级或县级。
- 条件区域：起始单元格定位在 C26。
- 筛选结果放置在 A31 开始的单元格中。

（3）建立数据透视表。根据 Sheet3 中的数据，建立数据透视表（结果参见 ExcelC 示例图.jpg），要求如下。

A. 行标签为字段"任教学科"、列标签为字段"职称"，∑ 计算为"学历"之计数。

B. 结果放在新建工作表中，工作表名："任教透视表"。

最后保存文件。

4. 演示文稿操作（共 10 分）

打开 PPTKT 文件夹下的 PPTC.pptx 文件，进行如下操作。

A. 将第 5 张幻灯片移动到第 2 张幻灯片之后。

B. 在演示文稿中应用 PPTKT 文件夹中的设计模板"欢天喜地.potx"。

C. 设置第 1 张幻灯片中的副标题格式：隶书，24 磅，RGB（0,105,255）。

提示：RGB（O,105,255）是指设置三基色，红色：0；绿色：105；蓝色：255。

D. 在第二张幻灯片中添加动画。

首先，为标题添加动画："进入效果"中的"阶梯状"，方向：右上，单击鼠标开始。

其次，为文本添加动画："进入效果"中的"飞入"，方向：自底部，速度：快速，在前一事件后开始。

再次，为图片添加动画："进入效果"中的"阶梯状"，方向：左下，在前一事件后开始，动画播放后隐藏。

最后将此演示文稿以原文件名存盘。

5. 互联网操作（共 10 分）

（1）电子邮件操作。从考试系统中启动 Outlook Express，查看收件箱中发送给考生的电子邮件，然后根据如下要求，进行电子邮件操作。

A. 将收到的试题邮件中的附件以文件名"C 卷附件.zip"另存到 NETKT 文件夹中。

B. 回复该试题邮件，将当前屏幕图像存储为图片文件"屏幕抓图.bmp"，然后作为附件插入到该回复邮件中。

C. 发送撰写的邮件。

 请考生只保留自己认为正确的邮件（试题要求新建、回复或者转发的），把其他认为自己做错的邮件都彻底删除，否则系统将会以最后一次发送的邮件为准。

（2）网页浏览操作。

A. 打开中国互联网络信息中心的主页 http://www.cnnic.cn，浏览其上侧导航栏的"IP/AS 分配"页面内容。

B. 登录搜索引擎百度主页 http://www.baidu.com，将其页面上的百度图片另存到考生目录的 NetKt 文件夹下，并命名为"百度.gif"，然后利用关键字检索与"搜狗输入法"有关的站点，并将最后检索到的页面以"搜狗输入法"的名称加入 IE 的收藏夹。

C. 登录软件下载站点 http://download.cnnic.cn，下载"Custom Network 表格"，并以"表格.doc"为名保存在考生目录的 NETKT 文件夹下。

6. **Access 数据库操作（共 10 分）**

打开"职工管理.accdb"文件，进行如下操作。

A. 修改"职工情况"表的结构。

- 删除名称为"备注"的字段。
- 将"职称"字段移到"学历"字段的前面。

B. 编辑记录。

- 将"职工情况"表中的"张小红"的出生日期改为"1967/2/15"。
- 删除"职工情况"表中所有学历为"专科"的记录。

C. 建立查询。

- 创建一个名为"物理系职工情况"的查询，查找物理系职工的借书情况，包括姓名、部门、职称和学历，并按职称升序排序。
- 创建一个名为"工龄超过 10 年职工情况"的查询，查询"职工情况"表中工龄大于 10 年的职工全部信息。

最后将数据库关闭。

练　习　2

1. **Windows 基本操作（共 5 分）**

（1）在 Winkt 文件夹下面建立 User_E 文件夹。

（2）在 Winkt 文件夹范围搜索所有扩展名为".ini"的文件，并将其移动到 User_E 文件夹下。

（3）在 User_E 文件夹下建立一个名为"操作使用说明.txt"的文本文件。

（4）在 Winkt 文件夹范围搜索"help.exe"文件，并在 User_E 文件夹下建立它的快捷方式，名称为"帮助文件"。

（5）在 Winkt 文件夹范围搜索以"s"开头,扩展名".exe"的文件，将其设置为仅有"只读"属性。

2. **字、表、图混排操作（共 20 分）**

（1）编辑、排版操作。

打开 Wordkt 文件夹下的"WordE.doc"文件，按如下要求进行编辑、排版。

A. 基本编辑。

- 将文章中"2、药用芦荟"和"3、翠叶芦荟"两段互换位置，并修改编号。
- 将文章中所有的英文括号"( )"替换为中括号"【 】"。
- 删除第一段前的空行。

B. 排版。

- 页边距上、下为 2.5cm、左、右为 3.1cm；纸型 16 开（18.4cm × 26cm）；页眉页脚边距为 1.5cm。
- 将文章标题"芦荟的功效"设为黑体、小初号、加粗、绿色字，水平居中对齐，段前、段后各 0.5 行。
- 将文章小标题（1.1 芦荟的功效、1.2 品种选择）设为黑体、四号字，左对齐，段前 0.5 行。
- 文章其余部分文字（除标题和小标题以外）设置为楷体_GB2312、小四号字。

- 在文章中插入页眉"芦荟功效介绍"，宋体，五号字，水平居中对齐。在页脚插入页码，右对齐。

C．图文操作（样文参见 Wordkt 文件夹下的"样文 E.jpg"）。

- 在文章中插入 Wordkt 文件夹下的图片文件"E1.jpg"，将图片宽度、高度设为原来的 80%；为图片添加图注（使用文本框）"图 1 芦荟的特殊作用"，文本框高 0.7 厘米，宽 4 厘米，无填充颜色，无线条颜色，内部边距均为 0 厘米，图注文字的字体为楷体_GB2312、加粗、小五号字，文字水平居中对齐。

将排版后的文件以原文件名存盘。

（2）表格操作。

打开 Wordkt 文件夹下的"bge.doc"文件，并按如下要求调整表格（样表参见 Wordkt 文件夹下的，"bge.jpg"）。

- 参见样表合并单元格。

- 设置表格行高：第一、第二行为最小值 0.8 厘米；第三行为固定值 2 厘米；第四、第五行为固定值 1.2 厘米。

- 设置表格中所有文字为黑体、小四号字，文字水平且垂直居中对齐。

- 设置表格外边框为蓝色、2.25 磅、实线，内线为浅蓝色、0.5 磅、实线，并设置表格第一列右边线为紫罗兰色、1.5 磅、虚线（虚线第一种）。

- 设置表格第一列为淡紫色底纹。

最后将此文档以原名保存到 Wordkt 文件夹中。

3．电子表格操作（共 20 分）

启动 Excel 应用程序，系统自动创建工作簿 1.xlsx 工作簿。

（1）编辑 Sheet1 工作表。

A．基本编辑。

- 设置第 1 行行高 26，并在 A1 单元格输入标题"3 种车型一季度销售情况"，黑体、18 磅、加粗，合并及居中 A1：G1 单元格。

- 打开 Excel 文件夹下的"QicheXS.xlsx"工作簿，复制其内容到工作簿 1 的 Sheet1 工作表的 A2 单元格开始处。

- 将列标题设为：楷体、14 磅、加粗；并加"绿色"背景；最合适的列宽。

- 除工作表标题外，其他所有内容水平居中。

B．填充数据。

- 在 A3：A11 中输入"华晨"；A12：A20 输入"通用"；A21：A29 输入"一汽大众"。

- 公式计算"销售金额"列数据，销售金额=单价×销售，货币样式，1 位小数。

C．将 Sheet1 工作表数据复制到 Sheet2 中，重命名 Sheet1 为"销售清单"。

D．将结果以"ExcelE.xlsx"为名保存在 Excel 文件夹中。

（2）处理数据。继续对 ExcelE.xlsx 工作簿操作。利用 Sheet2 中的数据进行高级筛选，要求如下。

- 筛选：3 个厂家（华晨、通用、一汽大众）各销售分公司（上海、北京、天津）"1 月"份销售记录。

- 条件区域：起始单元格定位在 I2。

- 复制到：起始单元格定位在 I15。

（3）建立数据透视表。根据"销售清单"中的数据，建立数据透视表（结果参见 ExcelE 示例图.jpg）。要求如下。

A．行标签字段依次为"销售月份"、"厂家"，列标签字段为"销售分公司"，∑ 计算为"销量"之和。

B．结果放在新建工作表中，工作表名"月销售表"。

最后将此工作簿以原文件名存盘。

4. 演示文稿操作（共 10 分）

打开 PPTKT 文件夹下的"PPTE.pptx"文件，进行如下操作。

A．设置第 1 张幻灯片的切换效果为：水平百叶窗，风铃声，每隔 5 秒时换片。将幻灯片的切换方式设置为"水平百叶窗"，应用范围为"全部应用"。

B．为第 2 张幻灯片中的 4 个心形自选图形添加动画："进入"中的"飞入"，方向：自底部，在前一事件 1 秒后开始。

C．为第 6 张幻灯片设置超链接，链接到"http://www.google.com"。

D．改变最后一张幻灯片中的艺术字"Thank You!"的形状为："填充-无，轮廓-强调文字颜色 2"的艺术字，文字效果选"转换"、"跟随路径"中的"上弯弧"。

最后将此演示文稿以原文件名存盘。

5. 互联网操作（共 10 分）

（1）电子邮件操作。从考试系统中启动 OutlookExpress，查看收件箱中发送给考生的电子邮件，然后根据如下要求，进行电子邮件操作。

A．将收到的试题邮件中的附件以"E 卷附件.zip"的文件名另存到考生目录的 Netkt 文件夹中。

B．将试题邮件转发到 xiaoe@qq.com。

C．按如下要求撰写新邮件。

    收件人：xiaoe@qq.com

    抄送：xiaof@qq.com

    主题：温哥华冬奥会的介绍

请将考生目录的 Netkt 文件夹中的"说明.txt"文件内容作为邮件内容。

D．发送撰写的邮件。

　　　　请考生只保留你认为正确的邮件（试题要求新建、回复或者转发的），把其他你认为自己做错的邮件都彻底删除，否则系统将会以最后一次发送的邮件为准。

（2）网页浏览操作。

A．打开中国互联网络信息中心的主页"http://www.cnnic.cn"，并将其设置为 IE 的起始页，然后浏览其上侧导航栏的"国际"页面内容。

B．登录搜索引擎百度的主页"http://www.baidu.com"，利用关键字检索与"thinkpad"有关的站点，并将最后浏览到的页面以文件名"thinkpad.htm"另存到考生目录的 Netkt 文件夹中。

C．登录软件下载站点"http:// download . cnnic.cn"，下载"IPv4 地址申请表"，并以"IPv4 地址申请表.doc"为名保存在考生目录的 Netkt 文件夹下。

6. Access 数据库操作（共 10 分）

打开"储蓄管理.accdb"文件，进行如下操作。

A．修改"储蓄"表的结构。

● 设置"序号"字段为主键。

● 将"期限"字段的大小设置为"整型"。

B．编辑记录。

● 在"储蓄"表中添加一条记录，"序号"字段值为 15，其他内容自定。

● 对"储蓄"表按"金额"降序排序。

C．建立查询

● 创建一个名为"按银行查询"的参数查询，根据用户输入的银行查询该银行的储蓄情况，包括银行、期限、金额和本息。

● 创建一个名为"期限 5 年储蓄情况"的查询，查询"储蓄"表中期限为 5 的储蓄全部信息。

最后将数据库关闭。

练 习 3

1．Windows 基本操作（共 5 分）

（1）在 Winkt 文件夹下面建立 User_G 文件夹。

（2）在 User_G 文件夹下建立一个名为"计算机网络发展现状．DOC"的 Word 文件。

（3）在 Winkt 文件夹范围内搜索"help.exe"文件，将其移动到 User_G 文件夹下，改名为"帮助文件．exe"。

（4）在 Winkt 文件夹范围内搜索 setup.exe 应用程序，并在 User_G 文件夹下建立它的快捷方式，名称为"设置程序"。

（5）在 Winkt 文件夹范围搜索 Exam3 文件夹，将其复制到 User_G 文件夹下。

2．字、表、图混排操作（共 20 分）

（1）编辑、排版。

打开 Wordkt 文件夹下的 WordG.doc 文件，按如下要求进行编辑、排版。

A．基本编辑。

● 将文章中所有的手动换行符"↓"替换为段落标记"↵"。

● 将文章中第二段"然而，从 2002 年初开始…"删除。

● 将文中所有的空行删除。

B．排版。

● 页边距：上、下为 2 厘米；左、右为 2.8 厘米；纸张大小 A4。

● 将文章标题"引领 3G 生活"设置为黑体、小初号、加粗、褐色字，左对齐，段前 0.5 行，段后 1 行。

● 设置文章中正文文字（除标题以外的部分）为宋体、五号字，左对齐，首行缩进 2 字符，1.5 倍行距。

● 将文章前两段分成等宽的两栏，栏宽 20 字符，有分隔线。

● 在文章中插入页眉"3G 生活"，黑体、小五号字，水平居中对齐；在页脚插入页码，页码右对齐。

C. 图文操作（样文参见 Wordkt 文件夹下的"样文 G. jpg"）。

• 在文章中插入 Wordkt 文件夹下的图片文件"G1. jpg"，将图片宽度、高度设为原来的 50%；并在图片的下方添加文字"引领 3G 生活"（使用文本框），文字为宋体、三号、加粗、褐色字，文本框高 1.2 厘米，宽 4 厘米，无填充颜色，无线条颜色，文字相对于文本框水平居中对齐。

• 将图片和文本框相对水平居中，垂直底端对齐，并将图片和文本框组合，将组合后的对象环绕方式设置为"四周型"。

将排版后的文件以原文件名存盘。

（2）表格操作。

打开 Wordkt 文件夹下的 bgg. doc 文件，并按如下要求调整表格（样表参见 Wordkt 文件夹下的"bgg. jpg"）。

• 参照样表合并单元格。

• 设置表格行高，第一行行高为最小值 1.2 厘米，其余各行为最小值 0.8 厘米。

• 表格自动套用格式"列表型 2"样式。

• 表格中第一行文字为楷体 GB2312、红色、加粗、四号字，文字水平且垂直居中对齐，表格中其他文字为宋体、常规、五号字，表格中文字水平左对齐，垂直居中对齐。

• 参见样表，在表格最后一行"短信"的前面插入特殊符号"○"，在"回执单"的前面插入特殊符号"⊙"。

最后将此文档以原名保存 Wordkt 文件夹中。

3. 电子表格操作（共 20 分）

打开 Excelkt 文件夹下的 JiaDian. xlsx 文件，按下列要求操作。

（1）编辑 Sheet1 工作表。

A. 基本编辑。

• 在第 1 行前插入两行，行高均为 30，在 A1 单元格输入标题："家电下乡销售情况统计表"；A2 单元格输入"2009 年 1-12 月"。

• 合并及居中 A1:R1 单元格，文字为隶书、20 磅、红色；合并及居中 A2:R2 单元格，文字为华文行楷、20 磅、红色。

• 将 B5:R5 单元格文字方向设为竖排，填充浅绿色背景，行高 65。

• 设置所有"销售金额"列（不包括合计行）的数据为数值型、无小数位、使用千位分隔符。

B. 填充数据。

• 公式计算"合计"行各单元格中的数据。

• 公式计算最右端各区、县的"销售金额"之合计，即各类电器销售金额之和。

• 设置 B6：R13 单元格为自动调整列宽、字号 10。

C. 复制各类家电的"销售量"列的数据到 Sheet2 的 B2 单元格开始处：重命名 Sheet1 为"销售清单"、Sheet2 为"销量表"。

D. 将以上修改结果以 ExcelG. xlsx 为名保存到 ExcelKt 文件夹下。

（2）数据管理。继续对 ExcelG. xlsx 操作，对 Sheet3 工作表中的数据，按"品名"升序、"数量"降序的方式进行排序。

（3）建立图表工作表。根据"销量表"中的数据，建立图表工作表（结果参见 ExcelKt 文件夹下的"ExcelG 示例图. jpg"）。要求如下。

- 图表水平（类别）轴：地区；垂直（值）轴：冰箱销量、彩电销量、洗衣机销量。
- 图表类型：簇状柱形图。
- 图表标题："各区、县商品销售对比图"，隶书，20 磅，红色。
- 坐标轴及图例文字：楷体、12 磅、蓝色。
- 图表位置：作为新工作表插入，工作表名："销售对比图"。

最后保存文件。

4. 演示文稿操作（共 10 分）

打开 PPTKT 文件夹下的 PPTG.pptx 文件，进行如下操作。

A. 删除第 1 张幻灯片中的副标题占位符；并设置第 1 张幻灯片的切换方式：随机线条，慢速，每隔 5 秒时换片。

B. 设置第 1 张幻灯片的背景为渐变填充效果，预设颜色：碧海青天，类型为：射线。

C. 将第 2 张幻灯片中的文本框从 "2.《京都议定书》"～"4. 低碳在中国"分别添加超链接，链接到：第 4 张至第 6 张幻灯片。

D. 在第 3 张幻灯片中添加动画。

标题："进入"中的"飞入"，方向：自右下部，单击鼠标时开始，动画播放后的效果为"下次单击后隐藏"。

文本："进入"中的"盒状"，方向为：放大，在前一事件后开始。

最后将此演示文稿以原文件名存盘。

5. 互联网操作（共 10 分）

（1）电子邮件操作。从考试系统中启动 Outlook Express，查看收件箱中发送给考生的电子邮件，然后根据如下要求，进行电子邮件操作。

A. 将收到的试题邮件中的附件以"附件 7.zip"另存到 NETKT 文件夹中。

B. 将试题邮件转发到 xiaog@qq.com。

C. 按如下要求撰写新邮件。

将本机目前的显示分辨率作为邮件内容发送给 teacher@qq.com，邮件主题为"显示分辨率"。

　　　　请考生只保留你认为正确的邮件（试题要求新建、回复或者转发的），把其他你认为自己做错的邮件都彻底删除，否则系统将会以最后一次发送的邮件为准。

（2）网页浏览操作。

A. 打开中国互联网络信息中心的主页"http：//www. cnnic. cn"，进入其上侧导航栏的"下载中心"页面，下载"AS 号码申请表格"，并保存到考生目录下的 Netkt 目录，文件名为"AS 号码申请表格.doc"。

B. 登录搜索引擎百度的主页"http：//www. baidu. com"，将页面上百度的图片以"百度. gif"的名字另存到考生目录的 NetKt 文件夹下，并利用关键字检索与"世博会"有关的站点。

6. Access 数据库操作（共 10 分）

打开"成绩管理.accdb"文件，进行如下操作。

A. 修改"成绩"表的结构。

- 设置"学号"字段为主键。
- 设置"性别"字段默认值为"女"。

- 增加一个"系别"字段，其结构为：

字段名称　　　数据类型　　　　字段大小
系别　　　　　文本　　　　　　10

B．建立表及关联。

- 使用表设计器创建"系"表，包含字段如下：

字段名称	数据类型	字段大小	是否主键
系别	文本	10	主键
系址	文本	16	

- 在"成绩"表和"系"表之间按"系别"字段建立关联，实施参照完整性。

C．建立查询。

- 创建一个名为"全体学生英语成绩查询"的查询，查询全体学生成绩单（学号、姓名、英语）。

- 统计数学的最高成绩、最低成绩和平均成绩，并按最低分降序排序，运行查询，最终保存查询，取名"统计数学成绩"。

最后将数据库关闭。

练　习　4

1．Windows 基本操作（共 5 分）

（1）在 Winkt 文件夹下面建立 TestC 文件夹。

（2）在 TestC 文件夹下建立一个名为"个人介绍.PPT"的 PowerPoint 文件。

（3）在 Winkt 文件夹范围搜索"help.exe"文件，并在 TestC 文件夹下建立它的快捷方式，名称为"帮助"。

（4）在 Winkt 文件夹范围搜索 Exam2 文件夹，将其复制到 TestC 文件夹下。

（5）在 Winkt 文件夹范围搜索所有以"us"开头的文件，将其移动到 Exam1 文件夹下。

2．字、表、图混排操作（共 20 分）

（1）编辑、排版。

打开 Wordkt 文件夹下的 WordC.doc 文件，按如下要求进行编辑、排版。

A．基本编辑。

- 将文章中所有英文";"替换为中文的"。"。

- 删除文章中所有的空行。

- 将文中"（1）远程教育发展越来越受重视。"与"（3）农业寻呼发展迅速。"两部分内容互换位置（包括标题及内容），并更改序号。

B．排版。

- 页边距：上、下为 2.4 厘米，左、右为 3 厘米，纸张大小为 A4。

- 将文章标题"农村信息服务深入基层"设置为华文新魏、二号，绿色，水平居中，段前 1 行，段后 1 行。

- 设置文章小标题为楷体_GB2312、四号、粗体，左对齐，段前、段后间距均为 0.3 行。
- 其余部分（除标题和小标题以外的部分）设置为宋体 、小四号字，左对齐，首行缩进 2 字符，行距为最小值 20 磅。
- 将文章第一段文字分成等宽的两栏，有分隔线。

C．图文操作（样文参见 Wordkt 文件夹下的 "WordC 样文.jpg"）。

- 在文章中插入艺术字 "大力推进农村信息服务"，艺术字样式设置为第 5 行第 4 列样式，艺术字形状为 "朝鲜鼓"，字体设置为华文彩云、字号 32，将图片宽度设为 7 厘米、高度设为 6 厘米。
- 将艺术字的环绕方式设置为 "四周型"，两边环绕文字，图片距正文左侧 0.3 厘米，右侧 0.3 厘米，上下均为 0 厘米，图片水平距页边距右侧 4 厘米。

将排版后的文件以原文件名存盘。

（2）表格操作。

打开 Wordkt 文件夹下的 bgc.doc 文件，进行如下操作（样表参见 Wordkt 文件夹下的 "bgC 样图.jpg"）。

- 在表格最后一列的右边插入一空列，输入列标题 "总分"，在这一列下面的各单元格中计算其左边相应 3 个单元格中数据的总和，并按 "总分" 降序排列。
- 设置表格列宽均为 2.4 厘米，行高均为最小值 0.7 厘米；表格边框线为 1.5 磅，表内线为 1 磅。
- 设置表格第一行底纹为海绿色。
- 表格中的文字水平、垂直均居中对齐。

最后将编辑后的文档以原文件名存盘。

3．电子表格操作（共 20 分）

打开 ExcelKt 文件夹下的 SBGL.xlsx 文件，进行如下操作。

（1）基本编辑。

A．编辑 Sheet1 工作表。

- 填充 "设备编号" 列数据，编号从 10051001 到 10051171，数值型，等差序列，步长为 5。
- 填充 "出厂号" 列数据，从 DAF1074881 到 DAF1074915，编号连续，差值 1。
- 填充 "出厂日期" 列数据，从 2008 年 1 月、2008 年 2 月……，按月递增填充。
- 输入数据：分别用 "微型计算机"、"文祥 E520"，作为 "设备名称" 列、"型号" 列数据，输入到工作表中。

B．编辑 Sheet2 工作表。

- 将 Sheet1 工作表中 A2：H36 单元格数据复制到 Sheet2 工作表 A22 开始处。
- 根据 "生产厂家"，公式填充 "管理人" 列数据。生产厂家："联想"、"方正科技"、"清华同方" 的管理人分别是 "联想"、"方正"、"华方"，其他为空白。

C．将以上结果以 "ExcelC.xlsx" 为名存在 ExcelKt 文件夹中。

（2）数据处理。以下操作针对 ExcelC.xls 进行。

A．根据 Sheet2 中的数据，利用公式统计 Sheet3 工作表中各厂家计算机 "数量" 列数据。

B．建立图表（结果参见 ExcelKt 文件夹下 "ExcelC 样图.jpg"）。

根据 Sheet3 工作表中的数据，制作嵌入式图表。

- 水平（类别）轴：生产厂家；垂直（值）轴：数量。

- 图表类型：三维饼图。
- 图表标题：计算机数量统计图；无图例。
- 数据标签的标签选项：显示"类别名称"、"百分比"。
- 图表标题：隶书、字号 18，蓝色。

最后将此工作簿以原文件名存盘。

4. 演示文稿操作（共 10 分）

打开 PPTKT 文件夹下的 PPTC.pptx 文件，进行如下操作。

A. 将 PPTkt 文件夹中演示文稿"火灾自救.pptx"中的幻灯片添加到第 5 张幻灯片之后。

B. 在第 2 张幻灯片的右下角添加动作按钮：自定义样式，单击鼠标时链接到第 5 张幻灯片，按钮上添加文本"向遇难者默哀"。

C. 设置所有幻灯片的切换方式：横向棋盘式，风铃声，每隔 5s 自动换片。

D. 在第 5 张幻灯片中为图片添加动画：百叶窗；方向：水平；播放动画后隐藏，在前一事件后开始。

最后将此演示文稿以原文件名存盘。

5. 互联网操作（共 10 分）

（1）电子邮件操作。从考试系统中启动 Outlook Express，查看收件箱中发送给考生的电子邮件，然后根据如下要求，进行电子邮件操作。

A. 将收到的试题邮件中的附件以文件名"附件 C.zip"另存到 Netkt 文件夹中。

B. 回复该试题邮件，将本机 C 盘总容量及可用空间大小以 GB 为单位作为回复邮件的内容。

C. 发送撰写的邮件。

　　　　请考生只保留你认为正确的邮件（试题要求新建、回复或者转发的），把其他你认为自己做错的邮件都彻底删除，否则系统将会以最后一次发送的邮件为准。

（2）网页浏览操作。

A. 打开塞尔网络的主页"http://www.cernet.com"，浏览其左侧的"宽带接入"页面内容。

B. 登录搜索引擎百度主页"http://www.baidu.com"，将其页面上的百度图片另存到考生目录的 NetKt 文件夹下，并命名为"百度.gif"，然后利用关键字检索与"离线下载"有关的页面，并将最后检索到的页面以"离线下载"的名称加入 IE 的收藏夹。

C. 登录软件下载站点"http://download. cernet.com"，下载"搜狗输入法"，并以"sogou.zip"为名保存在考生目录的 Netkt 文件夹下。

6. Access 数据库操作（共 10 分）

创建一个空数据库，命名为"学生管理.accdb"，在此数据库中进行如下操作。

A. 导入表并修改表结构。

- 分别导入指定文件夹下的"档案. xlsx"，"成绩.xlsx"，导入时选择"不要主键"，表名分别为"档案"、"成绩"。
- 设置"学号"字段为"档案"表的主键，设置（学号，课程号）为"成绩"表的主键。
- 在"档案"表和"成绩"表之间按"学号"字段建立关联，实施参照完整性。
- 删除"档案"表的"照片"字段

B. 建立查询

- 利用"查找不匹配项查询向导"查找从未选过课的学生的学号、姓名、学院，查询对象保存为"未选过任何课程的学生"。
- 创建一个名为"全体学生成绩查询"的查询，查询全体学生成绩单（学号、姓名、课程号、成绩）。

最后将数据库关闭。

练 习 5

1．Windows 基本操作（共 5 分）

（1）在 Winkt 文件夹下面建立 TestB 文件夹。

（2）在 TestB 文件夹下建立一个名为"信息技术.DOC"的 Word 文件。

（3）在 Winkt 文件夹范围内搜索"game.exe"文竹，将其移动到 TestB 文件夹下，改名为"游戏.exe"。

（4）在 Winkt 文件夹范围内搜索 download.exe 应用程序，并在 TestB 文件夹下建立它的快捷方式，名称为"下载"。

（5）在 Winkt 文件夹范围搜索 Exam3 文什夹，并将其删除。

2．字、表、图混排操作（共 20 分）

（1）编辑、排版。

打开 Wordkt 文件夹下的 WordB.doc 文件，按如下要求进行编辑、排版。

A．基本编辑。

- 将文章中所有英文"( )"替换为中文的"（ ）"。
- 将文中的所有的"空格"去掉。
- 将文中所有的"信息资源"替换为红色的"信息资源"。

B．排版。

- 页边距：上、下为 2.6 厘米；左右为 3 厘米；纸张大小为自定义（21 厘米 × 27 厘米）。
- 将文章标题"农村信息化发展的趋势"设为黑体、加粗、二号字，水平居中对齐，段前 1 行，段后 1 行。
- 设置文章小标题为黑体、四号、粗体，左对齐，段后 0.5 行。
- 其余部分文字（除标题和小标题以外的部分）设置为宋体、小四号字，左对齐，首行缩进 2 字符，行距为固定值 18 磅。
- 在文章中插入页眉"农村信息化发展趋势"，水平居中对齐；插入页脚"自动图文集"中的第一项："- 页码 -"，水平居中对齐。

C．图文操作（样文参见 Wordkt 文件夹下的"WordB 样文.jpg"）。

- 在文章中插入 Wordkt 文件夹下的图片文件"b1.jpg'，将图片宽度设为 6 厘米、高度设为 4 厘米；并为图片添加图注"信息网络体系图"（使用文本框），文字为宋体，小五号，蓝色字，文本框宽度为 3 厘米，高度为 0.8 厘米，文字相对文本框水平居中对齐，文本框无填充颜色，无线条颜色。
- 将图片和文字水平居中后组合。将组合后的图形环绕方式设置为"四周型"，文字在两边，图片距正文左侧 0.3 厘米，右侧 0.3 厘米，上下均为 0 厘米。

将排版后的文件以原文件名存盘。

（2）表格操作。

新建一个空白文档，在新文档中进行如下操作（样表参见 Wordkt 文件夹下的"bgB 样图.jpg"）。

- 插入一个 6 行 5 列的表格。
- 设置表格第 1 行行高为固定值 1 厘米，其余行行高为固定值 0.7 厘米；整个表格水平居中。
- 按样表所示合并单元格，添加相应文字。
- 设置表格自动套用格式，"彩色列表 - 强调文字颜色 2"样式。
- 设置表格中所有文字的单元格对齐方式为水平且垂直居中。

最后将此文档以文件名"bgb.doc"保存到 Wordkt 文件夹中。

3. 电子表格操作（共 20 分）

打开 Excelkt 文件夹下的 Market.xlsx 工作簿文件，按下列要求操作。

（1）基本编辑。

A. 编辑 Sheet1 工作表。

- 将"单价"列的数据设置为货币样式负数第 4 种，1 位小数，货币符号为￥。
- 输入"类型"列数据。在 C2:C6 单元格输入"电器"；C7:C14 单元格输入"服装"；C15:C26 单元格输入"百货"。
- 在第 7 行上方插入 5 行。复制第 2～6 行的数据到新插入的行中，并将 F7:F11 的数量依次改为 1、2、3、4、5；而 H7:H11 的终端号均改为 S1。
- 公式计算"交易额"列，交易额=单价×数量，数值型第 4 种，2 位小数。

B. 将 Sheet1 工作表中数据复制到 Sheet2、Sheet3 中，重命名 Sheet1 为"销售表"。

C. 将以上修改结果以 ExcelB.xlsx 为名另存到 Excelkt 文件夹中。

（2）处理数据。根据 ExcelB.xlsx 工作簿 Sheet2 工作表中的数据，完成如下操作。

A. 排序：按"终端"升序，"交易额"降序排序工作表中的数据记录。

B. 高级筛选。

- 筛选条件：类型为"电器"且交易额大于 20 000；或类型为"服装"且交易额大于 10 000；或者类型为"百货"且交易额大于 400 或小于 100。
- 条件区域：起始单元格定位在 C35。
- 复制到：起始单元格定位在 A41。
- 重命名 Sheet2 工作表为"排序筛选表"。

C. 利用 ExcelB.xlsx 工作簿 Sheet3 工作表中的数据，建立数据透视表，要求如下。

- 报表筛选：交易时间；行标签：类型；列标签：终端；∑ 数值："交易额"之和。
- 结果显示位置：现有工作表 B36 单元格开始处（结果参见 Excelkt 文件夹下的"ExcelB 样图.jpg"）。

最后将此工作簿以原文件名存盘。

4. 演示文稿操作（共 10 分）

打开 PPTkt 文件夹下的 PPTB.pptx 文件，进行如下操作。

A. 在第 1 张幻灯片中添加切换效果：溶解。

B. 在第 2 张幻灯片中为文本"亚运会在中国"建立超链接，链接到：第 6 张幻灯片。

C. 将第 4 张幻灯片与第五张幻灯片位置互换。

D. 在第 6 张幻灯片右下角的占位符中插入一张图片，图片来自于 PPTkt 文件夹下的"广州亚运会会徽.jpg"，并为其增加红色线条。

E. 在演示文稿中应用 PPTkt 文件夹中的设计模板"温馨百合.potx"。

最后将此演示文稿以原文件名存盘。

5. 互联网操作（共 10 分）

（1）电子邮件操作。从考试系统中启动 Outlook Express，查看收件箱中发送给考生的电子邮件，然后根据如下要求，进行电子邮件操作。

A. 将收到的试题邮件转发给 two@126.com。

B. 在"开始"菜单的"运行"对话框输入 CMD 命令，打开命令提示符窗口，然后在命令提示符窗口中输入"systeminfo>c:\sys.txt"指令并执行，将系统信息输出到 sys.txt 文件，搜索该文件，将该文件的内容作为新邮件内容发送给 two@126.com，主题为"我的系统信息"。

C. 发送撰写的邮件。

请考生只保留你认为正确的邮件（试题要求新建、回复或者转发的），把其他你认为自己做错的邮件都彻底删除，否则系统将会以最后一次发送的邮件为准。

（2）网页浏览操作。

A. 打开赛尔网络的主页"http://www.cernet.com"，将其以"赛尔网络"的名字加入 IE 的收藏夹中，然后浏览其左侧的"拨号接入"页面内容。

B. 登录搜索引擎百度的主页"http://www.baidu.com"，利用关键字检索与"歼 20"有关的站点，并将检索结果页面以"歼 20.htm"为文件名另存到考生目录的 NetKt 文件夹下。

C. 登录软件下载站点"http://down.cernet.com"，下载"腾讯 QQ"，并以"qq.zip"为名保存在考生目录的 NetKt 文件夹下。

6. Access 数据库操作（共 10 分）

打开"图书管理.accdb"文件，进行如下操作。

A. 修改表的结构。

• 设置"图书"表的"价格"字段的有效性规则为：大于等于 10。

• 设置"读者"表的"办证时间"字段默认值为"2014/2/1"。

B. 设置 3 个表之间的关联。

① 在"读者"表和"借书登记"表之间按"借书证号"字段建立关联，实施参照完整性。

② 在"图书"表和"借书登记"表之间按"书号"字段建立关联，实施参照完整性。

C. 建立查询。

• 创建一个名为"查询部门借书情况"的生成表查询，将"人事处"和"英语系"两个部门的借书情况（包括借书证号、姓名、部门、书号）保存到一个新表中，新表的名称为"部门借书登记"。

• 利用"查找重复项查询向导"查找同一本书的借阅情况，包含借书证号、书号，查询对象保存为"同一本书的借阅情况"。

最后将数据库关闭。

第9章

综合练习题（2）

说明

读者可以把"C:\Sjzd\"下的文件夹"20070101"复制到 E 盘中练习（所有文件可以从"http://www.sjzc.edu.cn/jsj/"下载）。

网络部分的练习需要使用 OutlookExpress 和 InternetExplorer 模拟环境，请在机房提供的软件中进入相应环境。

练 习 1

1. Windows 基本操作（共 10 分）

（1）在 Winkt 文件夹下面建立 Exam_A 文件夹。

（2）在 Exam_A 文件夹下新建文件"信息技术成绩单.xls"。

（3）在"考生考号"文件夹范围内搜索"WinRARA.exe"文件，并在 Exam_A 文件夹下建立它的快捷方式，名称为"WinRARA"。

（4）将 Winkt 文件夹下所有扩展名为".exe"的文件复制到 Test 文件夹下。

（5）在"考生考号"文件夹范围内搜索"信息技术.doc"文件，将其设置为"只读"、"隐藏"属性。

2. 字、表、图混排操作（共 20 分）

（1）编辑、排版。打开 Wordkt 文件夹下的"Worda.doc"文件，按如下要求进行编辑、排版。

A．基本编辑。

● 删除文中所有的空行。

● 将文中"三、组织/功能分析"与"四、功能重组与组织变革的分析"两部分的内容进行位置调换（包含小标题）。

● 将文中的符号"●"替换为"■"。

B．排版。

● 页边距的上、下、左、右均为 2cm，页眉、页脚距页边距均为 1.5cm，纸张大小为 16 开。

● 页眉为"管理信息系统"，页脚为"第 X 页共 Y 页"（X 表示当前页数，Y 表示总页数），页眉、页脚均为楷体_GB2312、五号、居中。

● 将文章标题"第 2 节组织结构与功能凋查分析"设置为首行无缩进、居中、黑体、三号字，段前 0.5 行、段后 0.5 行。

- 小标题（一、组织结构调查，…，四、功能重组与组织变革的分析）段前 0.3 行、段后 0.3 行、黑体、蓝色（RGB=0,0,255）、小四号字。

- 其余部分（除标题及小标题以外的部分）设置为首行缩进 2 字符、两端对齐、宋体、五号字。

C．图文操作：在文中"组织机构图，如图 1 所示："所在行的下面绘制图 9-1 所示的图形。

- 图形中矩形框的宽度为 3cm，高度为 1cm；背景色为"浅绿色（RGB=204,255,204）"；阴影为"样式 5"；矩形框中的字体为宋体、五号、居中。

- 将图形对象组合，设置环绕方式为"上下型"，相对于页面水平居中（样文参见 Wordkt 文件夹下的"样文 A.JPG"）。

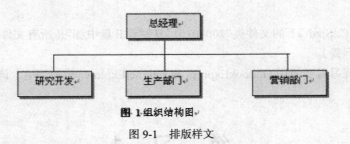

图 9-1　排版样文

将排版后的文件以原文件名存盘。

（2）表格操作。打开 Wordkt 文件夹下的"bga.doc"文件，按如下要求进行操作。

A．绘制斜线表头（样式 2），并填写行标题为"地区"、列标题为"月份"、数据标题为"销量"，要求标题文字为五号字；增加"合计"行和"平均"行，并计算（样表参见 Wordkt 文件夹下的"表格样文 A.jpg"）。

B．表格的外边框为"0.5 磅双线"。

C．"合计"行的底纹颜色填充为"浅绿色（RGB=204,255,204）"，"平均"行的底纹颜色填充为"浅黄色（RGB=255,255,153）"，表格相对于页面水平居中。

最后将此文档以原文件名存盘。

3．电子表格操作（共 15 分）

打开 Excelkt 文件夹下的"Excela.xlsx"工作簿文件，进行如下操作。

（1）基本编辑。

A．编辑工作表 Sheet1。

- 在第 1 列前面插入一列，列标题为"记录号"；将"职工编号"列调整为第 2 列（"报销人"列之前）；在第 1 行前面插入一行，行高为 20 磅。

- 在 A1 单元格输入文本"医疗费用统计表"，字体为黑体、14 磅、蓝色；将 A1:I1 单元格设置为跨列居中。

B．填充数据。

- 填充"记录号"列，记录号分别为 1、2、3、…。

- 填充"报销比例"列，工龄 1～9 年报销比例为 0.75，10 年及以上报销比例为 0.85。

- 根据报销比例，填充"实报金额"列（实报金额=实用金额×报销比例）。

C．将编辑好的 Sheet1 工作表复制到 Sheet2。

（2）处理数据。对 Sheet2 工作表分类汇总。

- 要求：按"项目"分类汇总"实用金额"、"实报金额"之和。
- 将 Sheet2 工作表名修改为"医疗费用汇总表"。

（3）建立图表工作表。根据"医疗费用汇总表"工作表中的分类汇总数据，建立图 9-2 所示的图表工作表。

A. 图表水平（类别）轴为"项目"，垂直（值）轴为"实用金额"之和、"实报金额"之和。

B. 图表类型：簇状柱形图。

C. 图表标题：医疗费用汇总图表。

D. 图例：靠右。

E. 图表位置：作为新工作表插入；工作表名："医疗费用汇总图表"。

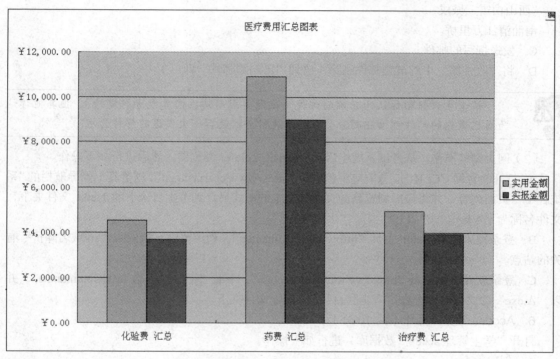

图 9-2　医疗费用汇总图表

最后将此工作簿以原文件名存盘。

4. 演示文稿操作（共 10 分）

打开 Powpitkt 文件夹下的"powerpointa.pptx"文件，进行如下操作。

A. 在第一张幻灯片的前面插入一张新的幻灯片，版式为"空白"，并添加文本框，在文本框中输入文字"大学信息技术基础"，设置为黑体、54 磅字。

B. 将 Powpitkt 文件夹下"IMAGEA.jpg"插入到第 1 张幻灯片中，图片位置为距左上角水平 9cm、垂直 8cm；删除最后一页幻灯片。

C. 设置第 1 张幻灯片的切换效果为"水平百叶窗"，声音为"照像机"。

D. 将第 1 张幻灯片中标题的动画效果设置为"上部飞入"，图片动画效果设置为"右侧飞入"、鼠标单击动作。

E．将幻灯片的设计模板设置为 Powpitkt 文件夹下的"mobana.potx"。

最后将此演示文稿以原文件名存盘。

5．互联网操作（共 10 分）

（1）电子邮件操作。从考试系统中启动 OutlookExpress，查看收件箱中发送给考生的电子邮件，然后根据如下要求，进行电子邮件操作。

A．将试题邮件转发到 fw@email.info。

B．按如下要求撰写新邮件。

- 收件人：new@email.info。
- 请在主题处输入："诗词鉴赏"。
- 请输入下述文字作为邮件内容。

"西山白雪三城戍，

南浦清江万里桥。"

C．发送撰写的邮件。

D．将"收件箱"中的试题邮件删除（放到"已删除邮件"即可）。

　　　请考生只保留你认为正确的邮件（试题要求新建、回复或者转发的），把其他你认为自己做错的邮件都彻底删除，否则系统将会以最后一次发送的邮件为准。

（2）网页浏览操作。从考试系统中启动 InternetExplorer 浏览器，然后进行如下操作。

A．打开教育网 CCERT 应急响应组的主页"http://www.ccert.edu.cn"，浏览其上侧导航栏的"系统补丁"页面内容，并将最后浏览到的页面以文本的形式另存到考生目录下的 Netkt 文件夹下，文件名称为"A.txt"。

B．登录搜索引擎 Baidu 主页"http://www.baidu.com"，利用关键字检索与"cn 域名降价"有关的站点。

C．登录软件下载站点"http://www.download.info"，下载"资源管理器 TotalCommander"，并以"A.exe"为文件名保存在"考生"目录的 Netkt 文件夹下。

6．Access 数据库操作（共 10 分）

打开"学生管理.accdb"数据库，进行如下操作。

A．创建表。

在该数据库下创建"基本情况"表，该表结构包含如下内容。

字段名	类型	字段大小
编号	自动编号	
学号	文本	8
姓名	文本	10
性别	文本	2
出生日期	日期/时间	

- 给"基本情况"表中的"学号"字段建立无重复索引。
- 给"基本情况"表中的"性别"字段建立有效性规则，该表达式为：

= "男" Or = "女"，出错提示文本信息是："性别必须是男或女"。

B．输入记录。

- 在"基本情况"表中输入以下两条记录：

学号	姓名	性别	出生日期
20120101	张洪	男	1993-1-1
20140102	李莉莉	女	1995-5-3

C．对数据库文件中已建立好窗体"fTest"，完成以下操作要求。

- 将窗体的"标题"属性设置为"成绩"。
- 将窗体的"关闭按钮"属性设置为"否"。
- 将窗体的"弹出方式"属性设置为"是"。
- 将窗体的"记录选定器"属性设置为"否"。
- 完成上述操作后，将窗体对象"fTest"备份一份，命名为"fTT"。

最后将数据库关闭。

练 习 2

1．Windows 基本操作（共 10 分）

（1）在 Winkt 文件夹下面建立 Exam_B 文件夹。

（2）在 Exam_B 文件夹下建立一个名为"MYBMP.BMP"的空白图像文件。

（3）在"考生考号"文件夹范围内搜索"Writer.exe"文件，将其移动到 Exam_E 文件夹下，改名为"写字板.exe"。

（4）在"考生考号"文件夹范围搜索"Wordks.exe"应用程序，并在 Exam_E 文件夹下建立它的快捷方式，名称为"Microsoftword"。

（5）在"考生考号"文件夹范围搜索 Bak 文件夹，将其删除。

2．字、表、图混排操作（共 20 分）

（1）编辑、排版。打开 Wordkt 文件夹下的"Wordb.doc"文件，按如下要求进行编辑。

A．基本编辑。

- 删除文中所有的空行。
- 将"2．设置纸张大小"与"3．设置页边距"两部分内容调换顺序（包含小标题）。

B．排版。

- 页面设置：纸张为 A4；页边距的上、下、左、右均为 3cm。
- 标题"页面排版"设置为黑体、蓝色、三号字、居中，字符间距加宽 10 磅；小标题（1."页面设置"对话框、…、4."版式"设置）段前 0.5 行、段后 0.5 行、黑体、小四号字；其余部分（除标题及小标题以外的部分）首行缩进 0.74cm、两端对齐、宋体、五号字。
- 设置页眉为"大学信息技术基础"，五号、宋体、居中。

C．图文操作。

- 将 Wordkt 文件夹下的"B1.jpg"插入到文档中，插入位置参见 Wordkt 文件夹下的"样文B.JPG"，图片大小为原尺寸的 70%。

- 使用绘图工具绘制"样文 B.JPG"中所示的图形。

- 圆角矩形标注框中的文字为宋体、五号字、居中对齐。

- 将图片和圆角矩形标注框进行组合，环绕方式为上下型（样文参见 Wordkt 文件夹下的"样文 B.JPG"）。

最后将此文档以原文件名存盘。

（2）表格操作。打开 Wordkt 文件夹下的"bgb.doc"文件，按如下要求进行操作。

- 绘制斜线表头（样式 2），并填写行标题为"项目"，列标题为"员工编号"，数据标题为"金额"，要求标题文字为五号字；增加"实发合计"列并计算。

- 表格中的文字水平居中、垂直居中对齐。

- 表格的边框为蓝色，外边框为 0.5 磅双线；第 1 行，第 2 列至第 7 列单元格底纹填充为"浅绿色"（样表参见 Wordkt 文件夹下的"表格样文 B.jpg"）。

最后将此文档以原文件名存盘。

3. 电子表格操作（共 15 分）

打开 Excelkt 文件夹下的"Excelb.xlsx"工作簿文件，进行如下操作。

（1）基本编辑。

A．编辑工作表 Sheet1。

- 在"基本工资"后面增加一列"工龄工资"；在第 1 行前面插入一行，行高为 20 磅。

- 合并及居中 A1:J1 单元格，输入文本"员工基本情况表"，黑体、14 磅、蓝色。

- 将工作表"Sheet1"改名为"员工基本情况表"。

B．填充数据。

- 填充"工龄工资"列，工龄工资=10×工龄（工龄=（today（）－工作日期）/365，注意：系统日期要求正确）。

- 设置"基本工资"、"工龄工资"两列的格式为货币样式，保留两位小数，货币符号为"¥"，负数形式为第 4 种。

C．将编辑好的"员工基本情况表"工作表复制到 Sheet2。

（2）处理数据。对 Sheet2 工作表筛选。

- 条件：筛选出"基本工资"介于 500 元至 800 元之间（包括 500 元和 800 元）的男职工的数据。

- 要求：使用高级筛选。

条件区：起始单元格定位在 L20。

复制到：起始单元格定位在 L30。

（3）建立数据透视表。根据"员工基本情况表"工作表中的数据，建立数据透视表，放置在新建工作表中，并依照以下要求。

A．新建工作表名为"职称人数"。

B．行标签为"部门"，列标签为"职称"，Σ 数值项为各部门职称人数统计。

最后将此工作簿以原文件名存盘。

4. 演示文稿操作（共 10 分）

打开 Powpitkt 文件夹下的"powerpointf.pptx"文件，进行如下操作。

A．在第 1 张幻灯片上添加艺术字"个人简历"：艺术字形状样式为第 1 行第 3 列样式，将艺术字样式设置为"下弯弧"，字体为黑体、60 磅字，填充颜色为白色，位置距幻灯片左上角水平

5cm、垂直 4cm。

B．将第 4 张幻灯片和第五张幻灯片位置互换。

C．将幻灯片的切换方式设置为"水平百叶窗"，应用范围为"全部应用"。

D．在第 2 张幻灯片右下角插入"前进"和"后退"两个动作按钮，使用其默认动作设置。

E．将第 2 张幻灯片标题的动画顺序设置为"1"，单击鼠标时启动、从左侧飞入；文本的动画顺序设置为"2"，前一事件 2s 后启动，水平百叶窗，动画播放后不变暗。

最后将此演示文稿以原文件名存盘。

5．互联网操作（共 10 分）

（1）电子邮件操作。从考试系统中启动 OutlookExpress，查看收件箱中发送给考生的电子邮件，然后根据如下要求，进行电子邮件操作。

A．将"收件箱"中收到的试题邮件用文件名"B.eml"另存到考生目录的 Netkt 文件夹中。

B．回复试题邮件，要求如下。

• 主题："试题邮件收到"。

• 请输入下述文字作为邮件内容。

"诗词鉴赏：

闲来垂钓碧溪上，

忽复乘舟梦日边。"

C．回复邮件中带有原邮件的内容。

请考生只保留你认为正确的邮件（试题要求新建、回复或者转发的），把其他你认为自己做错的邮件都彻底删除，否则系统将会以最后一次发送的邮件为准。

（2）网页浏览操作。从考试系统中启动 InternetExplorer 浏览器，然后进行如下操作。

A．打开教育网 CCERT 应急响应组的主页"http://www.ccert.edu.cn"，浏览其上侧导航栏的"安全公告"页面内容。

B．登录搜索引擎 Baidu 主页"http://www.baidu.com"，利用关键字检索与"房价调控"有关的站点，并将最后浏览到的页面以网页的形式另存到考生目录下的 Netkt 文件夹下，文件名称为"B.htm"。

C．登录软件下载站点"http://www.download.info"，下载"系统外壳 bblean"，并以"B.exe"为名保存在"考生"目录的 Netkt 文件夹下。

6．Access 数据库操作（共 10 分）

打开"教师管理.accdb"文件，进行如下操作。

A．修改"职工信息"表的结构。

• 添加一个新字段，字段名称为"照片"，类型为"OLE 对象"；

• 为"职称"字段设置查阅属性。显示控件为：组合框。行来源类型为：值列表。行来源为：教授;副教授;讲师;助教。

B．编辑记录。

• 对"职工信息"表，使用选择文件插入的方法将文件夹下的"照片.jpg"输入到"李红梅"记录的"照片"字段中。

• 对"职工信息"表按"部门名称"字段升序排序，对同一个部门按"职务工资"字段降序排序。

C. 建立查询。

- 创建一个名为"电子系副教授情况"的查询，查找电子系并且是副教授的情况，包括姓名、部门名称、职称、性别和职务工资，并按职务工资升序排序。
- 统计各部门人数，运行查询，最终保存查询，取名"统计部门人数"。

最后将数据库关闭。

练　习　3

1．Windows 基本操作（共 10 分）

（1）在 Winkt 文件夹下面建立 Exam_C 文件夹。

（2）打开"附件"菜单中的"命令提示符"窗口，将此活动窗口抓图到"画图"程序中，以"DOS.BMP"为文件名，保存到 Exam_C 文件夹下。

（3）在"考生考号"文件夹范围搜索"Winhelpme.exe"文件，并在 Exam_C 文件夹下建立它的快捷方式，名称为"帮助程序"。

（4）在"考生考号"文件夹范围搜索 Test 文件夹，将其复制到 Exam_C 文件夹下。

（5）在"考生考号"文件夹范围搜索所有以"RA"开头的文件，将其移动到 Exam_C 文件夹下。

2．字、表、图混排操作（共 20 分）

（1）排版、绘图操作。打开 Wordkt 文件夹下的"Wordc.doc"文件，按如下要求进行排版。

A. 基本编辑。

- 将 Wordkt 文件夹下的"Wordcl.doc"文件的内容插入到 Wordc.doc 文件的尾部。
- 将文中的"岭南派"全部替换为"岭南画派"。

B. 排版。

- 页边距的上、下、左、右均为 2.5cm，页眉、页脚距页边距均为 1.5cm，纸张类型为 A4。
- 将文章标题"略谈岭南画派"设置为首行无缩进、居中、黑体、3 号、段前 0.5 行、段后 0.5 行。
- 文章的正文部分首行缩进 2 字符、两端对齐、宋体、5 号字，行间距为固定值 18 磅。
- 将正文分为等宽两栏，栏宽 20 字符；第一段悬挂缩进 2 字符。

C. 图文操作。

- 将 Wordkt 文件夹下的"C1.jpg"图片插入到文中，环绕方式为"四周型"。
- 图像位置：距页边距水平 12cm，垂直距页边距下侧 7cm。

排版完成后的样文参见 Wordkt 文件夹下的"样文 C.JPG"。最后将此文档以原文件名存盘。

（2）表格操作。打开 Wordkt 文件夹下的"bgc.doc"文件，参照 Wordkt 文件夹下的"表格样文 C.jpg"对表格进行修改。

- 绘制斜线表头，行标题为"分数情况"，列标题为"生源地"。
- 表格外边框为 0.5 磅双直线，第 1 行、第 2 行、第 1 列底纹为橄榄色，强调文字颜色 3，深色 25%。
- 在表格最后插入一行，并计算文科各项平均分（使用公式计算，表格工具-布局→数据→

公式→AVERAGE（ ））。

- 表格中的文字水平居中、垂直居中。

3. 电子表格操作（共 15 分）

打开 Excelkt 文件夹下的 "Excelc.xlsx" 工作簿文件，进行如下操作。

（1）基本编辑。

A. 编辑工作表 Sheet1，操作如下。

- 在 "出生日期" 后面增加一列 "年龄"。
- 在第 1 行前面插入一行，行高为 20 磅。
- 合并及居中 A1:J1 单元格，输入文本 "员工基本情况表"，黑体、14 磅、蓝色。
- 将 A2:J2 单元格文字设置为黑体、10 磅、居中，将填充背景设置为 "浅绿色"。

B. 填充数据，

- 填充 "年龄" 列，格式设置为 "数值" 型，负数形式为第 4 种、无小数点（年龄=（today（ ）–出生日期）/365，注意：要求系统日期正确）。
- 设置 "基本工资" 列的格式为货币样式，保留两位小数点，货币符号为 "¥"，负数形式为第 4 种。

C. 将编辑好的 Sheet1 工作表复制到 Sheet2。

（2）处理数据。对 Sheet2 工作表进行筛选。

- 条件：筛选出职称为 "高工"，基本工资介于 800 元和 950 元之间（包括 800 元和 950 元）的职工的数据。
- 要求：使用高级筛选。

条件区：起始单元格定位在 L20。

复制到：起始单元格定位在 L30。

（3）建立图表工作表。根据 Sheet1 工作表中的数据，进行如下操作。

A. 在 A83～C83 单元格分别输入 "高工人数"、"工程师人数"、"技术员人数"。

B. 在相应单元格下统计各职称人数。

根据 "医疗费用汇总表" 工作表中的分类汇总数据，建立图 9-3 所示的图表工作表。

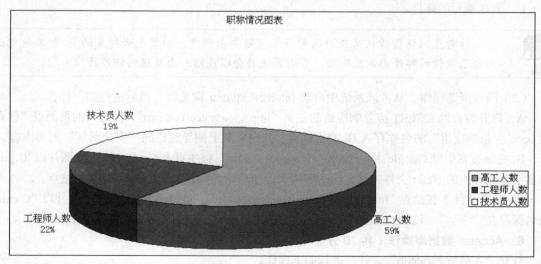

图 9-3　职称情况表图表

C. 垂直（值）轴为不同职称的人数。

D. 图表类型：三维饼图。

E. 图表标题：职称情况图表。

F. 图例：靠右，显示百分比和数据标志。

G. 图表位置：作为新工作表插入；工作表名："职称情况表图表"。

最后将此工作簿以原文件名存盘。

4. 演示文稿操作（共 10 分）

打开 Powpitkt 文件夹下的 "powerpointc.pptx" 文件，进行如下操作。

A. 将 Powpitkt 文件夹下 "个人简历.docx" 文件中的表格复制到第 3 张幻灯片上。

B. 将第 6 张幻灯片和第 7 张幻灯片位置互换。

C. 将幻灯片的切换方式设置为 "水平百叶窗"，应用范围为 "全部应用"。

D. 将第 7 张幻灯片中的 "与我联系" 文本框链接到 "URL：http://mail.google.com"。

E. 将第 2 张幻灯片标题的动画顺序设置为 "1"，单击鼠标时启动、从底部飞入；文本的动画顺序设置为 "2"，前一事件 2s 后启动、从右侧飞入、动画播放后不变暗。

最后将此演示文稿以原文件名存盘。

5. 互联网操作（共 10 分）

（1）电子邮件操作。从考试系统中启动 OutlookExpress，查看收件箱中发送给考生的电子邮件，然后根据如下要求，进行电子邮件操作。

A. 将试题邮件转发到 fw@email.info。

B. 按如下要求撰写新邮件。

- 收件人：new@email.info。
- 抄送：cp@email．Info。
- 请在主题处输入："诗词鉴赏"。
- 请输入下述文字作为邮件内容：

"木落雁南渡，

北风江上寒。"

C. 发送撰写的邮件。

 请考生只保留你认为正确的邮件（试题要求新建、回复或者转发的），把其他你认为自己做错的邮件都彻底删除，否则系统将会以最后一次发送的邮件为准。

（2）网页浏览操作。从考试系统中启动 InternetExplorer 浏览器，然后进行如下操作。

A. 打开教育网 CCERT 应急响应组的主页 "http://www.ccert.edu.cn"，将打开的页面以 "教育网 ccert 应急响应组" 的名称存入 IE 的收藏夹，并浏览其上侧导航栏的 "安全漏洞" 页面内容。

B. 登录搜索引擎 Google 主页 "http://www.google.com"，将主页上 Google 的 logo 图片以 "C.gif" 的名字存到考生的 Netkt 文件夹下，然后利用关键字检索与 "2007 年两会" 有关的站点。

C. 登录软件下载站点 "http://www.download.info"，下载 "邮件客户端 Becky!"，并以 "C.exe" 为名保存在 "考生" 目录的 Netkt 文件夹下。

6. Access 数据库操作（共 10 分）

打开 "人员管理.accdb" 文件，进行如下操作。

A．修改"人员信息"表的结构。

• 添加一个新字段，字段名称为"出生日期"，类型为"日期/时间"，格式设置为"短日期"，默认值为"1989/3/5"。

• 在"人员信息"表和"部门"表之间按"部门名称"字段建立关联，实施参照完整性。

B．建立查询。

• 创建一个名为"全体人员查询"的查询，查询全体人员信息（人员编号、姓名、部门名称）。

• 创建一个参数查询"多条件查询"，按照职称和性别查询人员情况，显示部门编号、姓名、职称和性别 4 个字段的内容。

C．利用"人员管理"数据库的有关数据表的数据，用"报表向导"制作一个"人员情况"报表，分别显示"人员编号"、"姓名"、"部门编号"，报表的布局方式为"递阶"，方向为"纵向"，报表标题为"人员情况报表"。

最后将数据库关闭。

练　习　4

1．Windows 基本操作（共 10 分）

（1）在 Winkt 文件夹下面建立 Exam_D 文件夹。

（2）在考生考号文件夹范围搜索"Excelks.exe"文件，并在 Exam_D 文件夹下建立它的快捷方式，名称为"MicrosoftExcel"。

（3）执行"开始"菜单中的"运行"对话框，将此对话框抓图到画图程序中，以"YunXing.bmp"为文件名，保存在 Exam_D 文件夹下。

（4）在"考生考号"文件夹范围搜索以"M"开头，扩展名为".exe"的文件，将其设置为仅有"只读"、"隐藏"属性。

（5）在"考生考号"文件夹范围搜索 Test 文件夹，将其删除。

2．字、表、图混排操作（共 20 分）

（1）排版、绘图操作。打开 Wordkt 文件夹下的"Wordd.doc"文件，按如下要求进行编辑、排版。

A．基本编辑。

• 将"Wordd1.txt"文件的内容插入到"Wordd.doc"文件的尾部。

• 将文中的"Internet"替换为"因特网"。

• 设置页眉文字为"电子商务"、宋体、小 5 号字、两端对齐。

B．排版。

• 纸张类型：16 开，页边距的上、下、左、右均为 2cm，页眉页脚距边界 1.5cm。

• 将文章标题"电子商务的应用"设置为首行无缩进、居中、黑体、3 号字、段前 0.5 行、段后 0.5 行。

• 将小标题（（一）电子商务应用类型、（二）电子商务应用领域）设置为首行无缩进、黑体、小四号字、蓝色、两端对齐，其余部分设置为宋体、5 号字，首行缩进 2 字符、两端对齐。

• 将正文第 1 自然段设置为悬挂缩进 2 字符。

C．图文操作：参见 Wordkt 文件夹下的"样文 D.jpg"，在文中绘制如样图所示的图形，并依照以下要求。

- 外椭圆宽 9cm，高 4cm，背景为黄色；内椭圆宽 4cm，高 1.5cm，字体均为宋体、5 号、倾斜、加粗、居中。
- 参照 "样文 D.jpg" 中所示图的位置，将绘制完成的图形组合，环绕方式为上下型。排版部分样文参见 Wordkt 文件夹下的 "样文 D.jpg"。

将排版后的文件以原文件名存盘。

（2）表格操作。建立一新文档，按如下要求进行操作。

A．在文档的起始位置制作表格，样表参见 Wordkt 文件夹下的 "表格样文 D.jpg"。

B．表格的行高为固定值 1cm。

C．表格中文字为宋体、5 号字、加粗，对齐方式为水平居中、垂直居中。

最后将此文档以文件名 "bgd.doc" 保存到 Wordkt 文件夹中。

3．电子表格操作（共 15 分）

打开 Excelkt 文件夹下的 "Exceld.xlsx" 工作簿文件，进行如下操作。

（1）编辑工作表。

A．基本编辑。

- 将 Sheet1 工作表中的 A1 单元格取消合并，并设置 A1:F1 区域跨列居中。
- 删除 Sheet1 工作表中的第 2 行。
- 设置 Sheet1 工作表为自动调整行高和自动调整列宽。

B．填充数据。自动填充 Sheet1 和 Sheet2 工作表中的 "录入速度" 列（录入速度=正确字符数/10），"录入速度" 列格式设置为数值型，负数形式为第 4 种，无小数位。

C．将 Sheet1 和 Sheet2 工作表分别重命名为 "初赛成绩 1" 和 "初赛成绩 2"。

（2）处理数据。

A．将 "初赛成绩 1" 和 "初赛成绩 2" 工作表分别按 "正确字符数" 降序排列，如果 "正确字符数" 相同，则按 "学号" 升序排列。

B．分别将 "初赛成绩 1" 和 "初赛成绩 2" 工作表中的正确字符数前 10 名的记录复制到 "决赛名单" 工作表中，并填写 "决赛名单" 工作表中的其他字段。

C．在 "成绩统计" 工作表中，根据 "初赛成绩 1" 和 "初赛成绩 2" 工作表中的录入速度数据，用公式统计出各班录入速度的最高分、最低分和平均分。

（3）建立图表工作表。根据 "成绩统计" 工作表中 Sheet1 工作簿中的数据，绘制图 9-4 所示的簇状柱形图。

A．水平（类别）轴为 "班级"，垂直（值）轴为各班 "最高分、最低分、平均分"。

B．图表标题："学生成绩统计图"。

C．图例：靠右。

D．图表位置：作为新工作表插入；工作表名 "学生成绩统计图表"。

最后将此工作簿以原文件名存盘。

4．演示文稿操作（共 10 分）

打开 Powpitkt 文件夹下的 "powerpointd.pptx" 文件，进行如下操作。

A．将 Powpitkt 文件夹下 "powerpointd1.pptx" 文件之中的幻灯片插入到 "powerpointd.pptx" 文件第 3 张幻灯片的后面。

B．在最后一张幻灯片中的合适位置添加艺术字 "谢谢"，楷体_GB2312、60 磅字，样式为 "第

1 行、第 3 列"，将艺术字样式设置为"波形 1"，发光红色。

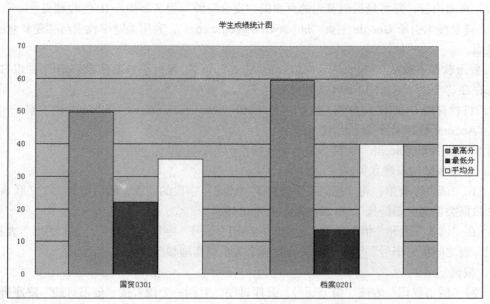

图 9-4　学生成绩统计图表

C．在第 2 张幻灯片的右下角分别插入"前进"和"后退"动作按钮，使用其默认动作设置。

D．将第 2 张幻灯片中的文本的动画顺序设置为"1"，单击鼠标时启动，盒状收缩，播放后不变暗；标题的动画顺序设置为"2"，单击鼠标时启动，从底部飞入。

E．将幻灯片的切换方式设置为"水平百叶窗"，切换声音为"鼓掌"，应用范围为"全部应用"。最后将此演示文稿以原文件名存盘。

5．互联网操作（共 10 分）

（1）电子邮件操作。从考试系统中启动 OutlookExpress，查看收件箱中发送给考生的电子邮件，然后根据如下要求，进行电子邮件操作。

A．将"收件箱"中收到的试题邮件用文件名"D.eml"另存到考生目录下的 Netkt 文件夹中。

B．回复试题邮件，要求如下。

- 抄送：cp@email.info。
- 请输入下述文字作为邮件内容：

"诗词鉴赏

白云依静渚，

芳草闭闲门。"

- 将 Netkt 文件夹中的"attach.zip"作为附件插入邮件中。
- 回复邮件中带有原邮件的内容。

C．发送撰写的邮件。

　　　　请考生只保留你认为正确的邮件（试题要求新建、回复或者转发的），把其他你认为自己做错的邮件都彻底删除，否则系统将会以最后一次发送的邮件为准。

（2）网页浏览操作。从考试系统中启动 InternetExplorer 浏览器，然后进行如下操作。

A．打开教育网 CCERT 应急响应组的主页"http://www.ccert.edu.cn"，浏览其上侧导航栏的"安全资源"页面内容，并将最后浏览到的页面以"安全资源"为名字加入 IE 的收藏夹。

B．登录搜索引擎 Google 主页"http://www.google.com"，利用关键字检索与"龙梦盒子"有关的站点。

C．登录软件下载站点"http://www.download.info"，下载"鼠标手势工具 StrokeIt"，并以"D.exe"为名保存在"考生"目录的 Netkt 文件夹下。

D．将教育网 CCERT 应急响应组的主页"http://www.ccert.edu.cn/"设为 IE 的主页。

6．Access 数据库操作（共 10 分）

打开"图书管理.accdb"文件，进行如下操作。

A．修改表结构及建立关联。

• 在"读者"表中，将"部门"字段移到"姓名"字段的前面，然后增加一个"联系方式"字段，数据类型为"超链接"（存放读者的 E-mail 地址）。

• 在"读者"表和"借书登记"表之间按"借书证号"字段建立关系，在"图书"表和"借书登记"表之间按"书号"字段建立关系，两个关系都实施参照完整性。

B．编辑记录。

• 对"借书登记"表按"借书证号"升序排序，对同一个读者按"借书日期"降序排序。

• 对"读者"记录进行筛选，筛选出部门为"计算机"的读者。

C．建立查询。

• 创建一个名为"法律系 13 年办证情况"的查询，查询所有办证时间在 2013 年 1 月 1 日之后、部门是法律系的读者信息。

• 利用"交叉表查询向导"查询每个读者的借书情况和借书次数，行标题为"借书证号"，列标题为"书号"，按"借书日期"字段计数。查询对象保存为"借阅明细表"。

最后将数据库关闭。

练　习　5

1．Windows 基本操作（共 10 分）

（1）在 Winkt 文件夹下面建立 Exam_E 文件夹。

（2）将 Winkt 文件夹下所有扩展名为".ini"的文件复制到 Exam_E 文件夹下。

（3）在 Exam_E 文件夹下新建一个记事本文件"ip.txt"，在此文件中输入所使用的计算机的 IP 地址。

（4）在"考生考号"文件夹范围搜索 PowerPointks.exe 应用程序，并在 Exam_E 文件夹下建立它的快捷方式，名称为"MicrosoftPowerPoint"。

（5）在"考生"目录下搜索"TEST"文件夹，将其删除。

2．字、表、图混排操作（共 20 分）

（1）文字编辑、排版。打开 Wordkt 文件夹下的"Worde.doc"文件，按如下要求进行编辑。

A．基本编辑，如下所述。

• 将文中的"1.Thicknet（10Base5）"和"2. Thinnet（10Base2）"两部分的标题及内容互换位置。

- 将文中的西文引号（""）改为中文引号（""）。

B．排版，如下所述。

- 纸张类型为 A4，页边距的上、下、左、右均为 2cm，文档网格设置为指定行网格和字符网格，每行 45 个字符，每页 42 行。

- 将文章标题"同轴电缆"设置为黑体、3 号字、居中、蓝色，将正文各段设置为首行缩进 2 字符、宋体、5 号字。

- 添加页眉"计算机网络"，宋体、小 5 号字，右对齐。

- 将正文第一段分为等宽两栏、栏宽 22 字符，设置首字下沉两行。

C．图文操作，如下所述。

- 将 Wordkt 文件夹下的图片"E1.JPG"插入到文章尾部。

- 按图 9-5 所示进行修改。

- 将图形对象与图片进行组合，环绕方式设置为上下型。

排版后的结果参见 Wordkt 文件夹下的"样文 E.JPG"。最后将排版后的文件以原文件名存盘。

（2）表格操作。打开 Wordkt 文件夹下的"bge.doc"文件，按如下要求进行操作。

A．参照 Wordkt 文件夹下的"表格样文 E.jpg"，对表格进行修改。

B．将 Wordkt 文件夹下的图片"E2.JPG"插入表格中，四周型环绕。

C．设置表格的外边框为 0.5 磅的双线。

最后将此文档以原文件名存盘。

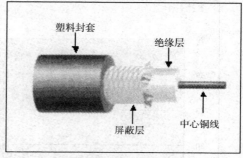

图 9-5　样图

3. 电子表格操作（共 15 分）

打开 Excelkt 文件夹下的"Excele.xlsx"工作簿文件，进行如下操作。

（1）编辑工作表。

A．新建一个工作表，表名为"员工基本情况"。

B．将 Sheet1 和 Sheet2 中的数据复制到新建的工作表中（按记录号相对应），新工作表的列 A、B、C、D、E、F、G、H 分别对应记录号、姓名、部门号、性别、工作日期、出生日期、技术等级和基本工资。

C．在"员工基本情况"工作表第 1 行上方插入一行，设置行高为 20 磅。

D．合并及居中 A1:H1 单元格，输入文本"员工基本情况"，垂直居中对齐。

E．在"员工基本情况"工作表"部门号"后面增加一列，列名为"部门"。根据部门代号填入部门名称，部门名称与部门代号的对应关系为：T01 为一车间，T02 为二车间，T03 为三车间。

F．新建一个工作表，表名为"员工工资统计表"，将"员工基本情况"工作表中的数据复制到新建工作表中。

（2）处理数据。对"员工基本情况"工作表进行筛选。

- 条件：1965 年 1 月 1 日以后出生的（含 1965 年 1 月 1 日）且技术等级为"高级技师"的职工数据。

- 要求：使用高级筛选，并将筛选结果复制到其他位置。

条件区：起始单元格定位在 L20。

复制到：起始单元格定位在 L30。

（3）建立图表工作表。根据"员工工资统计表"工作表中的数据，进行如下操作。

A. 按部门分类汇总，统计各部门基本工资平均值，生成图 9-6 所示的工资统计图表。

B. 水平（类别）轴为"部门"，垂直（值）轴为不同部门的"基本工资"的平均值。

C. 图表类型：簇状柱形图。

D. 图表标题："基本工资平均值"。

E. 图例：靠右。

F. 图表位置：作为新工作表插入；工作表名："工资统计图表"。

最后将此工作簿以原文件名存盘。

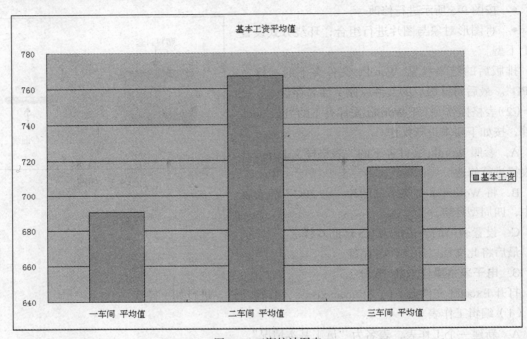

图 9-6　工资统计图表

4. 演示文稿操作（共 10 分）

打开 Powpitkt 文件夹下的"powerpointe.pptx"文件，进行如下操作。

A. 将第 1 张幻灯片和第 2 张幻灯片交换位置。

B. 将 Powpitkt 文件夹下的图片"IMAGEE.jpg"插入到第 6 张幻灯片中，位置距幻灯片左上角水平 3cm、垂直 5cm。

C. 在第 2 张幻灯片的右下角插入"声音"动作按钮，鼠标移过时超级链接到 Powpitkt 文件夹下的"Song.wav"文件。

D. 将幻灯片的切换效果设置为"门"、水平方向、鼠标单击动作、应用范围为"全部应用"。

E. 将第 1 张幻灯片文本 1 的动画顺序设置为"1"，单击鼠标时启动、"盒状展开"；文本 2 的动画顺序设置为"2"，单击鼠标时启动、"从底部飞入"；取消幻灯片的隐藏。

最后将此演示文稿以原文件名存盘。

5.　互联网操作（共 10 分）

（1）电子邮件操作。从考试系统中启动 OutlookExpress，查看收件箱中发送给考生的电子邮件，然后根据如下要求，进行电子邮件操作。

A．将收到的试题邮件中的附件以"e.zip"的文件名另存到考生目录下的 Netkt 文件夹中。

B．将试题邮件转发到 fw@email.info。

C．按如下要求撰写新邮件。

- 收件人：new@email.info。
- 抄送：cp@email.info。
- 请在主题处输入："诗词鉴赏"。
- 请输入下述文字作为邮件内容：

"风约帘衣归燕急，

水摇扇影戏鱼惊。"

D．发送撰写的邮件。

　　　　请考生只保留你认为正确的邮件（试题要求新建、回复或者转发的），把其他你认为自己做错的邮件都彻底删除，否则系统将会以最后一次发送的邮件为准。

（2）网页浏览操作。从考试系统中启动 InternetExplorer 浏览器，然后进行如下操作。

A．打开教育网 CCERT 应急响应组的主页"http://www.ccert.edu.cn"，并将其设置为 IE 的起始页，然后浏览其上侧导航栏的"常用工具"页面内容。

B．登录搜索引擎 Google 主页"http://www.google.com"，利用关键字检索与"奥运志愿者"有关的站点，并将最后浏览到的页面以文件名"E.htm"另存到考生的 Netkt 文件夹中。

C．登录软件下载站点"http://www.download.info"，下载"傲游浏览器 Maxthon"，并以"E.exe"为名保存在"考生"目录的 Netkt 文件夹下。

6.　Access 数据库操作（共 10 分）

打开"借阅管理.accdb"文件，进行如下操作。

A．建立关联。

- 在"读者"表和"借书登记"表之间按"借书证号"字段建立关系，在"图书"表和"借书登记"表之间按"书号"字段建立关系，两个关系都实施参照完整性。

B．建立查询。

- 创建一个名为"统计平均价格"的查询，查询电子工业出版社所有图书的平均价格。
- 创建一个名为"查询部门借书情况"的生成表查询，将"法律系"和"英语系"两个部门的借书情况（包括借书证号、姓名、部门、书号）保存到一个新表中，新表的名称为"部门借书登记"。
- 创建一个名为"添加部门借书情况"的追加查询，将"人事处"读者的借书情况添加到"部门借书登记"表中。
- 将"读者"表复制一份，复制后的表名为"读者 copy"，然后创建一个名为"更改部门"的更新查询，将"读者 copy"表中部门为"人事处"的字段值改为"教务处"。
- 使用 SQL 语句从"读者"表中查找法律系读者的所有信息。
- 使用 SQL 语句从"借书登记"表中查询每本书的借阅次数。

最后将数据库关闭。

附　录

《计算机应用基础》课考试大纲

第1部分　基础知识（20分）

1. 信息技术基础知识

- 信息的概念、特征和分类。
- 信息技术的概念和特点。
- 我国的信息化建设。

2. 计算机系统基础知识

- 计算机的发展史，计算机的特点、应用和分类。
- 计算机中的数据与编码。
- 冯.诺依曼型计算机的硬件结构及其各部分的功能。
- 微型计算机的硬件结构及其各部分的功能，包括中央处理器、总线、内存储器、外存储器、输入设备、输出设备。

3. 计算机软件系统知识

- 指令和指令系统、计算机的工作原理。
- 计算机软件系统的层次结构及其组成：包括系统软件、应用软件。
- 操作系统的概念、分类及主要功能；语言的类型及语言处理程序。
- 文件及文件的管理：文件的定义、命名规则，以及通配符的使用。

4. 计算机网络基础知识

- 计算机网络的定义、分类、组成与功能。
- 网络通信协议的基本概念。
- 网络体系结构基本知识。
- 局域网的特点和组成；局域网的主要拓扑结构。
- 局域网组网的常用技术。

5. 互联网（Internet）基础知识

- 互联网的基础知识。包括：互联网的形成与发展、中国互联网简介。
- 互联网提供的主要服务；互联网的通信协议；IP 地址和域名；互联网的接入方式。
- 互联网主要术语。包括：网页、主页、统一资源定位器（URL）、超文本、超级链接。
- 电子邮件基础知识。
- 计算机病毒和网络安全知识。包括：计算机病毒的概念、特点、分类和预防；网络黑客和防火墙的概念。

6. 多媒体信息处理知识

- 多媒体技术的基本概念。包括：媒体及其分类、多媒体及其主要特征。
- 多媒体的重要媒体元素。包括：文本、音频、图形和静态图像、动画、视频。
- 多媒体的压缩技术相关概念。
- 多媒体计算机的组成。

7. 计算机技术与网络技术的最新发展

- 物联网的基本概念。
- 云计算的基本概念。
- 大数据技术的基本概念。
- 3D 打印技术的基本概念。
- 移动终端的基本知识。
- 计算思维。

8. 常用软件

- Word 2010、Excel 2010、PowerPoint 2010、常用浏览器、常用电子邮箱的使用及相关概念。对宏概念的了解。

（注：“计算机技术与网络技术的最新发展”部分所涉及的内容主要是反映了计算机和网络技术的最新发展及业界的热点问题，将来也会根据新的发展，加入或替换新的内容。对这部分内容的要求是学生对新技术或新发展的基本知识或概念有基本的了解即可。）

第 2 部分　Windows 7 中文操作系统（5 分）

1. Windows 7 的基本操作

- 文件操作：

文件或文件夹的添加、删除、移动、复制；

快捷方式的创建、删除、重命名。

- 窗口操作：

打开、关闭、最小化、最大化、还原窗口操作；

调整窗口大小、移动窗口操作；

改变窗口排列方式和显示方式；

多窗口的排列和窗口切换；

打开各类菜单、选择菜单项；

获取帮助的方法。

2. Windows 7 主要部件的应用

- 资源管理器。包括：文件和文件夹的浏览、查找、移动、复制、删除和重命名，属性的设置。
- 我的电脑。包括：磁盘格式化、检查磁盘空间。
- 回收站。包括：恢复、删除回收站中的文件，清空回收站。
- 控制面板。包括如下各项。

设置显示参数：背景和外观、屏幕保护程序、颜色和分辨率。

添加、删除硬件；添加或删除程序。

添加、删除输入方法；添加、删除打印机。

- 附件工具的使用。

第3部分　Word 2010 文字处理软件（15分）

1. Word 2010 的打开与关闭

- Word 2010 的启动与退出。
- Word 2010 文档的基本操作。包括：文档的建立、打开、保存、另存和关闭，文档的重命名。

2. 文字编辑的基本操作

- 文字的插入、改写和删除操作，字块的移动和复制操作。
- 字符串查找和替换。

3. 文字排版操作

- 设置页面：纸型、页边距、页眉和页脚边界。
- 设置文字参数：字体、字形、字号、颜色、效果、字间距等。
- 设置段落参数：各种缩进参数、段前距、段后距、行间距、对齐方式等。
- 设置项目符号和编号。
- 分栏。
- 脚注和尾注。
- 插入页眉、页脚和页码操作。
- 样式。使用"样式"格式化文档。

4. 表格操作

- 创建表格。包括：自动插入和手工绘制。
- 调整表格。包括：插入/删除行、列、单元格，改变行高和列宽，合并/拆分单元格。
- 单元格编辑。包括：选定单元格，设置文本格式，文本的录入、移动、复制和删除。
- 设置表格风格。包括：边框和底纹。

5. 图文混排操作

- 绘制图形。包括：图形的绘制、移动与缩放，设置图形的颜色、填充和版式。
- 插入图片。包括：插入艺术字和图片文件，以及它们的编辑操作。
- 文本框的使用。
- 多个对象的对齐、组合与层次操作。

第4部分　Excel 2010 电子表格软件（20分）

1. Excel 2010 的打开与关闭

- Excel 应用程序的启动与退出。
- Excel 文档的基本操作。包括：新建、打开、保存、另存、关闭工作簿。

2. Excel 工作表的基本操作

- 工作表操作。包括：选定工作表、插入/删除工作表、插入/删除行与列、调整行高与列宽、命名工作表、调整工作表顺序、拆分和冻结工作表。
- 单元格操作。包括：选定单元格、合并/拆分单元格、设置单元格格式。

- 输入数据操作。包括：输入基本数据、单元格的自动填充，修改、移动、复制与删除数据。
- 公式和函数的使用。包括输入公式、插入函数或手动输入函数、常用函数的使用（数学函数、日期时间函数、文本处理函数、统计函数、Vlookup 函数）。

3. Excel 图表操作

- 创建图表。包括：嵌入式图表和图表工作表。
- 图表编辑。包括；编辑图表对象、改变图表类型和数据系列、图表的移动和缩放。

4. Excel 的数据管理和分析

- 数据排序操作。包括：简单排序和自设排序。
- 数据筛选操作。包括：普通筛选和高级筛选。
- 数据分类汇总、合并计算。
- 建立数据透视表操作。

第 5 部分　PowerPoint 2010 制作演示文稿软件（10 分）

1. PowerPoint 2010 的打开与关闭

- 创建新演示文稿操作。包括：选择模板、版式、添加幻灯片，以及文本的编辑，图片、图表的插入，视图的使用。
- 打开、浏览、保存和关闭演示文稿操作。

2. PowerPoint 的基本操作

- 幻灯片的插入、移动、复制和删除操作。
- 多媒体对象的插入，幻灯片格式的设置，背景、应用模板的设置。

3. 加入动画效果

- 为幻灯片中的对象预设或自定义动画效果。
- 对幻灯片的切换设置动画效果。
- 插入超级链接。包括：设置"动作按钮"和"超链点"。

第 6 部分　因特网应用（10 分）

1. 网页浏览的应用

- 常用浏览器设置。包括：界面设置和 Internet 选项设置。
- 页面浏览操作。包括：打开、浏览 Web 页。
- 保存信息操作。包括：保存页面、部分文本、图片、链接页。
- 收藏夹操作。包括：将 Web 页添加到收藏夹、整理收藏夹。
- 搜索引擎的使用。包括：分类搜索和关键字搜索。
- 下载文件操作。

2. 电子邮件（E-mail）应用

- 撰写电子邮件。包括：选择收件人、输入邮件内容、插入附件、图片和超级链接等。
- 收发电子邮件。包括：接收、阅读、回复、转发电子邮件，邮件中插入附件及下载附件的操作。
- 管理文件夹。包括：收件箱、发件箱、已发送邮件、已删除邮件和草稿文件夹。

第 7 部分　综合应用模块（20 分）

1. 至少以上 2 个模块的综合应用
2. 对每个模块只给出最终的要求，由学生根据素材自己完成

【考试环境】

（1）实验教学设备

- 学生用机。
- 局域网环境。
- 互联网环境。

（2）操作系统和应用软件

- 中文操作系统：Windows 7
- Office 2010 办公软件。

【说明】

（1）本考试大纲是根据我省高校《大学计算机基础课程教学大纲》，结合目前我省高校的实际情况制定的，只适用于 2015 年全省高校计算机一级考试。

（2）本次考试分为理论部分（第 1 部分）和操作部分（第 2～7 部分），满分 100 分；理论部分采用单项选择题的形式；考试时间：100 分钟。